Application of Computer-based Technology in Material Science and Engineering

计算机在材料科学与工程中的应用

张鹏　赵丕琪　侯东帅　主编

化学工业出版社

·北京·

本书系统地介绍了计算机在材料科学中应用的基本理论、基本方法和相关应用。全书内容共分为9章，主要介绍了计算机在材料科学中的应用概况；数学模型及数值求解的方法；应力场、温度场与浓度场这几个典型物理场中的数值模拟方法；材料数据库、专家系统、人工神经网络的应用；材料科学中数据、图像的处理与分析方法；正交试验方法在材料科学中的应用；分子动力学在材料科学与工程中的应用；Rietveld/XRD精修在材料科学与工程中的应用等。本书在讲解理论的基础上，主要侧重于应用计算机的实际操作，翔实讲解了上机实验中所需的各种软件，使学生初步了解和掌握计算机知识在材料科学领域中的应用思路和方法，注重培养学生利用计算机解决实际问题的能力，培养和引导学生的创新意识。

本书可作为材料科学与工程专业本科生及研究生的专业基础课程教材，也可供从事材料科学与工程研究的工程技术人员参考。

图书在版编目（CIP）数据

计算机在材料科学与工程中的应用/张鹏，赵丕琪，侯东帅主编. —北京：化学工业出版社，2018.5（2024.8重印）

ISBN 978-7-122-31757-5

Ⅰ.①计… Ⅱ.①张… ②赵… ③侯… Ⅲ.①计算机应用-材料科学-高等学校-教材 Ⅳ.①TB3-39

中国版本图书馆CIP数据核字（2018）第051112号

责任编辑：彭明兰　　装帧设计：韩　飞

责任校对：宋　夏

出版发行：化学工业出版社（北京市东城区青年湖南街13号　邮政编码100011）

印　　装：北京科印技术咨询服务有限公司数码印刷分部

787mm×1092mm　1/16　印张15　字数373千字　2024年8月北京第1版第10次印刷

购书咨询：010-64518888　　售后服务：010-64518899

网　　址：http://www.cip.com.cn

凡购买本书，如有缺损质量问题，本社销售中心负责调换。

定　　价：68.00元

前言

计算机技术的发展正改变着世界，对整个人类文明和社会进步产生了极其深远的影响。材料科学技术的发展也与计算机的发展分不开。计算机技术和网络技术等对材料科学与工程中的传统产业的革新，已给材料产业带来了革命性的变化。而且，随着应用范围的扩大，所带来的经济效益和社会效益也日臻显著。为了进一步推动和促进计算机技术在材料科学领域中的应用和实践，使攻读材料专业的学生对计算机应用有更多的了解，作者结合多年来的教学和科研实践经验，编写了本书。本书的特色将体现在以下几方面。

(1) 结合材料科学领域中计算机应用的特点，做到专业与计算机应用之间的有效对接、融合，重在应用；既考虑了材料专业各个研究方向的共性，又兼顾材料科学研究领域的广泛性，以及各学科的相互渗透给计算机在材料科学与工程应用中带来的复杂性和特殊性。

(2) 充分考虑到材料科学与工程专业毕业设计时开展实验室试验的要求，不仅在计算机应用的理论上进行充分阐述，而且有针对性地讲述了材料科学与工程的试验设计。

(3) 本书内容较广泛，既要保证全书内容的完整性和系统性，又要避免与有关课程内容的重复。同时，涉及的计算机方面的理论知识或相关专业的专业理论，尽量做到适合材料科学与工程等相关专业学生使用。

(4) 在其他教材中较少涉及的分子动力学领域，本书将给予介绍，并阐述其在材料科学与工程中的特殊应用。

(5) 本书十分注重应用，在书中设置了大量的应用举例和涉及软件的上机实践，以达到在专业学习和研究过程中能够充分推广应用计算机的目的。

考虑到学生对于计算机使用的熟练程度和对于材料科学理论知识的理解程度参差不齐，本书在编写的过程中，坚持“教材的服务主体是学生，教材的生命力在实用”的原则，重视理论和实践的有机结合。本书在编写过程中既请教了有多年教学经验的资深教授，又将部分内容应用到在校学生的教学中，征求反馈意见，及时调整编写内容，不断修订完善，书中的内容都可在实际的教学过程中进行合理的增删，以便于学生的理解和掌握，同时又确保了编写内容的完整性和科学性。

本书由青岛理工大学张鹏、侯东帅和济南大学赵丕琪主编，其中，张鹏主要负责教材章节的设计、全书统稿，并编写第 1 章～第 3 章、第 5 章 ~ 第 7 章；赵丕琪负责编写第 4 章中的第 1 和第 2 节、第 9 章；侯东帅负责编写第 4 章中的第 3 节和第 8 章。 刘兆麟承担了部分图片和公式的整理及编写工作。

本书在编写过程中参考了有关文献，由于条件所限，并未能将所有参考文献逐一列出，在此对相关文献的作者表示由衷的感谢。

随着计算机技术的日新月异，材料科学中各种各样的新思路、新方法、新工艺随着计算机运算能力的飞速提高而不断地涌现出来，加之编者理论水平和实践经验有限，书中难免有不足之处，敬请各位读者批评指正。

编　者

2018 年 2 月

目录

第 1 章 绪论

1.1 计算机的发展和应用

1.1.1 计算机的发展历程

世界上第一台电子计算机 ENIAC（electronic numerical integrator and calculator，电子数字积分计算机）于 1946 年诞生在美国宾夕法尼亚大学。虽然从外观上看它是个庞然大物，就其性能上看却远逊于现在的微型计算机，即 PC 机，但这并不影响它成为 20 世纪科学技术发展进程中最卓越的成就之一。它的出现为人类社会进入信息时代奠定了坚实的基础，有力地推动了其他科学技术的发展，对人类社会的进步产生了极其深远的影响。

20 世纪 40 年代中期，冯•诺依曼（John von Neumann）参加了宾夕法尼亚大学的莫尔小组，1945 年设计电子离散可变自动计算机 EDVAC（electronic discrete variable automatic computer），将程序和数据以相同的格式共同储存于存储器。这使得计算机可以在任意点暂停或继续工作，机器结构的关键部分是中央处理器（central processing unit，CPU），它使计算机所有功能通过单一的资源统一起来。

1946 年，美国物理学家约翰•莫奇利（John Mauchly）和他的学生爱克特（Eckert）（图 1-1）研制成功世界上第一台电子计算机 ENIAC（图 1-2）。

今天，计算机的应用已经渗入社会的各行各业和人们生活的方方面面，在人类社会变革中起到了无可替代的作用。从农业社会末期到工业社会的过渡，以及当今的信息化社会，计算机技术的应用正在逐渐改变人们传统的学习、工作和生活方式，推动社会的飞速发展和文明程度快速提高。

从计算机硬件构造上看，计算机的发展历史一般分成四个时代。

（1）第一代计算机——电子管时代（1946～1957 年） 这一时期的计算机如图 1-3 所示，主要采用电子管作为其逻辑元件，它装有 18000 多只电子管和大量的电阻、电容，内存仅几千字节。数据表示多为定点数，采用机器语言和汇编语言编写程序，运算速度大约每秒

图 1-1　计算机的创始人莫奇利和爱克特

图 1-2　世界上第一台电子计算机 ENIAC

5000 次加法或者 400 次乘法，首次用电子线路实现运算。

图 1-3　电子管计算机

（2）第二代计算机——晶体管时代（1958～1964 年）　其基本特征是采用晶体管作为主要元器件，进而取代了电子管。内存采用了磁芯存储器，外部存储器采用了多种规格型号的磁盘和磁带，外设也有了很大的发展。此间计算机的运算速度提高了 10 倍，体积缩小为原来的 1/10，成本降低至原来的 1/10。更可喜的是，此间计算机软件有了重大发展，出现了 FORTRAN、COBOL、ALGOL 等多种高级计算机编程语言。第一台晶体管计算机如图 1-4

所示。

图 1-4 第一台晶体管计算机

(3) 第三代计算机——集成电路时代（1965～1970 年） 随着半导体物理技术的发展，出现了集成电路芯片技术，在几平方毫米的半导体芯片上可以集成数百只电子元器件，小规模集成电路作为第三代电子计算机的重要特征，同时也催生了电子工业的飞速发展。第三代电子计算机的杰出代表有美国 IBM 公司（国际商业机器公司）1964 年推出的 IBM S/360 计算机，如图 1-5 所示。

图 1-5 IBM S/360 计算机

(4) 第四代计算机——超大规模集成电路时代（1971 年至今） 进入 20 世纪 70 年代，计算机的逻辑元器件采用超大规模集成电路技术，器件集成度得到大幅提升，运算速度达到每秒上百亿次浮点运算。集成度很高的半导体存储器取代了以往的磁芯存储器。此间，操作系统不断完善，应用软件的开发成为现代工业的一部分；计算机应用和更新的速度更加迅猛，产品覆盖各类机型；计算机的发展进入了以计算机网络为特征的时代，计算机真正开始快速进入社会生活的各个领域。大型计算机如图 1-6 所示。

图 1-6 大型计算机

1.1.2 微型计算机的发展

微型计算机是第四代计算机的典型代表。电子计算机按体积大小可以分为巨型机、大型机、中型机、小型机和微型机，这不仅是体积上的简单划分，更重要的是其组成结构、运算速度和存储容量上的划分。

随着半导体集成技术的迅速发展，大规模和超大规模集成电路的应用，出现了微处理器（microprocessor unit，MPU）、大容量半导体存储器芯片和各种通用的或可专用的可编程接口电路，诞生了新一代的电子计算机——微型计算机，也称为个人计算机（personal computer，PC）。微型计算机再加上各种外部设备和系统软件，就形成了微型计算机系统。

微型计算机具有体积小、价格低、使用方便、可靠性高等优点，因此广泛用于国防、工农业生产和商业管理等领域，给人们的生活带来了深刻的变革。微型计算机的发展，大体上经历了以下几个过程。

（1）霍夫和 Intel 4004　1971 年 1 月，Intel 公司的霍夫成功研制了世界上第一块 4 位微处理器芯片 Intel 4004，第一代微处理器问世，标志着微处理器和微机时代从此开始。

（2）8 位微处理器 8080　1973 年，Intel 公司又成功研制了 8 位微处理器 8080，随后其他许多公司竞相推出微处理器、微型计算机产品。1975 年 4 月，MITS 发布第一个通用型 Altair8800，售价 375 美元，带有 1KB 存储器，这是世界上第一台微型计算机。

（3）AppleⅡ计算机　1977 年美国苹果公司推出了著名的 AppleⅡ计算机，它采用 8 位微处理器，是一种被广泛应用的微型计算机，开创了微型计算机的新时代。

（4）IBM 与“PC 机”　20 世纪 80 年代初，当时世界上最大的计算机制造公司——美国 IBM 公司推出了名为 IBM PC 的微型计算机。

1981 年 IBM 公司基于 Intel 8088 芯片推出的 IBM-PC 计算机以其优良的性能、低廉的价格以及技术上的优势迅速占领市场，使微型计算机进入一个迅速发展的实用时期。

世界上生产微处理器的公司主要有 Intel（英特尔）、AMD（超微）、Cyrix（赛瑞克斯）、IBM 等，美国的 Intel 公司是推动微型计算机发展最为著名的微处理器公司。在短短十几年内，微型计算机经历了从 8 位到 16 位、32 位再到 64 位的发展过程。

当前计算机技术正朝着巨型化、微型化、网络化、智能化、多功能化和多媒体化的方向发展。而其日益增长的运算能力和各大软件的逐渐完善，也使得计算机在材料科学与工程领域的应用越来越广泛，地位也越来越重要。

1.2 材料科学与工程的概念和内容

材料是人类生产和生活水平提高的物质基础，其发展和应用是人类文明和进步的重要支柱。自19世纪以来由于科学技术的进步、生产的发展，人们对材料不断提出新的要求，有些要求完全超出了天然材料所能提供的性能，从而促进了人类开始对材料从依靠天然到主动创造的转变，对材料的认识也逐渐由经验形成一门学科。到了20世纪60年代，人们把材料、能源与信息称为当代文明的三大支柱，70年代又把新材料、信息技术和生物技术看成是新技术革命的主要标志，这表明材料的发展与社会文明的进步有着十分密切的关系，现代科学技术的发展历程也充分证明了这一点。时至今日，人们已经掌握了材料的组成、结构和性能之间的内在关系，能够按照使用要求对材料进行设计创造。

材料科学与工程是研究有关材料的成分、结构和制造工艺与其性能和使用性能间相互关系的知识及这些知识的应用的一门应用型基础科学，发展至今已形成了自己的知识体系，涉及许多概念。在进入20世纪以后，由于各学科的交叉，尤其是计算机技术的应用使这门学科发展迅速。

1.2.1 涵盖的基本内容

材料科学是一门科学，它着重于材料本质的发现、分析方面的研究，它的目的在于提供材料结构的统一描绘，或给出模型，并解释这种结构与材料性能之间的关系。材料科学为发展新型材料，充分发挥材料的作用奠定了理论基础。

材料工程属于技术的范畴，目的在于采用经济而又能为社会所接受的生产工艺、加工工艺控制材料的结构、性能和形状以达到使用要求。所谓“为社会所接受”指的是材料制备过程中要考虑到与生态环境的协调共存，简而言之，就是要控制环境污染。材料工程水平的提高可以大大促进材料的发展。

1.2.2 材料的分类

材料的分类方法很多。根据其组成与结构可以分为金属材料、无机非金属材料、有机高分子材料和复合材料等；根据其性能特征和作用分为结构材料和功能材料；根据用途还可以分为建筑材料和能源材料、电子材料、耐火材料、医用材料和耐腐蚀材料等。

1.2.3 材料的性能

材料的性能是材料对电、磁、光、热、机械载荷的反应，而这些性能主要取决于材料的组成与结构。

材料使用性能是材料在使用状态下表现出来的行为，它与设计和工程环境密切相关，还包括可靠性、耐用性、寿命预测和延寿措施。

1.2.4 基本要素

材料的成分和结构、制造工艺、性能以及使用性能被认为是材料科学与工程的4个基本要素。其相互关系如图 1-7 所示。

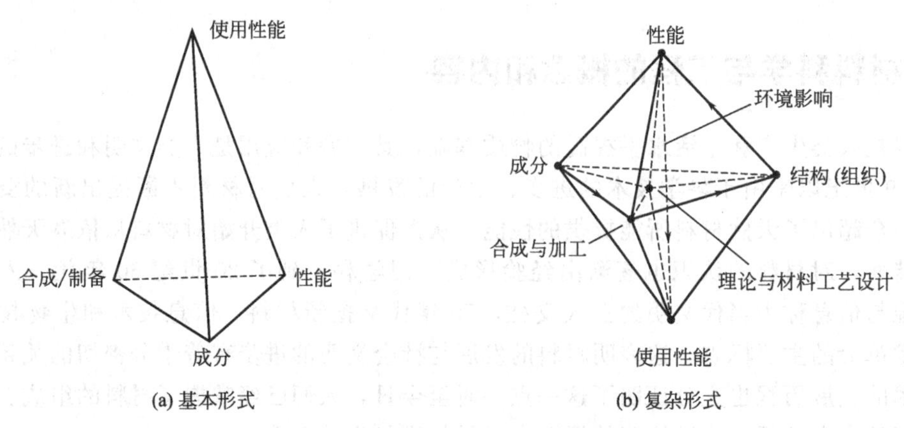

图 1-7 材料科学基本要素之间的关系

1.3 计算机在材料科学与工程中的应用简介

计算机在材料科学与工程中的应用是以计算机为手段，通过理论和计算对材料的固有性质、结构与组分、使用性能及合成与加工进行综合研究的一门新学科方向，其目的在于使人们能主动地对材料进行结构、功能与工艺的优化与控制，以便按需要开发及制备新材料。

把计算机应用于材料科学的思想产生于 20 世纪 50 年代，其形成为一门独立的新兴学科则是 80 年代以后的事，在我国 90 年代逐步有学者进行这方面的研究尝试工作。近年来，现代科学（信息技术、量子力学、统计物理、固体物理、量子化学、计算科学、计算机图形学等）理论和方法技术的飞速发展，以及计算机能力的空前提高为材料计算机模拟提供了理论基础和有力手段。

高技术新材料是现代知识经济的重要组成部分，其发展日新月异，这为材料的计算与设计提供了发展机遇和广阔空间。计算机在材料领域中的应用具有以下特点：①具有前瞻性；②具有创新性；③可减少或替代实验室工作；④降低研究及生产成本。

目前，随着材料科学研究工作的广泛开展和不断深入，有关“计算机在材料科学与工程中的应用”的科技文献资料迅速增多。但这些文献大都出现在学术期刊或会议文集之中，还缺少既包括基本原理又包括最新研究成果的系统性、综合性书籍，相关面向本科生、研究生的教材就更少。但 21 世纪新材料在国民经济建设中的地位越来越重要，越来越多的人也想了解材料科学的新进展，想利用计算机技术接触这一新的发展方向，缩小与国外的差距。通过本书的学习，应该能掌握以下知识与技能。

（1）使材料科学与工程专业的学生了解计算机在材料科学中应用的现状和发展趋势，知道所要从事的材料科学研究领域中应当掌握哪些计算机技术和知识。

（2）通过本门课程的学习引导，使他们初步掌握一些计算机在材料科学中应用的入门知识和技能，在面对这个新领域时能比较轻松。

（3）通过学习本书所介绍的计算机应用技术和软件在材料科学中的应用，提高材料科学工作者从事材料研究工作时的效率和水平。

1.3.1 计算机技术用于数值计算与模拟

(1) 数值计算 材料科学研究在试验中可获得大量的试验数据，这是材料科学研究中获得的第一手资料，也是非常重要的原始数据。往往这些需要处理的数据比较复杂，数据的精度要求较高，仅凭人工计算处理难以达到精度要求，即使能达到，也要花相当多的时间和精力，且出错的概率很大。随着计算机软、硬件技术的发展，利用计算机程序处理数据可以节约大量人力和物力，同时还可以保证数据的精度。

目前常用的数据计算方法有高斯消元法、最小二乘法、数据拟合和回归分析等，常用的计算机程序语言有 Fortran 语言、C 语言、Basic 语言等。

(2) 数值模拟 当前，在材料科学领域，计算机模拟技术主要应用为数值模拟技术。数值模拟是指用一组控制方程来描述一个过程的基本参数变化关系，采用数值方法求解，以获得该过程，即对过程进行动态模拟分析，在此基础上判断工艺或方案的优劣、预测缺陷、优化工艺等。数值模拟是材料科学研究从"经验"走向"科学"，从"定性分析"走向"定量分析"的桥梁。

1.3.2 计算机技术用于材料数据和图像处理

材料科学中的试验为材料科学研究提供了大量含有材料基本行为特征信息的试验数据，如何快速精确地处理这些复杂的数据，发现其中的规律，从而得到真实客观的材料行为信息，对材料科学研究而言非常重要。现代计算机的大容量存储特征和快速运算功能为存储和处理大量的材料试验数据提供了很好的平台。计算机对材料数据的处理工作主要包括存储、计算、绘图、拟合分析及快速查询等。目前，可用于材料数据处理的软件很多，如最小二乘法数据处理软件、X 衍射数据处理软件、DPS 数据处理软件、Excel 软件、Origin 软件、Image J软件等，其中的典型代表是 Origin 软件，可以对材料科学数据进行一般的处理，并能实现数据绘图、曲线拟合等功能。

计算机图像分析已成为辅助研究材料结构和性能之间定量关系的一种重要方法。其应用涉及材料科学研究的各个方面，主要包括晶粒度的测量，夹杂物的评级，相分析，以及显微硬度、孔洞率、球化率、圆度、涂层厚度的测量等。

1.3.3 计算机技术用于材料数据库和知识库

由于工程材料的种类繁多，而每一种材料都有其特定的成分、结构及性能，因此所有工程材料的成分、结构及性能就构成了一个庞大的信息系统，为了便于材料工作者查询和研究，有必要建立各种类型的材料数据库。材料数据库一般应包括材料的性能及一些重要参量的数据，如材料成分、处理、试验条件以及材料的应用与评价等。目前已建立了许多不同类型的材料数据库，如中国科学院金属研究所的材料数据库，该数据库提供了纳米材料数据、高温合金数据、钛合金数据、精密管材数据、材料连接数据、材料腐蚀数据和失效分析等方面的数据；美国材料性能数据库，该数据库提供了铝合金、铜合金、镁合金、钛合金、镍基合金、铸铁、金属间化合物、碳化物、金属基复合材料、陶瓷基复合材料、高分子材料、透明材料等约 2000 个牌号的相关性能数据；美国国家标准研究所（NIST）材料数据库，包括陶瓷数据库、复合材料数据库；日本国立材料科学研究所材料数据库，包括晶体结构基本数据库、材料结构数据库、压力容器材料数据库和扩散数据库等；Matweb 材料性能数据库，该数据库提供了铝合金、钴、铜、铅、镁、高温合金、钛和锌合金、陶瓷材料、热塑性和热固性高聚物等材料的性能数据。这些数据库在材料设计与研究方面发挥了巨大作用。

知识库中的内容主要是材料成分、组织、工艺和性能间的关系以及材料科学与工程的有关理论成果，它是实现人工智能的基本条件。实际上知识库就是材料计算设计中的一系列数理模型、用于定量计算或半定量描述的关系式的总和。近年来国际上兴起了数据库知识技术 KDD（知识发现），它是一种以强调归纳逻辑推理为特色和自适应寻找规律为目标的知识库系统构造方法。数据库中存储的是具体的数据值，它只能进行查询，不能推理，就像仓库一样。而知识库中存储的是规则、规律，通过数理模型的推理、运算，以一定的可信度给出所需的性能等数据；也可利用知识库进行成分和工艺控制参量的计算设计。利用数据库和知识库可以实现材料性能的预测功能和设计功能，达到设计的双向性。

材料设计专家系统是指具有相当数量的与材料有关的各种背景知识，并能运用这些知识解决材料设计中有关问题的计算机程序系统。自 1968 年费根鲍姆等人成功研制第一个用于质谱仪分析有机化合物分子结构的专家系统以来，材料设计专家系统已获得迅速发展，广泛应用于材料科学研究的各个方面。传统的材料设计专家系统主要有下列几个模块：优化模块、集成化模块和知识获取模块。现在逐步在发展智能专家网络系统，这是以模式识别和人工神经网络为基础的专家系统。目前基于人工神经网络的处理技术在材料科学中得到了越来越多的应用，在处理规律不明显、组分变量多、非线性方面的问题具有特殊的优越性，并且也可以对建立的数学模型和计算结果进行验证。

1.3.4　计算机技术用于材料设计

材料设计的思想源于 20 世纪 50 年代，是指通过理论分析与计算预报新材料的组分、结构及性能，进而通过理论设计来“定做”具有特定性能的新材料。长期以来，材料设计主要采用依据大量的试验，进行大面积筛选的方法，这势必消耗大量的人力、物力和时间。同时，由于大量尚未理论化的经验和试验规律的存在，在相当长的一段时间内，人们还不可能完全脱离经验和不进行探索性试验来进行纯理论的材料设计。因此，理论辅助和试验验证相结合的材料设计方法便成为人们探讨的重点。目前，随着计算机技术的发展，将先进的计算机技术应用于材料设计，可以用较少的试验获得理想的材料设计结果。

材料设计一般可分为三个层次：微观设计层次，尺度约 1mm 数量级，是电子、原子、分子层次的设计；介观设计层次，尺度约 1μm 数量级，材料被看做是连续介质，是组织结构层次的设计；宏观设计层次，尺度对应于宏观材料，涉及大块材料的成分、组织、性能和应用的设计研究，是工程应用层次的设计。不同层次所用的理论及方法是不同的，不同层次之间常常相互交叉，不同层次的目的、任务及应用也不尽相同。

1.3.5　计算机技术用于材料性能表征与检测

材料性能的测定大多使用专门的测试设备和仪表。有时为了测定某些较为特殊的性能，也常用一些通用的测试设备和仪表组成比较复杂的测试系统。在组建的测试系统中，如果使用计算机来控制整个系统，使其协调运行，进行数据采集和数据处理，通常都能使整个系统的功能得到飞跃性的增强。计算机化的材料性能测试系统（CAT 系统）是提高材料研究水平的重要手段。由于计算机灵活的编程方式、强大的数据处理能力和很高的运算速度，使得CAT系统可以实现手动方式不能完成的许多测试工作，提高了材料试验研究的水平和测试的精度。在材料性能分析方面，计算机的应用也非常广泛。例如，对纳米非均匀体系中的内应力场及其对相变的影响以及多晶系统中的晶粒压电共振等许多问题进行计算和模拟。这些计算和模拟为深刻地认识材料的物理性质、建立相应的物理模型提供了有力的论据。

1.3.6 计算机网络技术用于材料科学研究

计算机网络技术是通信技术与计算机技术相结合的产物。计算机网络是按照网络协议，将地球上分散的、独立的计算机相互连接的集合。连接介质可以是电缆、双绞线、光纤、微波、载波或通信卫星。计算机网络具有共享硬件、软件和数据资源的功能，具有对共享数据资源集中处理和管理以及维护的能力。

21世纪已进入计算机网络时代。计算机网络被极大普及，计算机应用已进入更高层次，计算机网络成了计算机行业的一部分。新一代的计算机已将网络接口集成到主板上，网络功能已嵌入操作系统之中，智能大楼的兴建已经和计算机网络布线同时、同地、同方案施工。随着通信和计算机技术紧密结合和同步发展，计算机网络技术也得到飞跃发展。

借助于计算机网络，不同区域的材料科学研究者可以相互交流，及时了解材料科学的发展动向，查阅各种科技文献，共享材料研究的最新成果，迅速获得各种相关信息。计算机网络技术实现了资源共享，材料研究工作者可以在办公室、家里或其他任何地方，访问查询网上的任何资源，极大地提高了工作效率。而且，利用计算机网络技术使原本烦琐的文献检索工作变得非常简单，可以更快捷、更准确地获得相关的材料科学研究信息。

第2章 数学模型及数值求解方法

现代科学技术发展的一个重要特征是各门科学技术与数学的结合越来越紧密。数学的应用使科学技术日益精确化、定量化，科学的数学化已成为当代科学发展的一个重要趋势。数学模型是数学科学连接其他非数学学科的中介和桥梁，它从定量的角度对实际问题进行数学描述，是对实际问题进行理论分析和科学研究的有力工具。数学建模是一种具有创新性的科学方法，它将现实问题简化，抽象为一个数学问题或数学模型，然后采用适当的数学方法求解，进而对现实问题进行定量分析和研究，最终达到解决实际问题的目的。计算机技术的发展为数学模型的建立和求解提供了新的舞台，极大地推动了数学向其他技术科学的渗透。

材料科学与工程作为一门基础性的学科，其发展同样离不开数学。目前，通过建立适当的数学模型对材料科学与工程中的实际问题进行研究，已成为材料科学研究应用的重要手段之一。总体而言，从材料的合成、加工、性能表征到材料的应用都可以建立相应的数学模型。有关材料科学的许多研究都涉及数学模型的建立和求解，从而产生一门新的边缘学科——计算材料学。

本章讲解了数学模型的含义、分类以及材料科学与工程中的数学建模方法与实例，在此基础上介绍了数学模型的两种数值分析方法——有限差分法、有限元法及其相关软件，重点介绍了这两种方法的基本原理、特点以及在材料科学与工程领域的应用方法和步骤。

2.1 数学模型的介绍

2.1.1 数学模型的含义

科学的发展离不开数学，数学模型在其中起着非常重要的作用。无论是自然科学还是社会科学的研究都离不开数学模型。那么，怎样给数学模型下一个定义呢？

数学模型即反映某一类现象客观规律的数学公式。数学模型的定义就是利用数学语言对某种事物系统的特征和数量关系建立起来的符号系统。

数学模型有广义理解和狭义理解。按广义理解：凡是以相应的客观原型（即实体）作为背景加以一级抽象或多级抽象的数学概念、数学公式、数学理论等都叫做数学模型。按狭义理解：那些反映特定问题或特定事物系统的数学符号系统就叫做数学模型。在应用数学中所指的数学模型，通常是按狭义理解的，而且构造数学模型的目的仅在于解决具体的实际问题。

数学模型是为一定的目的对客观实际所做的一种抽象模拟，它用数学公式、数学符号、程序、图表等刻画客观事物的本质属性与内在联系，是对现实世界的抽象、简化而又本质的描述。它源于实践，却不是原型的简单复制，而是一种更高层次的抽象。它能够解释特定事物的各种显示形态，或者预测它将来的形态，或者能为控制某一事物的发展提供最优化策略，它的最终目标是解决实际问题。

2.1.2 数学模型的分类

数学模型可以按照不同的方式分类，下面介绍常用的几种。

(1) 按照模型的应用领域（或所属学科）分　如人口模型、交通模型、环境模型、生态模型、城镇规划模型、水资源模型、再生资源利用模型、污染模型等。范畴更大一些则形成许多边缘学科，如生物数学、医学数学、地质数学、数量经济学、数学社会学等。

(2) 按照建立模型的数学方法（或所属数学分支）分　如初等数学模型、几何模型、微分方程模型、图论模型、马氏链模型、规划论模型等。

按第一种方法分类的数学模型书中，着重于某一专门领域中用不同方法建立模型，而按第二种方法分类的书里，是用属于不同领域的现成的数学模型来解释某种数学技巧的应用。本书重点放在如何应用读者已具备的基本数学知识在各个不同领域中建模。

(3) 按照模型的表现特性有以下几种分法

① 确定性模型和随机性模型　这种分类方法取决于是否考虑随机因素的影响。近年来，随着数学的发展，又有所谓突变性模型和模糊性模型。

② 静态模型和动态模型　这种分类方法取决于是否考虑时间因素引起的变化。

③ 线性模型和非线性模型　这种分类方法取决于模型的基本关系，如微分方程是否是线性的。

④ 离散模型和连续模型　这种分类方法取决于模型中的变量（主要是时间变量）是取为离散的还是连续的。

虽然从本质上讲大多数实际问题是随机性的、动态的、非线性的，但是由于确定性、静态、线性模型容易处理，并且往往可以作为初步的近似来解决问题，所以建模时常先考虑确定性、静态、线性模型。连续模型便于利用微积分方法求解，做理论分析，而离散模型便于在计算机上做数值计算，所以用哪种模型要看具体问题而定。在具体的建模过程中将连续模型离散化，或将离散变量视作连续，也是常采用的方法。

(4) 按照建模目的分　按照建模目的分有描述模型、分析模型、预报模型、优化模型、决策模型、控制模型等。

(5) 按照对模型结构的了解程度分　按照对模型结构的了解程度分为所谓的白箱模型、灰箱模型、黑箱模型。这是把研究对象比喻成一只箱子里的机关，要通过建模来揭示它的奥妙。白箱模型主要包括用力学、热学、电学等一些机理相当清楚的学科描述的现象以及相应的工程技术问题，这方面的模型大多已经基本确定，还需深入研究的主要是优化设计和控制等问题。灰箱模型主要指生态、气象、经济、交通等领域中机理尚不十分清楚的现象，在建立和改善模型方面都还不同程度地有许多工作要做。至于黑箱模型则主要指生命科学和社会科学等领域中一些机理（数量关系方面）很不清楚的现象。有些工程技术问题虽然主要基于物理、化学原理，但由于因素众多、关系复杂和观测困难等原因也常作为灰箱或黑箱模型处理。当然，白、灰、黑之间并没有明显的界限，而且随着科学技术的发展，箱子的“颜色”必然是逐渐由暗变亮的。

一般说来，建立数学模型的方法大体上可分为两大类分析方法。一类是机理分析方法，另一类是测试分析方法。机理分析是根据对现实对象特性的认识，分析其因果关系，找出反映内部机理的规律，建立的模型常有明确的物理或现实意义。测试分析将研究对象视为一个“黑箱”系统，内部机理无法直接寻求，可以测量系统的输入输出数据，并以此为基础运用统计分析方法，按照事先确定的准则在某一类模型中选出一个与数据拟合得最好的模型，这种方法称为系统辨识。将这两种方法结合起来也是常用的建模方法，即用机理分析建立模型的结构，用系统辨识确定模型的参数。

可以看出，用上面的哪一类方法建模主要是根据我们对研究对象的了解程度和建模目的。如果掌握了机理方面的一定知识，模型也要求具有反映内部特性的物理意义，那么应该以机理分析方法为主。当然，若需要模型参数的具体数值，还可以用系统辨识或其他统计方法得到。如果对象的内部机理基本上没掌握，模型也不用于分析内部特性，譬如仅用来做输出预报，则可以以系统辨识方法为主。系统辨识是一门专门学科，需要有一定的控制理论和随机过程方面的知识。

2.1.3 建立数学模型的一般步骤和原则

数学模型的建立，简称数学建模（mathematical modeling）。数学建模没有固定的模式。按照建模过程，一般采用的建模基本步骤如下。

（1）建模准备　建模准备是确立建模课题的过程，就是要了解问题的实际背景，明确建模的目的。建模之前应该掌握与课题有关的第一手资料，汇集与课题有关的信息和数据，弄清问题的实际背景和建模的目的，进行建模筹划。

（2）建模假设　建模假设就是根据建模的目的对原型进行适当的抽象、简化。对原型的抽象、简化不是无条件的，必须按照假设的合理性原则进行。假设合理性原则有以下几点。

① 目的性原则　从原型中抽象出与建模目的有关的因素。简化那些与建模目的无关的或关系不大的因素。

② 简明性原则　所给出的假设条件要简单、准确，有利于构造模型。

③ 真实性原则　假设要科学，简化带来的误差应满足实际问题所能允许的误差范围。

④ 全面性原则　对事物原型本身做出假设的同时，还要给出原型所处的环境条件。

（3）构造模型　在建模假设的基础上，进一步分析建模假设的内容，首先区分哪些是常量、哪些是变量、哪些是已知量、哪些是未知量；然后查明各种量所处的地位、作用和它们之间的关系，选择恰当的数学工具和构造模型的方法对其进行表征，构造出刻画实际问题的数学模型。一般来讲，在能够达到预期目的的前提下，所用的数学工具越简单越好。

（4）模型求解　构造数学模型之后，根据已知条件和数据，分析模型的特征和模型的结构特点，设计或选择求解模型的数学方法和算法，然后编写计算机程序或运用与算法相适应的软件包，并借助计算机完成对模型的求解。

（5）模型分析　根据建模的目的要求，对模型求解的数字结果，或进行稳定性分析（指分析结果重复获得的可能性)，或进行系统参数的灵敏度分析，或进行误差分析等。

(6) 模型检验　模型分析符合要求之后，还必须回到客观实际中对模型进行检验，看是否符合客观实际，若不符合，就需修改或增减假设条款，重新建模。循环往复，不断完善，直到获得满意结果。

(7) 模型应用　模型应用是数学建模的宗旨，也是对模型的最客观、最公正的检验。一个成功的数学模型，必须根据建模的目的，将其用于分析、研究和解决实际问题，充分发挥数学模型在生产和科研中的特殊作用。

2.2 常用的数学建模方法

2.2.1 机理分析法

应用自然科学中的定理和定律，对被研究系统的有关因素进行分析、演绎、归纳，从而建立系统的数学模型。机理分析法是人们在一切科学研究中广泛使用的方法。

【例 2-1】 在渗碳工艺过程中通过平衡理论找出控制参量与炉气碳势之间的机理关系式。甲醇加煤油渗碳气氛中，描述炉气碳势与 CO_2 含量关系的实际数据，见表 2-1。

表 2-1　甲醇加煤油渗碳气氛（930℃）

序号	$\varphi_{CO_2}/\%$	炉气碳势 $C_C/\%$
1	0.81	0.63
2	0.62	0.72
3	0.51	0.78
4	0.38	0.85
5	0.31	0.95
6	0.21	1.11

【解】 渗碳过程中的炉气化学反应式如下：

$$C_{Fe}+CO_2 \xlongequal{} 2CO \tag{2-1}$$

由式 (2-1) 可得：

$$K_2=\frac{p_{CO}^2}{p_{CO_2}\alpha_C}=p\,\frac{\varphi_{CO}^2}{\varphi_{CO_2}\alpha_C} \tag{2-2}$$

其中，p 为总压，设 $p=1\text{atm}$ (101.325kPa)，p_{CO}、p_{CO_2} 分别为 CO、CO_2 气体的分压，φ_{CO}、φ_{CO_2} 分别为 CO、CO_2 所占的体积百分数。K_2 为平衡常数，α_C 为碳的活度。

$$\alpha_C=\frac{1}{K_2}\times\frac{\varphi_{CO}^2}{\varphi_{CO_2}} \tag{2-3}$$

$$\alpha_C=\frac{C_C}{C_{CA}} \tag{2-4}$$

其中，C_C 表示平衡碳浓度，即炉气碳势。C_{CA} 表示加热到温度 T 时奥氏体中的饱和碳浓度。

同样，可得：

$$C_C=\frac{C_{CA}}{K_2}\times\frac{\varphi_{CO}^2}{\varphi_{CO_2}} \tag{2-5}$$

对式（2-5）取对数，可得：

$$\lg C_C=\lg C_{CA}-\lg K_2+\lg\varphi_{CO}^2-\lg\varphi_{CO_2} \tag{2-6}$$

由于在温度一定时，C_{CA}和K_2均为常数，式（2-6）右边前两项也应为常数。因此，可设$\lg C_{CA}-\lg K_2=a$。而对于$\lg\varphi_{CO}^2-\lg\varphi_{CO_2}$这项，由于$\varphi_{CO}$、$\varphi_{CO_2}$与$C_C$有关，且要建立$C_C$和$\varphi_{CO_2}$之间的数学模型，于是有

$$\lg\varphi_{CO}^2-\lg\varphi_{CO_2}=b\lg\varphi_{CO_2} \tag{2-7}$$

设$\lg C_C=Y$，$\lg\varphi_{CO_2}=x$，可得：

$$Y=a+bx \tag{2-8}$$

以上就是利用试验数据进行最小二乘法拟合，拟合过程中的数据见表2-2。

表2-2　碳势控制单参数数学模型最小二乘法拟合过程中的各计算值

序号	φ_{CO_2}/%	x	x^2	炉气碳势 C_C/%	Y	Y^2	xY
1	0.81	−0.0915	0.0084	0.63	−0.2007	0.0403	0.0184
2	0.62	−0.2076	0.0431	0.72	−0.1427	0.0204	0.0296
3	0.51	−0.2924	0.0855	0.78	−0.1079	0.0116	0.0315
4	0.38	−0.4202	0.1766	0.85	−0.0706	0.0050	0.0297
5	0.31	−0.5086	0.2587	0.95	−0.0223	0.0005	0.0113
6	0.21	−0.6778	0.4594	1.11	0.0453	0.0021	−0.0307
$\sum_{i=1}^{6}$		−2.1981	1.0317		−0.4989	0.0798	0.0898

求出$a=-0.2336$，$b=-0.41077$，于是方程为$Y=-0.2336-0.41077x$。即

$$C_C=0.5839\ (\varphi_{CO_2})^{-0.41077} \tag{2-9}$$

式（2-9）即为碳势控制的单参数数学模型。

2.2.2　模拟方法

模型的结构及性质已知，但其数量描述及求解都相当麻烦。如果有另一种系统，结构和性质与其相同，而且构造出的模型也类似，就可以把后一种模型看成是原来模型的模拟，对后一个模型去分析或实验并求得其结果。

例如，研究钢铁材料中裂纹尖端在外载荷作用下的应力、应变分布，可以通过弹塑性力学及断裂力学知识进行分析计算，但求解非常麻烦。此时可以借助试验光测力学的手段来完成分析。首先，根据一定比例，采用模具将环氧树脂制成具有同样结构的模型，并根据钢铁材料中裂纹形式在环氧树脂模型中加工出裂纹。随后，将环氧树脂模型放入恒温箱内，对环氧树脂模型在冻结应力的温度下加载，并在载荷不变的条件下缓缓冷却到室温卸载。已冻结应力的环氧树脂模型放在平面偏振光场或圆偏振光场下观察，环氧树脂模型中将出现一定分布的条纹，这些条纹反映了模型在受载时的应力、应变情况，用照相法将条纹记录下来并确定条纹级数，再根据条纹级数计算应力。最后，根据相似原理、材料等因素确定一定的比例系数，将计算出的应力换算成钢铁材料中的应力，从而获得了裂纹尖端的应力、应变分布。

以上是用试验模型来模拟理论模型，分析时也可用相对简单理论模型来模拟、分析较复杂理论模型，或用可求解的理论模型来分析尚不可求解的理论模型。

【例 2-2】 经试验获得低碳钢的屈服点σ_s与晶粒直径 d 的对应关系见表 2-3，用最小二乘法建立起 d 与σ_s之间关系的数学模型（霍尔-配奇公式）。

表 2-3 低碳钢屈服点与晶粒直径的对应关系

$d/\mu m$	400	50	10	5	2
$\sigma_s/(kN/m^2)$	86	121	180	242	345

【解】 以 $d^{\frac{1}{2}}$作为 x，σ_s作为 y，取 $y=a+bx$，为一直线。设试验数据点为(X_1, Y_1)，一般来说，直线并不通过其中任一试验数据点。因为每点均有偶然误差 e_i，有

$$e_1=a+bX_i-Y_i$$

所有试验数据点误差的平方和为

$$\sum_{i=1}^{5}e_i^2=(a+bX_1-Y_1)^2+(a+bX_2-Y_2)^2+(a+bX_3-Y_3)^2+$$
$$(a+bX_4-Y_4)^2+(a+bX_5-Y_5)^2 \tag{2-10}$$

按照最小二乘法原理，误差平方和最小的直线为最佳直线，求 $\sum_{i=1}^{5}e_i^2$ 最小值的条件是

$$\begin{cases}\dfrac{\partial \sum_{i=1}^{5}e_i^2}{\partial a}=0\\[2ex] \dfrac{\partial \sum_{i=1}^{5}e_i^2}{\partial b}=0\end{cases} \tag{2-11}$$

得

$$\begin{cases}\sum_{i=1}^{5}Y_i=\sum_{i=1}^{5}a+b\sum_{i=1}^{5}X_i\\ \sum_{i=1}^{5}X_iY_i=a\sum_{i=1}^{5}X_i+b\sum_{i=1}^{5}X_i^2\end{cases} \tag{2-12}$$

将计算结果代入式（2-12）联立解得：

$$\begin{cases}a=\dfrac{1}{5}\left(\sum_{i=1}^{5}Y_i-b\sum_{i=1}^{5}X_i\right)=\dfrac{1}{5}\times(974-393.69\times1.66)=64.09\\[2ex] b=\dfrac{\sum_{i=1}^{5}X_iY_i=a\sum_{i=1}^{5}X_i+b\sum_{i=1}^{5}X_i^2}{\sum_{i=1}^{5}X_i^2-\dfrac{1}{5}\left(\sum_{i=1}^{5}X_i\right)^2}=\dfrac{430.209-\dfrac{1}{5}\times1.66\times974}{0.8225-\dfrac{1}{5}\times1.66^2}=393.69\end{cases} \tag{2-13}$$

取 $a=\sigma_0$，$b=K$，得到公式

$$\sigma=\sigma_0=Kd^{-\frac{1}{2}}=64.09+393.69d^{-\frac{1}{2}} \tag{2-14}$$

这是典型的霍尔-配奇公式。

以上是用试验模型来模拟理论模型，分析时也可用相对简单的理论模型来模拟、分析较复杂的理论模型，或用可求解的理论模型来分析尚不可求解的理论模型。

2.2.3 类比分析法

若两个不同的系统可以用同一形式的数学模型来描述，则此两个系统就可以互相类比。类比分析法是根据两个（或两类）系统某些属性或关系的相似，去猜想两者的其他属性或关系也可能相似的一种方法。

【例 2-3】 在聚合物的结晶过程中，结晶度随时间的延续不断增加，最后趋于该结晶条件下的极限结晶度。现期望在理论上描述这一动力学过程（即推导 Avrami 方程）。

【解】 采用类比分析法。聚合物的结晶过程包括成核和晶体生长两个阶段，这与下雨时雨滴落在水面上生成一个个圆形水波向外扩展的情形相类似，因此可通过水波扩散模型来推导聚合物结晶时的结晶度与时间的关系。

在水面上任选一参考点，根据概率分析，在时间 0-t 时刻范围内通过该点的水波数为 m 的概率 P（m）为 Poisson 分布（假设落下的雨滴数大于 m，t 时刻通过任意点 p 的水波数的平均值为量 E）。

$$P(m)=\frac{E^m}{m!}\mathrm{e}^{-E}\ (m=0,1,2,3,\cdots) \tag{2-15}$$

显然有

$$\sum_{m=0}^{\infty}P(m)=1 \tag{2-16}$$

$$\langle m\rangle=\sum mP(m)=E \tag{2-17}$$

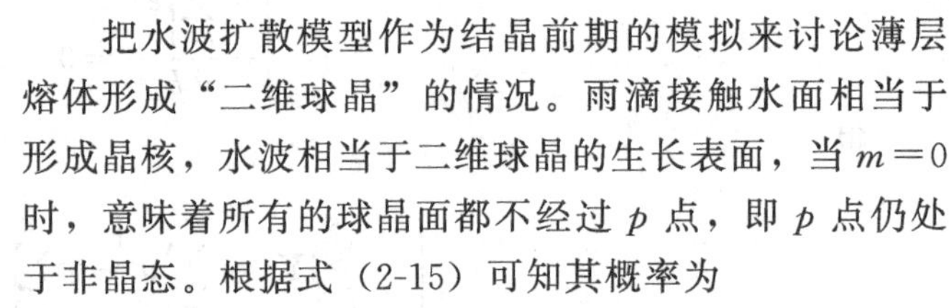

把水波扩散模型作为结晶前期的模拟来讨论薄层熔体形成“二维球晶”的情况。雨滴接触水面相当于形成晶核，水波相当于二维球晶的生长表面，当 $m=0$ 时，意味着所有的球晶面都不经过 p 点，即 p 点仍处于非晶态。根据式（2-15）可知其概率为

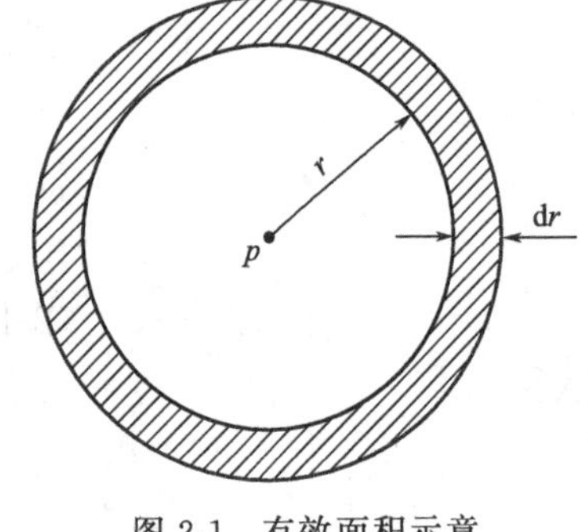

图 2-1 有效面积示意

$$P(0)=\mathrm{e}^{-E} \tag{2-18}$$

设此时球晶部分占有的体积分数为 φ_c，则有

$$1-\varphi_c=P(0)=\mathrm{e}^{-E} \tag{2-19}$$

下面求平均值 E，它应为时间的函数。先考虑一次性同时成核的情况，对应所有雨滴同时落入水面，到 t 时刻，雨滴所产生的水波都将通过 p 点（见图 2-1），把这个面积称为有效面积，通过 p 点的水波数等于这个有效面积内落入的雨滴数。设单位面积内的平均雨滴数为 N，当时间由 t 增加到 $t+\mathrm{d}t$ 时，有效面积的增量即图中阴影部分的面积为 $2\pi r\mathrm{d}r$，平均值 E 的增量为

$$\mathrm{d}E=N2\pi r\mathrm{d}r \tag{2-20}$$

若水波前进速度即球晶径向生长速度为 v，则 $r=vt$，对式（2-20）作积分得平均值相同 t 的关系为

$$E=\int_0^E\mathrm{d}E=\int_0^{vt}N2\pi r\mathrm{d}r=\pi Nv^2t^2 \tag{2-21}$$

代入式（2-19），得

$$1-\varphi_c=\mathrm{e}^{-\pi Nv^2t^2} \tag{2-22}$$

式（2-22）表示晶核密度为 N，一次性成核时体系中的非晶部分与时间的关系。

如果晶核是不断形成的，相当于不断下雨的情况，设单位时间内单位面积上平均产生的晶核数即晶核生成速度为 I，到 t 时刻产生的晶核数（相当于生成的水波）则为 h。时间增加 $\mathrm{d}t$，有效面积的增量仍为 $2\pi r\,\mathrm{d}r$，其中，只有满足 $t>r/v$ 的条件下产生的水波才是有效的，因此有

$$\mathrm{d}E=I\left(t-\frac{r}{v}\right)2\pi r\,\mathrm{d}r \tag{2-23}$$

积分得

$$E=\int_0^{vt}I\left(t-\frac{r}{v}\right)2\pi r\,\mathrm{d}r=\frac{\pi}{3}Iv^2t^3 \tag{2-24}$$

代入可得

$$1-\varphi_c=\mathrm{e}^{-\frac{\pi}{3}Iv^2t^3} \tag{2-25}$$

同样的方法可以用来处理三维晶球，这时把圆环确定的有效面积增量用球壳确定的有效体积增量来代替，对于同时成核体系（N 为单位体积的晶核数），则

$$E=\int_0^{vt}N4\pi r^2\,\mathrm{d}r=\frac{4}{3}\pi Nv^3t^3 \tag{2-26}$$

对于不断成核体系，定义 I 为单位时间、单位体积中产生的晶核数，则

$$E=\int_0^{vt}I\left(t-\frac{r}{v}\right)4\pi r^2\,\mathrm{d}r=\frac{4}{3}Iv^3t^4 \tag{2-27}$$

将上述情况归纳起来，可用一个通式表示：

$$1-\varphi_c=\mathrm{e}^{kt^n} \tag{2-28}$$

式中，k 是同核密度及晶体一维生长速度有关的常数，称为结晶速度倍数；n 是与成核方式及核结晶生长方式有关的常数。该式称为 Avrami 方程。下面对所建模型进行检验。

图 2-2 为尼龙 1010 等温结晶体数据的 Avrami 处理结果，可见在结晶前期试验同理论相符，在结晶的最后部分同理论发生了偏离。

分析 Avrami 方程的推导过程，这种后期的偏离是可以理解的，因为生长着的球晶面相互接触后，接触区的增长即刻停止。在结晶前期球晶尺寸较小，非晶部分很多，球晶之间不发生接触，可以由式（2-23）来描述，随着时间的延长，球晶增长到满足相互接触的体积时，总体的结晶速度就要降低，Avrami 方程将出现偏差。

2.2.4 数据分析法

当系统的结构性质不大清楚，无法从理论分析中得到系统的规律，也不便于类比分析，但有若干能表征系统规律、描述系统状态的数据可利用时，就可以通过描述系统功能的数据分析来连接系统的结构模型。回归分析是处理这类问题的有力工具。

求一条通过或接近两组数据点的曲线，这一过程叫曲线拟合，而表示曲线的数学式称为回归方程。求系统回归方程的一般方法如下。

【例 2-4】 设有一未知系统，已测得该系统有 n 个输入、输出数据点，为（x_i，y_i），$i=1$，2，3，…，n。现寻求其函数关系 $Y=f(x)$ 或 $F(x, y)=0$。

【解】 无论 x，y 为什么函数关系，假设用一多项式

$$\hat{y}=b_0+b_1x+b_2x^2+\cdots+b_mx_i^m\quad(i=1, 2, 3, \cdots, n) \tag{2-29}$$

作为对输出（观测值）y 的估计（用 $\hat{y}$ 表示）。若能确定其阶数及系数 b_0，b_1，…，b_m，则

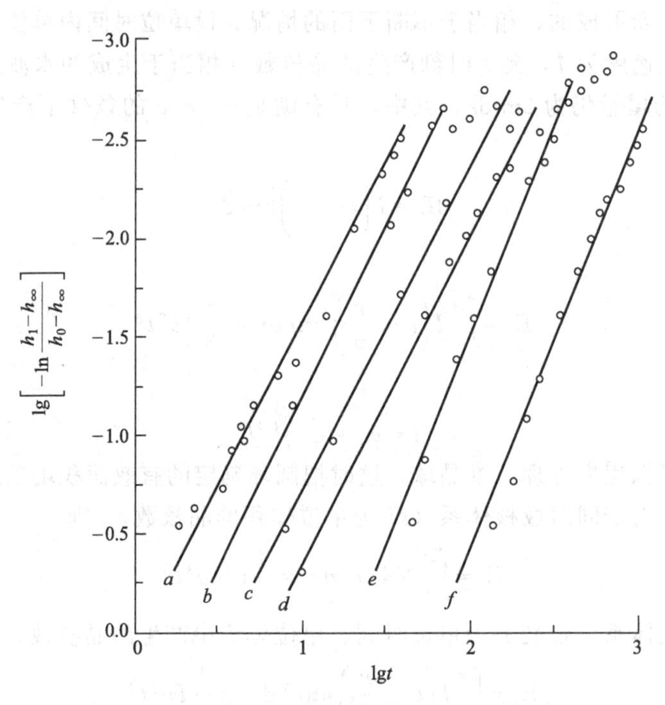

图 2-2　尼龙 1010 等温结晶的 Avrami 作图

所得到的就是回归方程-数学模型。各项系数即回归系数。

当输入为 x_i，输出为 y_i时，多项式拟合曲线相应于 x_i的估计值为

$$\hat{y}=b_0+b_1x_1+b_2x_2^2+\cdots+b_mx_i^m\quad(i=1,2,3,\cdots,n)\tag{2-30}$$

现在要使多项式估计值 $\hat{y}_i$与观测值 y_i的差的平方和

$$Q=\sum_{i=1}^{n}(\hat{y}_i-y_i)^2\tag{2-31}$$

为最小，这就是最小二乘法，令

$$\frac{\partial Q}{\partial b_j}=0\quad(j=1,2,\cdots,m)\tag{2-32}$$

得到下列正规方程组：

$$\begin{cases}\dfrac{\partial Q}{\partial b_0}=2\sum(b_0+b_1x_1+\cdots+b_mx_i^m-y_i)=0\\ \dfrac{\partial Q}{\partial b_1}=2\sum(b_0+b_1x_1+\cdots+b_mx_i^m-y_i)x_i=0\\ \vdots\\ \dfrac{\partial Q}{\partial b_m}=2\sum(b_0+b_1x_1+\cdots+b_mx_i^m-y_i)x_i^m=0\end{cases}\tag{2-33}$$

一般数据点个数 n 大于多项式阶数 m，m 取决于残差的大小，这样从式（2-33）可求出回归系数 b_0，b_1，…，b_m，从而建立回归方程数学模型。

2.3 数学模型的求解方法

2.3.1 有限差分法

2.3.1.1 有限差分法简介

有限差分法（FDM）是计算机数值模拟最早采用的方法，至今仍被广泛运用。该方法将求解域划分为差分网格，用有限个网格节点代替连续的求解域。有限差分法通过 Taylor 级数展开等方法，把控制方程中的导数用网格节点上的函数值的差商代替进行离散，从而建立以网格节点上的值为未知数的代数方程组。该方法是一种直接将微分问题变为代数问题的近似数值解法，数学概念直观，表达简单，是发展较早且比较成熟的数值方法。

有限差分法在材料成形领域的应用较为普遍，是材料成形计算机模拟技术领域中最主要的数值分析方法之一。目前材料加工中的传热分析（如铸造过程中的传热凝固、塑性成形过程中的传热、焊接过程中的传热等）和流动分析（如铸件成型过程，焊接熔池的产生、移动等），都可以用有限差分法进行模拟。与有限元法相比，有限差分法在流场分析方面优势明显。

对于有限差分格式，从格式的精度来划分，有一阶格式、二阶格式和高阶格式。从差分的空间形式来考虑，可分为中心格式和逆风格式。考虑时间因子的影响，差分格式还可以分为显格式、隐格式、显隐交替格式等。目前常见的差分格式，主要是上述几种形式的组合，不同的组合构成不同的差分格式。差分方法主要适用于有结构网格，构造差分的方法有多种形式，包括 Taylor 级数展开法、多项式拟合法、控制容积积分法和平衡法，目前主要采用的是 Taylor 级数展开方法。其基本的差分表达式主要有四种形式：一阶向前差分、一阶向后差分、一阶中心差分和二阶中心差分等，其中前两种格式为一阶计算精度，后两种格式为二阶计算精度。通过对时间和空间这几种不同差分格式的组合，可以组合成不同的差分计算格式。

2.3.1.2 有限差分法数学基础

设有自变量为 x 的解析函数 $y=f(x)$，则 y 对 x 的导数为：

$$\frac{\mathrm{d}y}{\mathrm{d}x}=\lim_{\Delta x\to 0}\frac{\Delta y}{\Delta x}=\lim_{\Delta x\to 0}\frac{f(x+\Delta x)-f(x)}{\Delta x} \tag{2-34}$$

式中，$\mathrm{d}y$、$\mathrm{d}x$ 分别为函数及自变量的微分；$\frac{\mathrm{d}y}{\mathrm{d}x}$ 为函数对自变量的导数，又称微商；Δy、Δx 分别为函数及自变量的差分；$\frac{\Delta y}{\Delta x}$ 为函数对自变量的差商。

在导数的定义中，Δx 是以任意方式趋近于 0 的，即 Δx 是可正可负的，而在差分方法中，Δx 总为正数，则差分可以有以下三种形式。

向前差分：

$$\Delta y=f(x+\Delta x)-f(x) \tag{2-35}$$

向后差分：

$$\Delta y=f(x)-f(x-\Delta x) \tag{2-36}$$

中心差分：

$$\Delta y=f\left(x+\frac{1}{2}\Delta x\right)-f\left(x-\frac{1}{2}\Delta x\right) \tag{2-37}$$

上述对应于一阶导数的差分称为一阶差分，相应地，对应于二阶导数的差分称为二阶差分，二阶差分是在一阶差分的基础上再作一阶差分，标记为 $\Delta^2 y$，二阶差分的三种形式分别表示为如下形式。

向前差分：

$$\begin{aligned}\Delta^2 y&=\Delta(\Delta y)=\Delta[f(x+\Delta x)-f(x)]=\Delta f(x+\Delta x)-\Delta f(x)\\&=[f(x+2\Delta x)-f(x+\Delta x)]-[f(x+\Delta x)-f(x)]\\&=f(x+2\Delta x)-2f(x+\Delta x)+f(x)\end{aligned} \tag{2-38}$$

向后差分：

$$\begin{aligned}\Delta^2 y&=\Delta(\Delta y)=\Delta[f(x)-f(x-\Delta x)]=\Delta f(x)-\Delta f(x-\Delta x)\\&=[f(x)-f(x-\Delta x)]-[f(x-\Delta x)-f(x-2\Delta x)]\\&=f(x-2\Delta x)-2f(x-\Delta x)+f(x)\end{aligned} \tag{2-39}$$

中心差分：

$$\begin{aligned}\Delta^2 y&=\Delta(\Delta y)=\Delta\left[f\left(x+\frac{1}{2}\Delta x\right)-f\left(x-\frac{1}{2}\Delta x\right)\right]=\Delta f\left(x+\frac{1}{2}\Delta x\right)-\Delta f\left(x-\frac{1}{2}\Delta x\right)\\&=[f(x+\Delta x)-f(x)]-[f(x)-f(x-\Delta x)]\\&=f(x+\Delta x)-2f(x)+f(x-\Delta x)\end{aligned} \tag{2-40}$$

任何阶差分都可由比其低一阶的差分再作一阶差分得到。例如 n 阶向前差分为：

$$\begin{aligned}\Delta^n y&=\Delta(\Delta^{n-1}y)=\Delta[\Delta(\Delta^{n-2}y)]=\cdots=\Delta\{\Delta\cdots[\Delta(\Delta y)]\}\\&=\Delta\{\Delta\cdots[(\Delta f(x+\Delta x)-f(x))]\}\end{aligned} \tag{2-41}$$

相应地，n 阶的向后差分以及中心差分分别表示如下。

向后差分：

$$\Delta^n y=\Delta\{\Delta\cdots[\Delta(f(x)-f(x-\Delta x))]\} \tag{2-42}$$

中心差分：

$$\Delta^n y=\Delta\left\{\Delta\cdots\left[\Delta\left(f\left(x+\frac{1}{2}\Delta x\right)-f\left(x-\frac{1}{2}\Delta x\right)\right)\right]\right\} \tag{2-43}$$

函数的差分与自变量的差分之比，称为函数对自变量的差商。一阶差商的三种形式分别如下。

向前差商：

$$\frac{\Delta y}{\Delta x}=\frac{f(x+\Delta x)-f(x)}{\Delta x} \tag{2-44}$$

向后差商：

$$\frac{\Delta y}{\Delta x}=\frac{f(x)-f(x-\Delta x)}{\Delta x} \tag{2-45}$$

中心差商：

$$\frac{\Delta y}{\Delta x}=\frac{f\left(x+\frac{1}{2}\Delta x\right)-f\left(x-\frac{1}{2}\Delta x\right)}{\Delta x} \tag{2-46}$$

或

$$\frac{\Delta y}{\Delta x}=\frac{f(x+\Delta x)-f(x-\Delta x)}{2\Delta x} \tag{2-47}$$

相应地，二阶差商的三种形式如下。

向前差商：

$$\frac{\Delta^2 y}{\Delta x^2}=\frac{f(x+2\Delta x)-2f(x+\Delta x)+f(x)}{(\Delta x)^2} \tag{2-48}$$

向后差商：

$$\frac{\Delta^2 y}{\Delta x^2}=\frac{f(x-2\Delta x)-2f(x-\Delta x)+f(x)}{(\Delta x)^2} \tag{2-49}$$

中心差商：

$$\frac{\Delta^2 y}{\Delta x^2}=\frac{f(x+\Delta x)-2f(x)+f(x-\Delta x)}{(\Delta x)^2} \tag{2-50}$$

上述均为一元函数的差分及差商，多元函数的差分与差商也可以用类似的方法得到，如对于多元函数的一阶向前差分为：

$$\frac{\Delta f}{\Delta x}=\frac{f(x+\Delta x, y, \cdots)-f(x, y, \cdots)}{\Delta x} \tag{2-51}$$

$$\frac{\Delta f}{\Delta y}=\frac{f(x, y+\Delta y, \cdots)-f(x, y, \cdots)}{\Delta y} \tag{2-52}$$

有限差分法的数学基础是用差分代替微分，用差商代替微商，而用差商代替微商的几何意义是用函数在某区域内的平均变化率来代替函数的真实变化率。对于一阶微商，存在以下三种典型的差分形式。

向前差商：

$$\frac{\mathrm{d}y}{\mathrm{d}x}\approx\frac{f(x+\Delta x)-f(x)}{\Delta x} \tag{2-53}$$

向后差商：

$$\frac{\mathrm{d}y}{\mathrm{d}x}\approx\frac{f(x)-f(x-\Delta x)}{\Delta x} \tag{2-54}$$

中心差商：

$$\frac{\mathrm{d}y}{\mathrm{d}x}\approx\frac{f\left(x+\frac{1}{2}\Delta x\right)-f\left(x-\frac{1}{2}\Delta x\right)}{\Delta x} \tag{2-55}$$

根据泰勒级数式，可以计算出上述三种差分形式的误差，分别为：

$$\frac{f(x+\Delta x)-f(x)}{\Delta x}-\frac{\mathrm{d}y}{\mathrm{d}x}=\frac{\Delta x}{2!}\frac{\mathrm{d}^2 y}{\mathrm{d}x^2}+\frac{(\Delta x)^2}{3!}\frac{\mathrm{d}^3 y}{\mathrm{d}x^3}+\cdots+\frac{(\Delta x)^{n-1}}{n!}\frac{\mathrm{d}^n y}{\mathrm{d}x^n}+\cdots=O(\Delta x) \tag{2-56}$$

$$\frac{f(x)-f(x-\Delta x)}{\Delta x}-\frac{\mathrm{d}y}{\mathrm{d}x}=\frac{\Delta x}{2!}\frac{\mathrm{d}^2 y}{\mathrm{d}x^2}+\frac{(\Delta x)^2}{3!}\frac{\mathrm{d}^3 y}{\mathrm{d}x^3}+\cdots+\frac{(\Delta x)^{n-1}}{n!}\frac{\mathrm{d}^n y}{\mathrm{d}x^n}+\cdots=O(\Delta x) \tag{2-57}$$

$$\frac{f(x+\Delta x)-f(x-\Delta x)}{2\Delta x}-\frac{\mathrm{d}y}{\mathrm{d}x}=\frac{(\Delta x)^2}{3!}\frac{\mathrm{d}^3 y}{\mathrm{d}x^3}+\cdots+\frac{(\Delta x)^{n-1}}{n!}\frac{\mathrm{d}^n y}{\mathrm{d}x^n}+\cdots=O(\Delta x) \tag{2-58}$$

从以上三式可以看出，用不同的方法定义的差商代替微商所引起的误差是不同的。用向前差商或向后差商代替微商，其截断误差是 $O(\Delta x)$，是 Δx 一次方的数量级；用中心差商代替微商，其截断误差是 $O(\Delta x)^2$，是 Δx 二次方的数量级，即用中心差商代替微商比用向前差商或向后差商代替微商的误差小一个数量级。

同样，对于二阶差商，其差分形式一般采用中心式：

$$\frac{d^2 y}{dx_2} \approx \frac{f(x+\Delta x)-2f(x)+f(x-\Delta x)}{(\Delta x)^2} \tag{2-59}$$

其截断误差为：

$$\frac{f(x+\Delta x)-2f(x)+f(x-\Delta x)}{(\Delta x)^2}-\frac{d^2 y}{dx}=O(\Delta x)^2 \tag{2-60}$$

从上面的分析可以看出，用差商代替微商必然会带来截断误差。相应地，用差分方程代替微分方程也会带来误差，因此，在应用有限差分法进行计算的时候，必须注意差分方程的形式、建立方法及由此产生的误差。

2.3.1.3 有限差分法解题基本步骤

有限差分法的主要解题步骤如下。

（1）建立微分方程　根据问题的性质选择计算区域，建立微分方程式，写出初始条件和边界条件。

（2）构建差分格式　首先对求解区域进行离散化，确定计算节点，选择网格布局、差分形式和步长；然后以有限差分代替无限微分，以差商代替微商，以差分方程代替微分方程及边界条件。

（3）求解差分方程　差分方程通常是一组数较多的线性代数方程，其求解方法主要包括两种：精确法和近似法。其中精确法又称直接法，主要包括矩阵法、Gauss 消元法及主元素消元法等；近似法又称间接法，以迭代法为主，主要包括直接迭代法、间接迭代法以及超松弛迭代法。

（4）精度分析和检验　对所得到的数值解进行精度与收敛性分析和检验。

2.3.1.4 有限差分法解题示例

【例 2-5】 设有一炉墙，厚度为 δ，炉墙的内壁温度 $T_0=900℃$，外壁温度 $T_m=100℃$，求炉墙沿厚度方向上的温度分布。

【解】 这是一个一维稳态热传导问题，其边界条件为 $T_0=900℃$、$T_m=100℃$，可以用有限差分方法求得沿炉墙厚度方向上的若干个节点的温度值。

（1）建立微分方程。根据热力学知识，对于常物性、一维、稳态热传导的微分方程为：

$$\frac{d^2 T}{dx^2}=0 \tag{2-61}$$

（2）构建差分格式。首先确定计算区域并将其离散化。对于稳态热传导问题，只需将空间离散化。如图 2-3 所示，把需求解的空间区域 $0 \sim \delta$ 以某一定间距划分为 m 等份，这些等分线成为网格线。以每一网格线为中心，取宽度为 1 组成一系列的子区间，成为单元体（图中阴影部分）。单元体的中心点成为节点，节点依次标记为 0，1，…，m。在计算过程中，将节点的温度作为单元体的平均温度，如将节点 i 温度作为单元体 i 的平均温度，记为 T_i；边界节点温度则为半个单元体的平均温度，记为 T_0 和 T_m。在此计算区域内构件差分格式，根据式（2-58），可得：

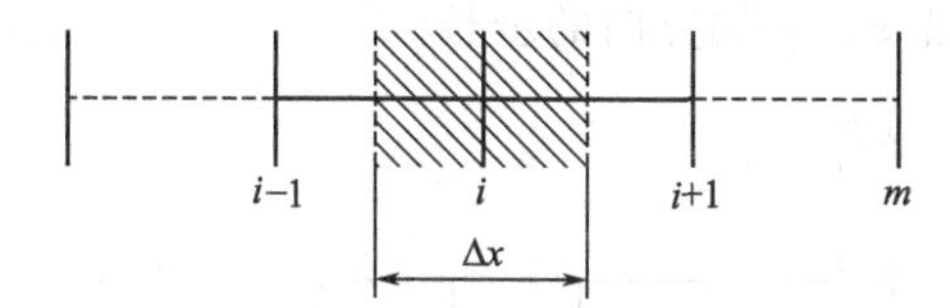

图 2-3 计算区域的离散化

$$\frac{d^2T}{dx^2}\approx\frac{T(x+\Delta x)-2T(x)+T(x-\Delta x)}{(\Delta x)^2}=\frac{T_{i+1}-2T_i-T_{i-1}}{(\Delta x)^2}=0 \tag{2-62}$$

当 $m=4$ 时建立差分方程如下：

$$T_0=900$$
$$T_2-2T_1+T_0=0$$
$$T_3-2T_2+T_1=0$$
$$T_4-2T_3+T_2=0$$
$$T_4=100$$

(3) 求解差分方程。利用 Gauss 消元法可解除上述的线性方程组，得到炉墙特定点的温度分布，见表 2-4。

表 2-4 炉墙的温度分布

厚度	0	$\frac{\delta}{4}$	$\frac{\delta}{2}$	$\frac{3\delta}{4}$	δ
温度 T/℃	900	700	500	300	100

(4) 求解结果分析与检验。根据热力学知识可知，炉墙的温度分布应与其厚度呈线性变化关系，求解结果符合之一规律。同时，通过解析法求解微分方程 (2-47)，得到的解析解为：$T=-\frac{800}{\delta}x+900$，将 $x=\frac{\delta}{4}$、$x=\frac{\delta}{2}$、$x=\frac{3\delta}{4}$分别代入后可得到相应的温度值为 700℃、500℃和 300℃，这与表 2-4 中的计算结果是一致的。

【例 2-6】 利用差分法解 Laplace 方程第一边值问题（要求画出差分网络及写出差分方程组）。

$$\begin{cases}\frac{\partial^2 u}{\partial x^2}+\frac{\partial^2 u}{\partial y^2}=0\ (0<x<0.5,\ 0<y<0.5)\\ u(0,y)=u(x,0)=0\\ u(x,0.5)=200x\\ u(0.5,y)=200y\end{cases} \tag{2-63}$$

【解】 采用正方形网格剖分，内节点按如图 2-4 所示编号。设内节点总数为 N，对于每一个 $(x_i,y_j)\in D_0$，利用数值微分公式得

$$\frac{\partial^2 u(x_i,y_j)}{\partial x^2}=\frac{1}{h_1^2}\left[u(x_{i+1},y_j)-2u(x_i,y_j)+u(x_{i-1},y_j)\right]-\frac{1}{12}h_1^2\frac{\partial^4 u(\xi_2,y_j)}{\partial x^4},\ \xi_i\in(x_{i-1},x_{i+1}) \tag{2-64}$$

$$\frac{\partial^2 u(x_i,y_j)}{\partial y^2}=\frac{1}{h_2^2}\left[u(x_i,y_{j+1})-2u(x_i,y_j)+u(x_i,y_{j-1})\right]-\frac{1}{12}h_2^2\frac{\partial^4 u(x_1,\eta_j)}{\partial y^4},\ \eta_i\in(y_{i-1},y_{i+1}) \tag{2-65}$$

式中，h_1、h_2分别为沿 x、y 轴方向的步长。

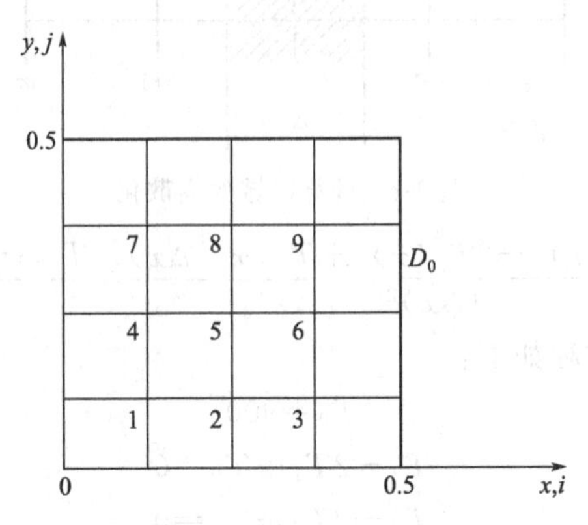

图 2-4 有限差分网格

将式（2-64）和式（2-65）代入式（2-63）得

$$\frac{1}{h^2}\left[u(x_{i+1},y_j)-2u(x_i,y_j)+u(x_{i-1},y_j)\right]\frac{1}{h_2^2}\left[u(x_i,y_{j+1})\right.$$
$$\left.-2u(x_i,y_j)+u(x_i,y_{j-1})\right]=f(x_i,y_j)+R_{ij} \quad (2\text{-}66)$$

其中

$$R_{ij}=\frac{1}{12}h_1^2\frac{\partial^4 u(\varepsilon_i,y_j)}{\partial x^4}+\frac{1}{12}h_2^2\frac{\partial^4 u(x_i,\eta_j)}{\partial y^4}=o(h^2) \quad (2\text{-}67)$$

为除去 R_{ij} 项后所剩下的项之和，略去余项 R_{ij}，得

$$\frac{1}{h_1^2}\left[u(x_{i+1},y_j)-2u(x_i,y_j)+u(x_{i-1},y_j)\right]$$
$$+\frac{1}{h_2^2}\left[u(x_i,y_{j+1})-2u(x_i,y_j)+u(x_i,y_{j-1})\right]=f(x_i,y_j) \quad (2\text{-}68)$$

取 $h_1=h_2$，即取正方形网格时，差分方程为

$$4h_{ij}-\left[u_{(i+1)j}+u_{(i-1)j}+u_{i(j+1)}+u_{i(j-1)}\right]=-h^2 f_{ij} \qquad (x_i,y_j)\in D_0 \quad (2\text{-}69)$$

本例中取 $h_1=h_2=0.125$，采用正方形网格剖分，内节点按图 2-4 所示编号，按式(2-69)得

$$i=1,\ j=1,\ 4u_{11}-(u_{21}+u_{01}+u_{12}+u_{10})=0$$

其中，u_{11}对应 u_1，u_{21}对应 u_2，u_{01}为 0，u_{12}对应 u_4，u_{10}为 0，于是得 $4u_1-u_2-u_4=0$。其余类推得差分方程：

$$\begin{cases}4u_1-u_2-u_4=0\\4u_2-u_1-u_3-u_5=0\\4u_3-u_2-u_6=25\\4u_4-u_1-u_5-u_7=0\\4u_5-u_2-u_4-u_6-u_8=0\\4u_6-u_3-u_5-u_9=50\\4u_7-u_4-u_8=25\\4u_8-u_5-u_7-u_9=50\\4u_9-u_6-u_8=150\end{cases} \quad (2\text{-}70)$$

写成矩阵形式为：

$$\begin{pmatrix} 4 & -1 & 0 & -1 & 0 & 0 & 0 & 0 & 0 \\ -1 & 4 & -1 & 0 & -1 & 0 & 0 & 0 & 0 \\ 0 & -1 & 4 & 0 & 0 & -1 & 0 & 0 & 0 \\ -1 & 0 & 0 & 4 & -1 & 0 & -1 & 0 & 0 \\ 0 & -1 & 0 & -1 & 4 & -1 & 0 & -1 & 0 \\ 0 & 0 & -1 & 0 & -1 & 4 & 0 & 0 & -1 \\ 0 & 0 & 0 & -1 & 0 & 0 & 4 & -1 & 0 \\ 0 & 0 & 0 & 0 & -1 & 0 & -1 & 4 & -1 \\ 0 & 0 & 0 & 0 & 0 & -1 & 0 & -1 & 4 \end{pmatrix} \begin{pmatrix} u_1 \\ u_2 \\ u_3 \\ u_4 \\ u_5 \\ u_6 \\ u_7 \\ u_8 \\ u_9 \end{pmatrix} = \begin{pmatrix} 0 \\ 0 \\ 25 \\ 0 \\ 0 \\ 50 \\ 25 \\ 50 \\ 150 \end{pmatrix} \tag{2-71}$$

用 Seidel 迭代法求得 $u_1=6.25$，$u_2=12.5$，$u_3=18.75$，$u_4=12.50$，$u_5=25$，$u_6=37.50$，$u_7=18.75$，$u_8=37.5$，$u_9=56.25$。

2.3.2 有限元法

有限元法（又称为有限单元法、有限元素法）是20世纪50年代初才出现的一种新的数值分析方法，最初它只应用于力学领域中，70年以来被应用于传热学计算中。与有限差分法相比较，有限元法的准确性和稳定性都比较好，且由于其单元的灵活性，使它更适应于数值求解非线性热传导问题以及具有不规则几何形状与边界，特别是要求同时得到热应力场的各种复杂导热问题。有限元法在传热学中的应用正处于开拓与发展阶段，迄今为止，其应用已波及热传导、对流传热及换热器设计与计算。

有限元法是变分法与经典有限差分法相结合的产物，它既吸收了古典变分近似解析解法——一种泛函求极值的基本原理，又采用了有限差分的离散化处理方法，突出了单元的作用及各单元的相互影响，形成了自身的独特风格。

古典变分法是要寻求定解问题的级数形式近似解析解，在这种方法中，首先构造一个与定解问题（微分方程及其边值条件）相对应的泛函，然后对此泛函求极值，从而得到满足微分方程和边值条件的近似解析解。这样一来，就把选择泛函并对泛函求极值的运算，等价于一个在数学上对微分方程及其边值条件所组成的定解问题的求解。由于这种方法首先在弹性力学中得到应用，而在弹性力学中是以最小能位原理为平衡条件加以分析的，故曾将上述泛函求极值的数学概念与最小能位原理的物理概念联系起来，从而称上述变分法为能量法（又称 Ritz 法）当然，这种变分法绝不只是最小能位原理的表述，得此命名只不过反映了这种方法的实用背景和历史发展过程而已。但是，遗憾的是并非所有定解问题均可找到其相对应的泛函，有些定解问题可能根本不存在其对应的泛函。

于是，人们设法直接从微分方程出发去寻找其近似级数解，从而回避了寻找泛函这一难题，这种解法就是加权余量法，其中 Galerkin 法是较典型的一种。由于这种方法与能量法颇相似，也要选择适当的函数代入微分方程，然后对其加权积分使其为零，故在广义上亦称为变分法。无论采用能量法，还是加权余量法，都要选择与微分方程相对应的适当的函数代入泛函或代入微分方程，再对泛函求极值或对微分方程加权积分使其为零，这种函数称为试探函数。对此函数，要求其在全区域内满足定解问题，这一要求是极苛刻的，不能适应许多工程实际中的复杂热传导问题，这就使古典变分法的应用受到了很大的限制。有限元法是对上述古典变分法的改进，也就是采取与有限差分相类似的方法，将区域离散化，以只在离散化有限小的单元内使试探函数满足定解问题要求并在单元内积分，代替在全区域内满足要求与积分的条件，消除了古典变分法的局限性。在这层意义上来说，有限元法就是有限的单元变分法。

2.3.2.1 有限元法常用术语

（1）单元　有限元模型中每一个小的块体称为一个单元。根据其形状的不同，可以将单元划分为以下几种类型：线段单元、三角形单元、四边形单元、四面体单元和六面体单元等。由于单元是构成有限元模型的基础，因此单元类型对于有限元分析至关重要。一个有限元软件提供的单元种类越多，该程序功能就越强大。

（2）节点　用于确定单元形状、表述单元特征及连接相邻单元的点称为节点。节点是有限元模型中的最小构成元素。多个单元可以共用一个节点，节点起连接单元和实现数据传递的作用。

（3）荷载　工程结构所受到的外部施加的力或力矩称为荷载，包括集中力、力矩及分布力等。在不同的学科中，荷载的含义有所差别。在通常结构分析过程中，荷载为力、位移等；在温度场分析过程中，荷载是指温度等；而在电磁场分析过程中，荷载是指结构所受的电场和磁场作用。

（4）边界条件　边界条件是指结构在边界上所受到的外加约束。在有限元分析过程中，施加正确的边界条件是获得正确的分析结果和较高的分析精度的关键。

（5）初始条件　初始条件是结构响应前所施加的初始速度、初始温度及预应力等。

2.3.2.2 有限元法数学基础

（1）微分方程的等效积分形式　工程或物理学中的许多问题，通常是以未知场函数应满足的微分方程和边界条件的形式提出来的，一般可以表示为未知函数 u。未知函数 u 应满足微分方程组：

$$A(u)=\begin{Bmatrix}A_1(u)\\A_2(u)\\A_3(u)\end{Bmatrix}=0\ （在\ V\ 内） \tag{2-72}$$

同时未知函数 u 还应满足边界条件：

$$B(u)=\begin{Bmatrix}B_1(u)\\B_2(u)\\B_3(u)\end{Bmatrix}=0\ （在\ S\ 内） \tag{2-73}$$

S 是求解域 V 的边界，分为 S_u、S_p 两部分，如图 2-5 所示。

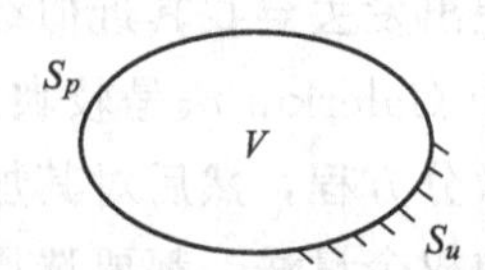

图 2-5　问题的求解域 V 和边界 S

未知函数 u 可以是标量场或向量场。A、B 表示相对于独立变量（空间坐标、时间坐标等）的微分算子。微分方程数应和未知场函数的数目相等。

由于式（2-72）和式（2-73）分别在域 V 内和边界 S 上的每一点都必须为0，所以对于任意的函数向量 I 和 $\overline{I}$，下式恒成立：

$$\int_V I^{\mathrm{T}} A(u)\mathrm{d}V + \int_S \overline{I}^{\mathrm{T}} B(u)\mathrm{d}S = 0 \tag{2-74}$$

同样的，若要求对于所有的函数向量 I 和 $\overline{I}$，上式恒成立，则式（2-72）和式（2-73）必须满足。因此，式（2-74）称为微分方程的等效积分形式。

（2）加权余量法　对于式（2-72）和式（2-73）所表达的物理问题，往往难以求得场函数 u 的精确解，此时可采用以下的近似函数来便是位置的场函数：

$$u = \tilde{u} = Na = \sum\nolimits_{(i=1)}^{n} N_i a_i \tag{2-75}$$

其中，N 为试探函数，又称形函数，a 为待定参量。

通常在式（2-75）取得有限项的条件下，近似解不能精确满足式（2-72）和全部边界条件式（2-73），而会产生余量 R 和 $\overline{R}$。

$$A\ (Na)\ = R,\ B\ (Na)\ = \overline{R} \tag{2-76}$$

这里用某个给定的函数 W_j 和 $\overline{W}_j$ 来代替等效积分式（2-74）中的 I 和 $\overline{I}$，得到：

$$\int_V W_j^{\mathrm{T}} A(Na)\mathrm{d}V + \int_S \overline{W}_j^{\mathrm{T}} B(Na)\mathrm{d}S = 0 \quad (j=1,\ \cdots,\ n) \tag{2-77}$$

上式的意义是通过选择待定参量 a，强迫余量在某种意义上等于0。其中 W_j 和 $\overline{W}_j$ 成为加权函数。令式（2-76）等于0，得到一组求解方程，用以求解待定参量 a，从而可以得到原问题的近似解。采用使余量的加权积分为0来求得微分方程近似解得方法成为加权余量法。任何独立的完全函数集都可以用作权函数。

（3）伽辽金法　伽辽金法是加权余量法的一种。该方法将原来的形函数作为加权函数，即：$W_j = N_j$，在边界 S 上，$\overline{W}_j = -W_j = -N_j$，于是式（2-76）可写为：

$$\int_V N_j^{\mathrm{T}} A\left[\sum\nolimits_{(i=1)}^{n} N_i a_i\right]\mathrm{d}V + \int_S N_j^{\mathrm{T}} B\left[\sum\nolimits_{(i=1)}^{n} N_i a_i\right]\mathrm{d}S = 0 \quad (j=1,\ \cdots,\ n) \tag{2-78}$$

伽辽金法求解方程的系数矩阵往往是对称的，因此在使用加权余量法建立有限元模型时，大多采用伽辽金法。

2.3.2.3　有限元分析基本步骤

有限元分析的基本步骤如下。

① 建立求解域并将其离散化为有限单元，即将连续体问题分解成节点和单元等个体问题；

② 假设代表单元物理行为的形函数，即假设代表单元解的近似连续函数；

③ 建立单元方程；

④ 构造单元整体刚度矩阵；

⑤ 施加边界条件、初始条件和载荷；

⑥ 求解线性或非线性的微分方程组，得到节点求解结果及其他重要信息。

【例2-7】 设有一炉墙，厚度为1m，炉墙的内壁温度 $T_0 = 0℃$，外壁温度 $T_m = 0℃$，在炉墙内具有内热源 φ，如图2-6所示。炉墙的热传导系数为1W/（m·℃），求炉墙沿厚度方向上的温度分布。

其中，$\varphi\ (x)\ = \begin{cases} 1 & 0 \leqslant x \leqslant 0.5 \\ 0 & 0.5 < x \leqslant 1 \end{cases}$

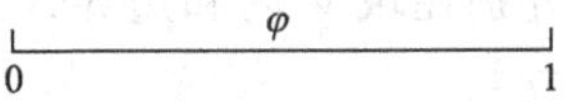

φ
0 1

图 2-6 一维热传导问题

【解】 这是一个具有内热源的一维稳态热传导问题，边界条件已知，可采用有限元法求解其温度场分布。

(1) 建立微分方程。根据热力学知识，对于常物性、一维、稳态热传导的微分方程为：

$$\frac{d^2 T}{dx^2}+\varphi=0 \tag{2-79}$$

(2) 构建形函数并建立单元方程。选取傅里叶级数为近似解，即有：

$$T \approx \widetilde{T}=\sum\nolimits_{i=1}^{n} a_i \sin(i\pi x) \tag{2-80}$$

上式中，a_i为待定系数，sin ($i\pi x$) 为形函数 N_i。将边界条件代入可知，近似解满足边界条件，且在求解域中连续。则根据式 (2-76) 可得：

$$\int_0^1 W_j\left[\frac{d^2}{dx^2}\left(\sum\nolimits_{i=1}^{n} N_i a_i\right)+\varphi\right]dx=0 \tag{2-81}$$

对上式进行分部积分可得：

$$W_j \frac{d}{dx}\left(\sum_{i=1}^{n} N_i a_i\right)\Big|_0^1-\int_0^1 \frac{d}{dx}\left(\sum_{i=1}^{n} N_i a_i\right)\frac{dW_j}{dx}dx+\int_0^1 W_j\varphi dx=0 \tag{2-82}$$

在边界上，$W_j=0$，上式简化为：

$$\int_0^1\left[\frac{dW_j}{dx}\times\frac{d}{dx}\left(\sum\nolimits_{i=1}^{n} N_i a_i\right)-W_j\varphi\right]dx=0 \tag{2-83}$$

(3) 构造单元整体刚度矩阵。将式 (2-83) 变换形式，则

$$Ka+F=0 \tag{2-84}$$

上式中，$F=[F_1\ F_2\ F_3\cdots\ F_n]^T$

$$a=[a_1\ a_2\ a_3\cdots\ a_n]^T$$

$$K_{ij}=\int_0^1 \frac{dW_j}{dx}\cdot\frac{dN_i}{dx}dx=0$$

$$F_i=-\int_0^1 W_j\varphi dx$$

(4) 求解非线性方程组。取 $n=1$，依据式 (2-83) 有：

$$T=a_1\sin(\pi x)$$

采用伽辽金法，则有：

$$W_1=N_1=\sin(\pi x)$$

即：

$$\int_0^1\left[\frac{dW_j}{dx}\cdot\frac{d}{dx}N_1 a_1-W_1\varphi\right]dx=0$$

$$\int_0^1[\pi\cos(\pi x)a_1\pi\cos(\pi x)-W_1\varphi]dx=0$$

求解得：

$$a_1=\frac{2}{\pi^3}$$

则该一维热传导问题的一项解为：

$$T=\frac{2}{\pi^3}\sin\ (\pi x)$$

取 $n=2$，依据式（2-79）有：

$$T=a_1\sin\ (\pi x)\ +a_2\sin\ (2\pi x)$$

采用伽辽金法，则有：

$$W_1=N_1=\sin\ (\pi x),\ W_2=N_2=\sin\ (2\pi x)$$

将上式代入式（2-82）可得：

$$\int_0^1\left[\frac{\mathrm{d}W_1}{\mathrm{d}x}\cdot\frac{\mathrm{d}}{\mathrm{d}x}(N_1a_1+N_2a_2)-W_1\varphi\right]\mathrm{d}x=0$$

$$\int_0^1\left[\frac{\mathrm{d}W_2}{\mathrm{d}x}\cdot\frac{\mathrm{d}}{\mathrm{d}x}(N_1a_1+N_2a_2)-W_2\varphi\right]\mathrm{d}x=0$$

即：

$$\int_0^1\left\{\frac{\mathrm{d}}{\mathrm{d}x}[\sin(\pi x)]\cdot\frac{\mathrm{d}}{\mathrm{d}x}[a_1\sin(\pi x)+a_2\sin(2\pi x)]-\sin(\pi x)\varphi\right\}\mathrm{d}x=0$$

$$\int_0^1\left\{\frac{\mathrm{d}}{\mathrm{d}x}[\sin(2\pi x)]\cdot\frac{\mathrm{d}}{\mathrm{d}x}[a_1\sin(\pi x)+a_2\sin(2\pi x)]-\sin(2\pi x)\varphi\right\}\mathrm{d}x=0$$

求解得：

$$a_1=\frac{2}{\pi^3},\ a_2=\frac{1}{2\pi^3}$$

则该一维热传导问题的二项解为：

$$T=\frac{2}{\pi^3}\sin\ (\pi x)\ +\frac{2}{2\pi^3}\sin\ (2\pi x)$$

本例的精确解为：

$$\begin{cases}T=-\frac{1}{2}x^2+\frac{3}{8}x & 0\leqslant x\leqslant\frac{1}{2}\\ T=-\frac{1}{8}x^2+\frac{1}{8} & \frac{1}{2}\leqslant x\leqslant 1\end{cases}$$

图 2-7 绘制了精确解和有限元模拟结果的曲线，从中可以看出，二项解和精确解比较接近，而一项解和精确解相差较大。可见，随着近似解的项数增加，解的精度将不断提高，但求解的工作量也随之增加。因此，在有限元模拟过程中，需要在求解精度和求解工做量之间做出合理选择。

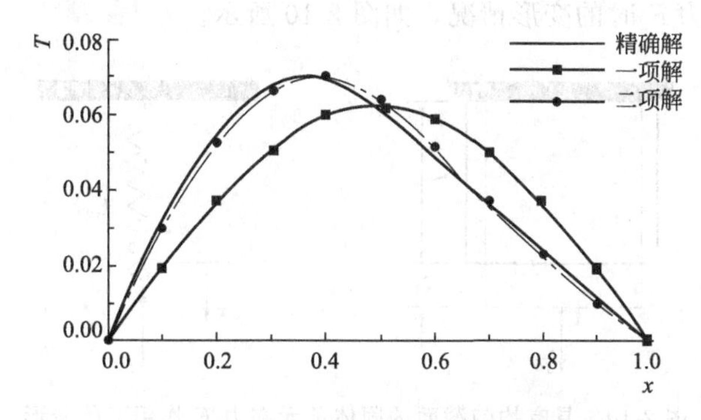

图 2-7　一维热传导问题精确解与有限元解的比较

2.3.2.4 有限元法的基本概念——直接刚度法

在刚提出有限元法的时候采用的是直接刚度法，它源于结构分析的刚度法。因刚度法只能处理一些比较简单的实际问题，现在已很少使用了，但它对我们理解和明确有限元法的一些物理概念是有帮助的。所以我们通过一个例子来介绍直接刚度法，同时说明有限元法求解的一般步骤。

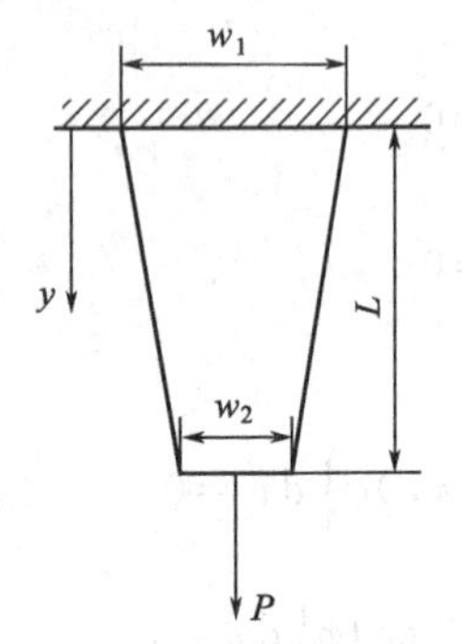

图 2-8 受到轴向荷载的变截面杆

【例 2-8】 一个受到轴向荷载的变截面杆如图 2-8 所示。杆的一端固定，另一端承受 $P=1000\text{N}$ 的载荷，杆的顶部宽 $w_1=2\text{cm}$，底部宽 $w_2=1\text{cm}$，厚度 $t=0.125\text{cm}$，长度 $L=10\text{cm}$，杆的弹性模量 $E=10.4\times10^6\text{MPa}$。试分析该杆沿长度方向不同位置的变形情况，假设杆的质量可以忽略不计。

【解】（1）前处理过程

① 将求解域离散化，先将求解的问题分解为节点和单元。为简单起见，将杆划分成五个节点和四个单元，如图 2-9 所示。增加节点和单元的数目，将提高近似解的精度。给定的变截面杆简化为四个独立的部分，每部分的截面面积恒定。每个单元的截面积为组成该单元的节点处的面积的平均值。

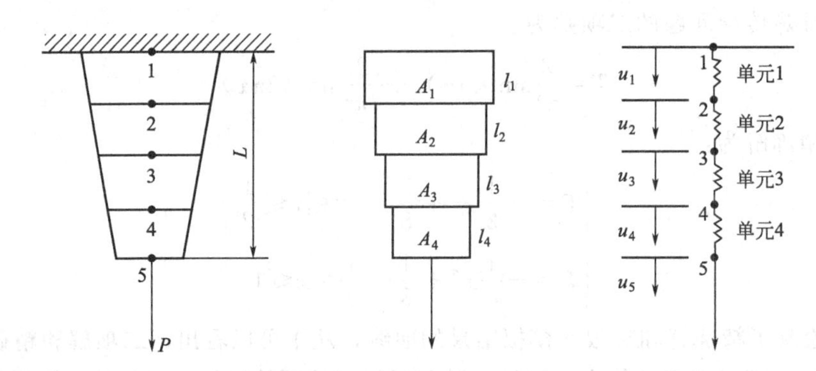

图 2-9 将杆划分为单元和节点

② 求某一单元的近似解。为研究典型单元的变形情况，先考虑长度为 l，有均一截面 A 的固体单元在受到外力 F 时的变形情况，如图 2-10 所示。

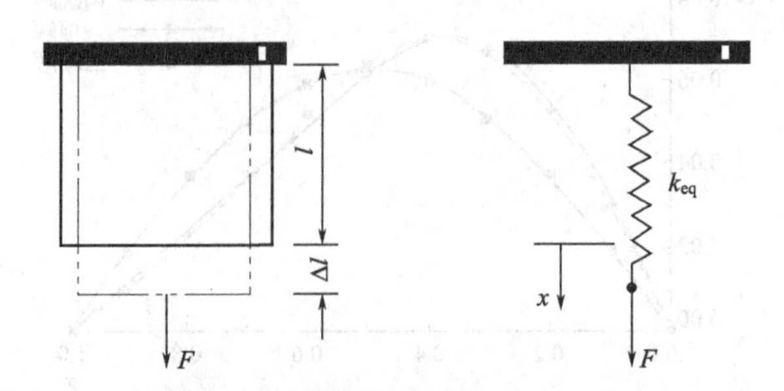

图 2-10 具有均匀截面的固体单元在力 F 作用下的变形

单元中的平均应力为：

$$\sigma=\frac{F}{A} \tag{2-85}$$

平均正应变为：

$$\varepsilon=\frac{\Delta l}{l} \tag{2-86}$$

在弹性范围内，应力和应变的关系由 Hooke 定律描述，其中，E 为材料的弹性模量，结合式（2-84）和式（2-85）可得

$$F=\frac{AE}{l}\Delta l \tag{2-87}$$

注意，式（2-86）与现行弹簧等式 $F=kx$ 相似。因此可以用一弹簧的变形来模拟固态单元的变形，弹簧的等价刚度为：

$$k_{\mathrm{eq}}=\frac{AE}{l} \tag{2-88}$$

回到前面讨论的问题，杆的横截面积沿 y 轴方向变化，作为近似，将杆模型化为不同截面的等截面杆的串联，如图 2-9 所示，这样，杆可以由一个四个弹簧串联组成的模型来表示，每个单元的弹性行为可以用等价线性弹簧来表述

$$f=k_{\mathrm{eq}}(u_{i+1}-u_i)=\frac{A_{\mathrm{avg}}E}{l}(u_{i+1}-u_i)=\frac{(A_{i+1}+A_i)}{2i}(u_{i+1}-u_i) \tag{2-89}$$

其中，等价单元刚度为：

$$k_{\mathrm{eq}}=\frac{(A_{i+1}+A_i)E}{2l} \tag{2-90}$$

A_{i+1}和 A_i分别是节点 $i+1$ 和 i 处的横截面积，l 是中元的长度。应用上述模型，我们来考虑作用在每个节点上的力。图2-11示出了节点 1 到节点 5 的受力情况。

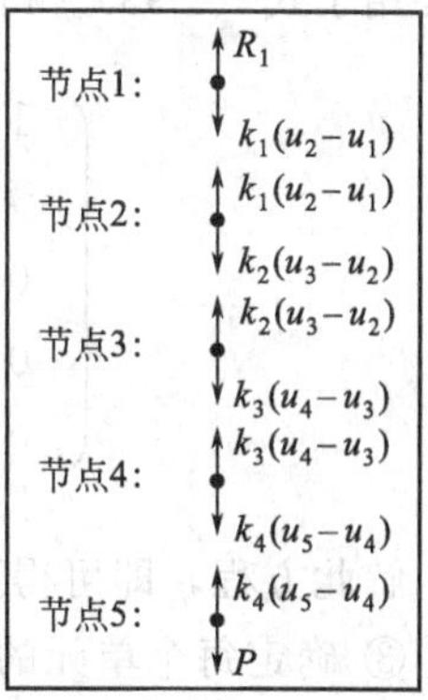

节点1: R_1 $k_1(u_2-u_1)$
节点2: $k_1(u_2-u_1)$ $k_2(u_3-u_2)$
节点3: $k_2(u_3-u_2)$ $k_3(u_4-u_3)$
节点4: $k_3(u_4-u_3)$ $k_4(u_5-u_4)$
节点5: $k_4(u_5-u_4)$ P

图 2-11 节点受力分析

静态平衡要求作用在每个节点上的力的总和为零，因此可得到以下方程。

节点 1：$R_1-k_1(u_2-u_1)=0$

节点 2：$k_1(u_2-u_1)-k_2(u_3-u_2)=0$

节点 3：$k_2(u_3-u_2)-k_3(u_4-u_3)=0$

节点 4：$k_3(u_4-u_3)-k_4(u_5-u_4)=0$

节点 5：$k_4(u_5-u_4)-P=0$

$$\begin{cases} k_1u_1-k_1u_2=-R_1 \\ -k_1u_1+k_1u_2+k_2u_2-k_2u_3=0 \\ -k_2u_2+k_2u_3+k_3u_3-k_3u_4=0 \\ -k_3u_3+k_3u_4+k_4u_4-k_4u_5=0 \\ -k_3u_4+k_4u_5=0 \end{cases} \tag{2-91}$$

将这些方程式写成矩阵的形式，有：

$$\begin{pmatrix} k_1 & -k_1 & 0 & 0 & 0 \\ -k_1 & k_1+k_2 & -k_2 & 0 & 0 \\ 0 & -k_2 & k_2+k_3 & -k_3 & 0 \\ 0 & 0 & -k_3 & k_3+k_4 & -k_4 \\ 0 & 0 & 0 & -k_4 & k_4 \end{pmatrix} \begin{Bmatrix} u_1 \\ u_2 \\ u_3 \\ u_4 \\ u_5 \end{Bmatrix} = \begin{Bmatrix} -R_1 \\ 0 \\ 0 \\ 0 \\ P \end{Bmatrix} \tag{2-92}$$

在荷载矩阵中区分施加力和反作用力也是必要的。因此矩阵式又可写为：

$$\begin{Bmatrix} -R_1 \\ 0 \\ 0 \\ 0 \\ 0 \end{Bmatrix} = \begin{pmatrix} k_1 & -k_1 & 0 & 0 & 0 \\ -k_1 & k_1+k_2 & -k_2 & 0 & 0 \\ 0 & -k_2 & k_2+k_3 & -k_3 & 0 \\ 0 & 0 & -k_3 & k_3+k_4 & -k_4 \\ 0 & 0 & 0 & -k_4 & k_4 \end{pmatrix} \begin{Bmatrix} u_1 \\ u_2 \\ u_3 \\ u_4 \\ u_5 \end{Bmatrix} - \begin{Bmatrix} 0 \\ 0 \\ 0 \\ 0 \\ P \end{Bmatrix} \tag{2-93}$$

一般地，可写为：

$$R = Ku - F \tag{2-94}$$

即，{反作用力矩阵} = [刚度矩阵] {位移矩阵} − {荷载矩阵}

考察以上所讨论的问题，因为杆在顶端固定，节点 1 的位移应为零，即 $R_1=0$。将边界条件用于式（2-93）。得到如下矩阵

$$\begin{pmatrix} 1 & 0 & 0 & 0 & 0 \\ -k_1 & k_1+k_2 & -k_2 & 0 & 0 \\ 0 & -k_2 & k_2+k_3 & -k_3 & 0 \\ 0 & 0 & -k_3 & k_3+k_4 & -k_4 \\ 0 & 0 & 0 & -k_4 & k_4 \end{pmatrix} \begin{Bmatrix} u_1 \\ u_2 \\ u_3 \\ u_4 \\ u_5 \end{Bmatrix} = \begin{Bmatrix} 0 \\ 0 \\ 0 \\ 0 \\ P \end{Bmatrix} \tag{2-95}$$

解此方程，即可得到个节点的位移。

③ 确定每个单元的方程。在本问题中，每个单元有两个节点，每个节点都和一个位移相关，因此对每个节点可建立两个方程，这些方程一定包含节点位移和单元的刚度。

如图 2-12 所示，考虑内力 f_i 和 f_{i+1} 以及节点位移 u_i 和 u_{i+1} 根据平衡条件，不管选择哪种坐标系均有 $f_i+f_{i+1}=0$。考虑到向前差分的一致性，可以选用图 2-12（b）的形式。这样，节点 i 和 $i+1$ 处的传输力可由下列方程表示：

$$f_i = k_{eq}(u_i - u_{i+1})$$

$$f_{i+1} = k_{eq}(u_{i+1} - u_i)$$

写成矩阵形式为：

$$\begin{Bmatrix} f_i \\ f_{i+1} \end{Bmatrix} = \begin{pmatrix} k_{eq} & -k_{eq} \\ -k_{eq} & k_{eq} \end{pmatrix} \begin{Bmatrix} u_i \\ u_{i+1} \end{Bmatrix} \tag{2-96}$$

④ 集成单元。将式（2-95）用于所有单元，并进行集成，将得到总体刚度矩阵。单元 1 的刚度矩阵为：

$$K^1 = \begin{pmatrix} k_1 & -k_1 \\ -k_1 & k_1 \end{pmatrix} \tag{2-97}$$

其在总体刚度矩阵中的位置为：

$$K^{(1G)} = \begin{pmatrix} k_1 & -k_1 & 0 & 0 & 0 \\ -k_1 & k_1 & 0 & 0 & 0 \\ 0 & 0 & 0 & 0 & 0 \\ 0 & 0 & 0 & 0 & 0 \\ 0 & 0 & 0 & 0 & 0 \end{pmatrix} \begin{matrix} u_1 \\ u_2 \\ u_3 \\ u_4 \\ u_5 \end{matrix} \tag{2-98}$$

在刚度矩阵旁边给出了节点位移矩阵，有助于理解节点对相邻单元的贡献。

同样，对单元 2 有：

$$K^2 = \begin{pmatrix} k_2 & -k_2 \\ -k_2 & k_2 \end{pmatrix} \tag{2-99}$$

其在总体刚度矩阵中的位置为：

$$K^{(2G)} = \begin{pmatrix} 0 & 0 & 0 & 0 & 0 \\ 0 & k_2 & -k_2 & 0 & 0 \\ 0 & -k_2 & k_2 & 0 & 0 \\ 0 & 0 & 0 & 0 & 0 \\ 0 & 0 & 0 & 0 & 0 \end{pmatrix} \begin{matrix} u_1 \\ u_2 \\ u_3 \\ u_4 \\ u_5 \end{matrix} \tag{2-100}$$

对单元 3 有：

$$K^3 = \begin{pmatrix} k_3 & -k_3 \\ -k_3 & k_3 \end{pmatrix} \tag{2-101}$$

其在总体刚度矩阵中的位置为：

$$K^{(3G)} = \begin{pmatrix} 0 & 0 & 0 & 0 & 0 \\ 0 & 0 & 0 & 0 & 0 \\ 0 & 0 & k_3 & -k_3 & 0 \\ 0 & 0 & -k_3 & k_3 & 0 \\ 0 & 0 & 0 & 0 & 0 \end{pmatrix} \begin{matrix} u_1 \\ u_2 \\ u_3 \\ u_4 \\ u_5 \end{matrix} \tag{2-102}$$

对单元 4 有：

$$K^4 = \begin{pmatrix} k_4 & -k_4 \\ -k_4 & k_4 \end{pmatrix} \tag{2-103}$$

其在总体刚度矩阵中的位置为：

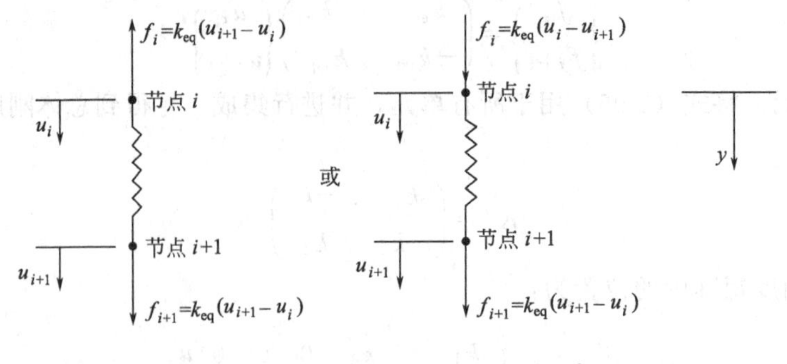

图 2-12　任意单元的传输力

$$K^{(4G)}=\begin{pmatrix}0&0&0&0&0\\0&0&0&0&0\\0&0&0&0&0\\0&0&0&k_4&-k_4\\0&0&0&-k_4&k_4\end{pmatrix}\begin{matrix}u_1\\u_2\\u_3\\u_4\\u_5\end{matrix} \tag{2-104}$$

将组装或相加，即得到总体刚度矩阵：

$$K^{(G)}=\begin{pmatrix}k_1&-k_1&0&0&0\\-k_1&k_1+k_2&-k_2&0&0\\0&-k_2&k_2+k_3&-k_3&0\\0&0&-k_3&k_3+k_4&-k_4\\0&0&0&-k_4&k_4\end{pmatrix} \tag{2-105}$$

可以看到从单元刚度矩阵组合得到的总体刚度矩阵与前面通过自由体积分析得到的总体刚度矩阵完全一致。

⑤ 施加边界条件和载荷。将杆的顶端固定，应满足边界条件 $u_1=0$，载荷 P 施加在节点 5 上。应用这些条件得到下式：

$$\begin{pmatrix}1&0&0&0&0\\-k_1&k_1+k_2&-k_2&0&0\\0&-k_2&k_2+k_3&-k_3&0\\0&0&-k_3&k_3+k_4&-k_4\\0&0&0&-k_4&k_4\end{pmatrix}\begin{Bmatrix}u_1\\u_2\\u_3\\u_4\\u_5\end{Bmatrix}=\begin{Bmatrix}0\\0\\0\\0\\P\end{Bmatrix} \tag{2-106}$$

对于固体力学问题，有限元分析有如下一般形式：

［刚度矩阵］{位移矩阵} ＝ {荷载矩阵}

(2) 求解阶段。杆的截面沿 y 轴的变化可以描述为：

$$A(y)=\left(\omega_1+\frac{\omega_2-\omega_1}{L}y\right)l=\left(2+\frac{1-2}{10}y\right)\times 0.125$$
$$=0.25-0.0125y \tag{2-107}$$

利用式 (2-107) 可以计算出各节点处截面的大小为：

$A=0.25\text{cm}^2$，$A_2=0.21875\text{cm}^2$，$A_3=0.1875\text{cm}^2$，$A_4=0.15625\text{cm}^2$，$A_5=0.125\text{cm}^2$

下面，计算每个单元的刚度系数，因为

$$k_{eq}=\frac{(A_{i+1}+A_i)E}{2l} \tag{2-108}$$

据此，可计算出 $k_1=975\times10^3$ kN/cm，$k_2=845\times10^3$ kN/cm，$k_3=715\times10^3$ kN/cm，$k_4=585\times10^3$ kN/cm 以及单元刚度矩阵为：

$$K^{(1)}=\begin{pmatrix} k_1 & -k_1 \\ -k_1 & k_1 \end{pmatrix}=10^3\begin{pmatrix} 975 & -975 \\ -975 & 975 \end{pmatrix} \tag{2-109}$$

$$K^{(2)}=\begin{pmatrix} k_2 & -k_2 \\ -k_2 & k_2 \end{pmatrix}=10^3\begin{pmatrix} 845 & -845 \\ -845 & 845 \end{pmatrix} \tag{2-110}$$

$$K^{(3)}=\begin{pmatrix} k_3 & -k_3 \\ -k_3 & k_3 \end{pmatrix}=10^3\begin{pmatrix} 715 & -715 \\ -715 & 715 \end{pmatrix} \tag{2-111}$$

$$K^{(4)}=\begin{pmatrix} k_4 & -k_4 \\ -k_4 & k_4 \end{pmatrix}=10^3\begin{pmatrix} 585 & -585 \\ -585 & 585 \end{pmatrix} \tag{2-112}$$

将单元刚度矩阵组合，得到总体刚度矩阵：

$$K^{(G)}=10^3\begin{pmatrix} 975 & -975 & 0 & 0 & 0 \\ -975 & 975+845 & -845 & 0 & 0 \\ 0 & -845 & 845+715 & -715 & 0 \\ 0 & 0 & -715 & 715+585 & -585 \\ 0 & 0 & 0 & -585 & 585 \end{pmatrix} \tag{2-113}$$

应用边界条件并施加荷载，得到：

$$10^3\begin{pmatrix} 975 & -975 & 0 & 0 & 0 \\ -975 & 975+845 & -845 & 0 & 0 \\ 0 & -845 & 845+715 & -715 & 0 \\ 0 & 0 & -715 & 715+585 & -585 \\ 0 & 0 & 0 & -585 & 585 \end{pmatrix}\begin{Bmatrix} u_1 \\ u_2 \\ u_3 \\ u_4 \\ u_5 \end{Bmatrix}=\begin{Bmatrix} 0 \\ 0 \\ 0 \\ 0 \\ 10^3 \end{Bmatrix} \tag{2-114}$$

解此矩阵方程，即可得到各节点的位移值：

$u_1=0$，$u_2=0.001026$cm，$u_3=0.002210$cm，$u_4=0.003608$cm，$u_5=0.005317$cm

(3) 后处理阶段。对分析结果进行处理，从中可以得到其他一些信息。如每个单元中的平均正应力。这些值可以从下式得到：

$$\sigma=\frac{f}{A_{avg}}=\frac{k_{eg}\ (u_{i+1}-u_i)}{A_{avg}}=\frac{\frac{A_{avg}E}{l}\ (u_{i+1}-u_i)}{A_{avg}}=\frac{E\ (u_{i+1}-u_i)}{l} \tag{2-115}$$

因为节点的位移已知，可以从应力-应变关系直接得到下式：

$$\sigma=E\varepsilon=E\frac{u_{i+1}-u_i}{l} \tag{2-116}$$

应用式 (2-116) 可以计算出例题中各单元的平均正应力值：

$\sigma^{(1)}=4268\text{kN/cm}^2$，$\sigma^{(2)}=4925\text{kN/cm}^2$，$\sigma^{(3)}=5816\text{kN/cm}^2$，$\sigma^{(4)}=7109\text{kN/cm}^2$

此外，通过计算还可以得到一些其他信息。

2.3.2.5 有限元程序的结构和特点

有限元法的实现必须通过计算机。全部有限元法的计算原理和数值方法集中反映在有限元法的程序中，因此有限元法的程序极为重要。它应具有分析准确可靠、计算效率高、使用方便、易于扩充和修改等特点。

有限元法程序总体可分为三个组成部分：前处理部分、有限元分析本体程序、后处理部分。

有限元分析本体程序是有限元分析程序的核心，它根据离散模型的数据文件进行有限元分析。有限元分析的原理和采用的数值方法集中于此，因此它是有限元分析准确可靠的关键。选用计算方法的合理与否决定了有限元分析程序的计算效率和结果的精度及可靠性。

离散模型的数据文件主要应包括：离散模型的节点数及节点坐标、单元数及单元节点编码、载荷信息等。对于一个实际的工程问题。离散模型的数据文件十分庞大，靠人工处理和生成一般是不可能的。除工作量大不能忍受外，还会不可避免地出现数据错误，包括数据精度的不足。为了解决这一问题，有限元分析程序必须有前处理程序。前处理程序是根据使用者提供的对计算模型外形及网格要求的简单数据描述，自动或半自动地生成离散模型的数据文件，并要生成网格图供使用者检查和修改。这部分程序的功能很大程度上决定了程序使用的方便性。

同样，有限元分析程序的计算结果也是针对离散模型得到的。例如对静力平衡问题可以得到离散模型各节点的位移、各单元的应力等。输出的文本文件量很大，但却不易得到所分析对象的全貌，例如位移哪里最大、应力集中发生在什么部位以及变化趋势如何。因此，一个使用方便的有限元分析程序不仅要有可供选择输出内容的文本文件，还需有结果的图形显示，如位移图、等应力线图或截面应力分布图等。这部分程序称后处理程序，与前处理程序相似，对程序使用的方便性有举足轻重的作用。

有限元分析程序的三个组成部分对于一个较好的用于实际问题分析的有限元程序来说，前后处理的程序量常常超出有限元分析的本体程序。前后处理功能越强，程序的使用就越方便。有限元分析程序中前后处理程序一般可占全部程序条数的2/3～4/5。有的近期发展的通用程序更注重程序的“包装”和使用功能，有限元分析本体程序以外部分的比例更高。

2.3.2.6 有限元软件简介

（1）ANSYS软件　世界著名力学分析专家、匹兹堡大学教授J. Swanson创立的SASI的大型通用有限元分析软件，世界最权威的有限元产品。

（2）SAP　美国加州大学伯克利分校M. J. Wilson教授的线性静、动力学结构分析程序。

（3）IDEAS　美国SDRC公司的机械通用软件，集成化设计工程分析系统。集设计、分析、数控加工、塑料模具设计和测试数据为一体的工作站用软件。

（4）NASTRAN　美国国家航空和宇航局（NASA）的结构分析程序。

（5）ADINA　美国麻省理工学院机械工程系的自动动力增量非线性分析有限元程序。

（6）ALGOR　美国ALGOR公司在SAP5和ANINA有限元分析程序的基础上针对微机平台开发的通用有限元分析系统。

（7）ABAQUS　通用有限元分析软件。

（8）DEFORM　材料成型分析专用非线性有限元软件。

（9）AUTOFORM　薄板成形模拟软件。

（10）DYNAFORM　板料冲压成型模拟软件。

（11）MSC/MARC 非线性分析有限元软件。

（12）MSC/NASTRAN 结构分析有限元软件。

（13）VPG 专业整车分析模拟软件。

（14）SYSWELD 焊接与热处理分析软件。

（15）DIANA 荷兰 TND DIANA 公司开发的钢筋混凝土通用有限元分析软件。

思考题与上机操作题

2.1 简述数学模型建立的一般过程。

2.2 简述常用的数学模型建立方法。

2.3 简述什么是有限差分法和有限元法？其各有什么特点？各有什么优缺点？

2.4 简述有限差分法和有限元法解决实际问题的基本思路。

2.5 举例说明有限元软件在材料科学中的应用情况。

2.6 如题图 2-1 所示，受自重作用的等截面直杆的长度为 L，截面积为 A，弹性模量为 E，单位长度的质量为 q。将受自重作用的等截面直杆划分成 3 个等长的单元，将第 i 单元上作用的分布力作为集中载荷 qL_i 加到第 $i+1$ 节点上，试按有限元法的思路求解。

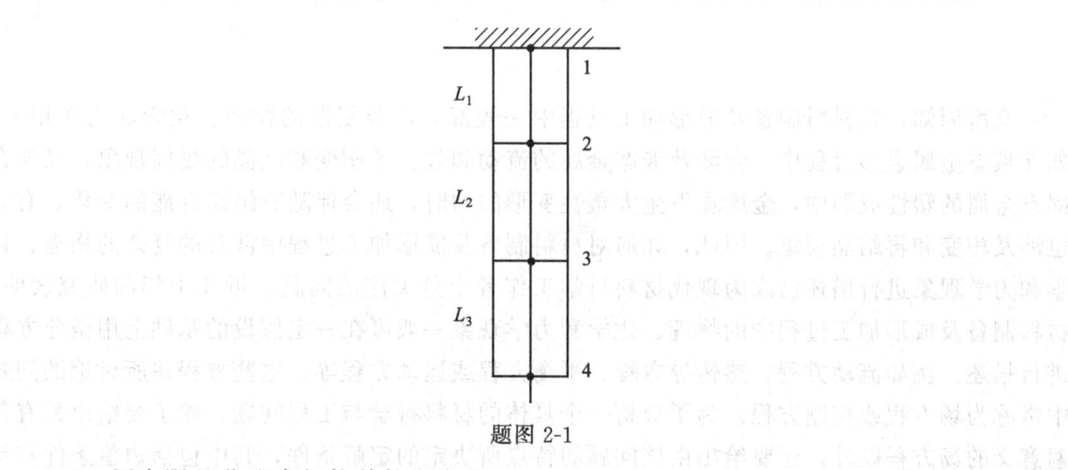

题图 2-1

2.7 用有限差分法求解拉普拉斯方程：

$$\begin{cases} \dfrac{\partial^2 U}{\partial x^2}+\dfrac{\partial^2 U}{\partial y^2}=0 \quad (0<x<0.5,\ 0<y<0.5) \\ U(0,\ y)=u(x,\ 0)=0 \\ U(x,\ 0.5)=200x \\ U(y,\ 0.5)=200y \end{cases}$$

第 3 章 材料科学研究中主要物理场的数值分析的模拟

众所周知，在材料制备及成形加工过程中一般都会涉及复杂的物理、化学和力学现象。如在液态金属成形过程中，会涉及液态金属的流动和包含了相变和结晶的凝固现象；又如在固态金属的塑性成形中，金属在发生大塑性变形的同时，还会伴随着组织性能的变化，有时也涉及相变和再结晶现象。因此，如何对材料制备及成形加工过程中涉及的复杂的物理、化学和力学现象进行描述已成为现代材料科学工作者十分关注的问题。近几十年的研究表明：材料制备及成形加工过程中的物理、化学和力学现象一般可在一定假设的基础上用微分方程进行描述。例如流动方程、热传导方程、平衡方程或运动方程等，这些方程在所讨论的问题中常称为场方程或控制方程。为了分析一个具体的材料科学与工程问题，除了要给出具有普遍意义的场方程以外，还要给出由该问题的特点所决定的定解条件，其中包括边值条件和初值条件。这样就把材料成形问题抽象为一个微分方程（组的边值问题）。一般说来，微分方程的边值问题只是在方程的性质比较简单、问题的求解域的几何形状十分规则的情况下，或是对问题进行充分简化的情况下，才能求得解析。而实际的材料成形问题求解域往往是十分复杂的，而且场方程往往相互耦合，因此无法求得解析解，而在对问题进行过多简化后得到的近似解可能误差很大，甚至是错误的。

本章主要介绍了材料科学与工程中温度场和浓度场计算机数值模拟的基本知识和有限差分法求解、有限元法求解（利用 ANSYS 软件）和一些具体的应用实例。其求解方法可以推广到材料科学与工程中其他物理场或耦合场的计算求解。

3.1 应力场模型与计算

3.1.1 弹性力学基础

弹性力学的相关知识是材料科学中应用有限元技术解决应力场问题的基础，因此有必要理解相关的弹性力学基本概念与基本方程。

3.1.1.1 应力

材料在外力作用下，其尺寸和几何形状会发生改变，在产生变形的同时，材料内部各部分之间会产生附加内力，简称内力。截面上某点处的应力，也就是这点处分布内力的集度，反映了截面上此点处内力的大小和方向。一点处的应力可以看做是该点位置坐标及所取截面方位的函数。

由于应力属于矢量，在进行应力分析时，为了简化问题，可将应力分解成两个分量，一个分量沿着截面的法线方向，称为正应力，用 σ 表示；另一个分量沿着截面的切线方向，用 τ 表示，称为切应力。

为描述弹性材料中一点 P 处的应力状态，围绕 P 点取出一个棱长为 $\mathrm{d}x$、$\mathrm{d}y$、$\mathrm{d}z$ 的微单元体，由于 $\mathrm{d}x$、$\mathrm{d}y$、$\mathrm{d}z$ 趋向于无限小，这个单元体可等同于要考察的 P 点，因此研究单元体各个截面上的应力，也就等于研究 P 点的应力状态，如图 3-1 所示。

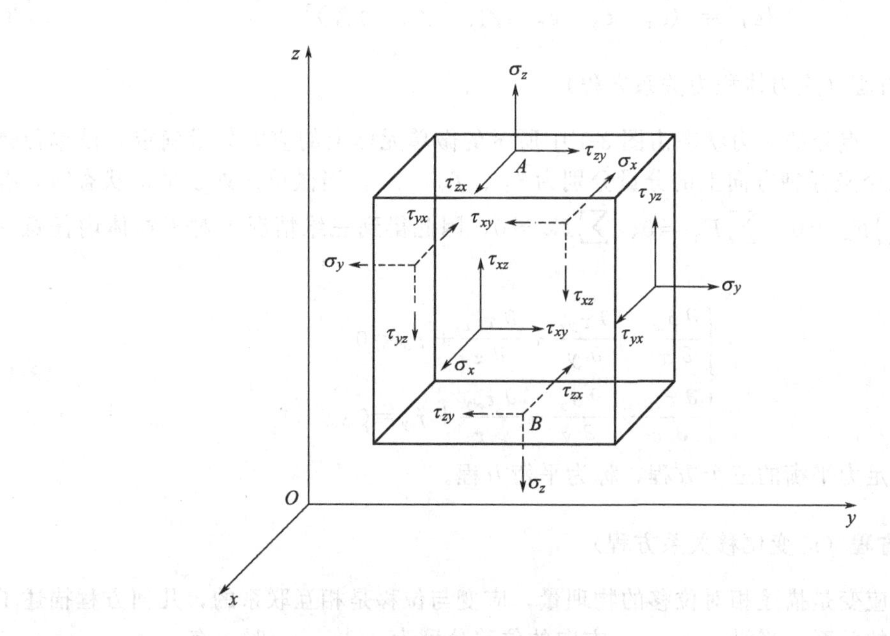

图 3-1 应力分量

图 3-1 中将每个面上的全应力分解为三个应力分量，即一个正应力分量和两个相互垂直的切应力分量。其中正应力分量 σ 的下标 x、y、z 分别表示正应力作用方向平行于哪个坐标轴；而切应力分量 τ 的下标有两个，第一个下标表示此应力作用平面垂直于哪个坐标轴，第二个下标表示此应力作用方向平行于哪个坐标轴。

此处还需要说明应力分量的正负问题。对于图 3-1 中微单元体的各个截面，如果其外法线方向和坐标轴正向相同，则称这个截面为正面；如果截面的外法线方向和坐标轴正向相反，则称这个截面为负面。按照这种约定的表示法，图 3-1 中给出的各应力分量均为正方向。

弹性力学证明，六个切应力分量具有如下关系：

$$\tau_{xy}=\tau_{yx}，\tau_{zy}=\tau_{yz}，\tau_{zx}=\tau_{xz} \tag{3-1}$$

因此如果已知材料任意一点 p 处的 σ_x、σ_y、σ_z、τ_{xy}、τ_{zy}、τ_{zx} 这六个应力分量，就可以求出经过此点任意截面的正应力与切应力。也就是说这六个应力分量相互独立，能够唯一确定材料内任意一点处的应力状态，因此在有限元法中表示为：

$$\{\sigma\} = (\sigma_x \quad \sigma_y \quad \sigma_z \quad \tau_{xy} \quad \tau_{yz} \quad \tau_{zx})^{\mathrm{T}} \tag{3-2}$$

其中符号 T 表示转置。

3.1.1.2 应变

描述物体受力发生变形后相对位移的力学量称为应变。物体内任意一点的应变分为正应变和切应变，由六个应变分量表示，分别是 ε_x、ε_y、ε_z、γ_{xy}、γ_{yz}、γ_{zx}。其中 ε_x、ε_y、ε_z 是正应变，其余三个分量 γ_{xy}、γ_{yz}、γ_{zx} 是切应变。正应变是指平行六面体各边的单位长度的相对伸缩；切应变是指平行六面体各边之间直角的改变，以弧度表示。对于正应变，伸长时为正，缩短时为负；对于切应变，两个沿坐标轴正方向的线段组成的直角变小时为正，变大时为负，在有限元法中表示为：

$$\{\varepsilon\} = (\varepsilon_x \quad \varepsilon_y \quad \varepsilon_z \quad \gamma_{xy} \quad \gamma_{yz} \quad \gamma_{zx})^{\mathrm{T}} \tag{3-3}$$

3.1.1.3 平衡方程（应力体积力关系方程）

物体内任意一点处的应力状态由图 3-1 中所示的微单元体上的应力分量确定，设单位体的体积力 f 在三个坐标轴方向上的分量分别为 f_x、f_y、f_z，当微单元处于平衡状态时，有 $\sum F=0$，即 $\sum F_x=0$、$\sum F_y=0$、$\sum F_z=0$，因此得到三维情况下对于物体内任意一点有：

$$\begin{cases} \dfrac{\partial \sigma_x}{\partial x}+\dfrac{\partial \tau_{yx}}{\partial y}+\dfrac{\partial \tau_{zx}}{\partial z}+f_x=0 \\ \dfrac{\partial \tau_{xy}}{\partial x}+\dfrac{\partial \sigma_y}{\partial y}+\dfrac{\partial \tau_{zy}}{\partial z}+f_y=0 \end{cases} \tag{3-4}$$

上式即为满足力平衡的三个方程，称为平衡方程。

3.1.1.4 几何方程（应变位移关系方程）

如前所述，应变是描述相对位移的物理量，应变与位移是相互联系的，几何方程描述了应变和位移之间的关系。当沿 x、y、z 方向的位移分别为 u、v、w 时，有

$$\varepsilon_x=\frac{\partial u}{\partial x},\ \varepsilon_y=\frac{\partial v}{\partial y},\ \varepsilon_z=\frac{\partial w}{\partial z} \tag{3-5}$$

$$\gamma_{xy}=\gamma_{yx}=\frac{\partial u}{\partial y}+\frac{\partial v}{\partial x},\ \gamma_{yz}=\gamma_{zy}=\frac{\partial v}{\partial z}+\frac{\partial w}{\partial y},\ \gamma_{xz}=\frac{\partial u}{\gamma_{zx}\,\partial z}+\frac{\partial w}{\partial x} \tag{3-6}$$

式（3-5）与式（3-6）即为几何方程，也称为 Cauchy 方程，表明了应变分量与位移分量之间的关系。可以看出若已知弹性体的位移分布，就可以求得相应的应变分布。几何方程用张量形式表示为：

$$\varepsilon_{i,j}=\frac{1}{2}\ (u_{i,j}+u_{j,i})\ (i,\ j=x,\ y,\ z) \tag{3-7}$$

3.1.1.5 物理方程（应力应变关系方程）

弹性体的应力应变关系可用 Hooke 定律描述。在三维情况下，弹性体内任意一点独立

的应力分量有六个，其应力应变关系可以由广义 Hooke 定律表示为：

$$\begin{cases}\varepsilon_x=\dfrac{1}{E}\left[\sigma_x-\nu\left(\sigma_y+\sigma_z\right)\right], & \gamma_{xy}=\tau_{xy}/G \\ \varepsilon_y=\dfrac{1}{E}\left[\sigma_y-\nu\left(\sigma_z+\sigma_x\right)\right], & \gamma_{yz}=\tau_{yz}/G \\ \varepsilon_z=\dfrac{1}{E}\left[\sigma_z-\nu\left(\sigma_x+\sigma_y\right)\right], & \gamma_{zx}=\tau_{zx}/G\end{cases} \tag{3-8}$$

式中，E 为弹性模量，ν 为泊松比，$G=\dfrac{E}{2(1+\nu)}$。式（3-8）用张量表示可写为：

$$\varepsilon_{i,j}=\frac{1-\nu}{E}\sigma_{ij}-\frac{\nu}{E}\sigma_{kk}\delta_{ij} \tag{3-9}$$

3.1.2 应力场的有限元计算

在材料科学与工程中遇到的最简单的力学问题可以说是弹性力学问题。弹性力学分析是其他力学分析如弹塑性分析、黏弹性分析、热弹性分析的基础。因此，这里以弹性力学静力分析为例讨论如何利用有限元法求解应力场问题。

3.1.2.1 弹性平面问题的控制方程

二维弹性平面问题包括平面应力问题和平面应变问题。

对于平面应力问题，有 $\sigma_z=0$，但 $\varepsilon\neq0$。因此，$\tau_{zx}=\tau_{xz}=0$，$\tau_{zy}=\tau_{yz}=0$。

Hooke 定律可以简化为：

$$\begin{Bmatrix}\sigma_x\\ \sigma_y\\ \tau_{xy}\end{Bmatrix}=\frac{E}{(1-\nu^2)}\begin{pmatrix}1 & \nu & 0\\ \nu & 1 & 0\\ 0 & 0 & \dfrac{1-\nu}{2}\end{pmatrix}\begin{Bmatrix}\varepsilon_x\\ \varepsilon_y\\ \gamma_{xy}\end{Bmatrix} \tag{3-10}$$

对于平面应变问题有。$\varepsilon_z=0$，但 $\sigma_z\neq0$。因此，$\gamma_{zx}=\gamma_{zy}=0$。

此时，Hooke 定律可以简化为：

$$\begin{Bmatrix}\sigma_x\\ \sigma_y\\ \tau_{xy}\end{Bmatrix}=\frac{E}{(1+\nu)(1-2\nu)}\begin{pmatrix}1-\nu & \nu & 0\\ \nu & 1-\nu & 0\\ 0 & 0 & \dfrac{1}{2}-\nu\end{pmatrix}\begin{Bmatrix}\varepsilon_x\\ \varepsilon_y\\ \gamma_{xy}\end{Bmatrix} \tag{3-11}$$

3.1.2.2 求解域的离散化

用有限元法首先将求解域分解成有限个单元。三角形单元的计算格式简单，对复杂的边界有较强的适应能力，所以这里采用三角形单元来对平面域 D 进行划分，单元的划分方法与热传导问题的求解相似。

3.1.2.3 单元的位移函数与插值函数

每个三角形单元有两个位移分量，如图 3-2 所示。

每个节点的位移可以用向量形式表示为：

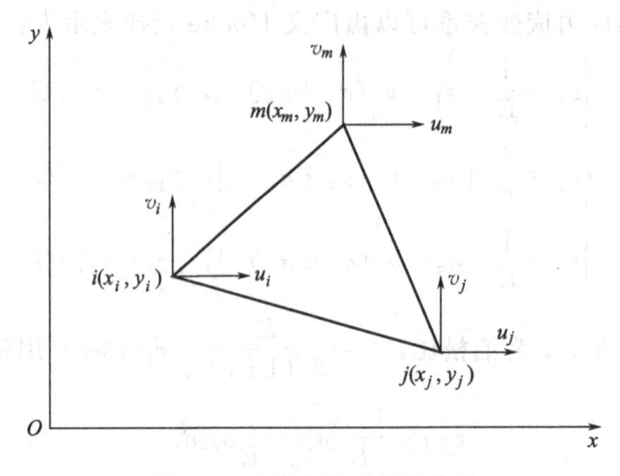

图 3-2　三节点的三角形单元

$$\alpha_i=\begin{Bmatrix}u_i\\v_i\end{Bmatrix}(i,\ j,\ m) \tag{3-12}$$

每个单元有 6 个节点位移，写成向量形式为：

$$\alpha^e=\begin{Bmatrix}\alpha_i\\\alpha_j\\\alpha_m\end{Bmatrix}=(u_i\quad v_i\quad u_j\quad v_j\quad u_m\quad v_m)^{\mathrm{T}} \tag{3-13}$$

当单元 e 足够小时，单元内的位移可以认为是随 x，y 线性变化的，这样就可以用线性插值函数来构造在单元 e 内任一点上的位移值。一般采用多项式作为插值函数。

由于单元内各点的位移分量是坐标 x,y 的函数，这种函数称为位移函数。三节点的三角形单元位移函数采用一次多项式表示，即：

$$\begin{cases}u=k_1+k_2x+k_3y\\v=k_4+k_5x+k_6y\end{cases} \tag{3-14}$$

单元内的位移是坐标 x,y 的线性函数，k_1、k_2、k_3、k_4、k_5、k_6是待定系数。将三个节点的坐标代入上式有：

$$\begin{cases}u_i=k_1+k_2x_i+k_3y_i\\u_j=k_1+k_2x_j+k_3y_j\\u_m=k_1+k_2x_m+k_3y_m\end{cases} \tag{3-15}$$

及

$$\begin{cases}v_i=k_4+k_5x_i+k_6y_i\\v_j=k_4+k_5x_j+k_6y_j\\v_m=k_4+k_5x_m+k_6y_m\end{cases} \tag{3-16}$$

这两个方程组的系数行列式均为：

$$D=\begin{vmatrix}1&x_i&y_i\\1&x_j&y_j\\1&x_m&y_m\end{vmatrix}=2A \tag{3-17}$$

式中，A 为三角形单元的面积。

根据方程组式（3-14）和式（3-15）可求得待定系数 k_1、k_2、k_3、k_4、k_5、k_6的值。

$$k_1=\frac{1}{D}\begin{vmatrix} u_i & x_i & y_i \\ u_j & x_j & y_j \\ u_m & x_m & y_m \end{vmatrix}=\frac{1}{2A}\ (a_iu_i+a_ju_j+a_mu_m) \tag{3-18}$$

$$k_2=\frac{1}{D}\begin{vmatrix} 1 & u_i & y_i \\ 1 & u_j & y_j \\ 1 & u_m & y_m \end{vmatrix}=\frac{1}{2A}\ (b_iu_i+b_ju_j+b_mu_m) \tag{3-19}$$

$$k_3=\frac{1}{D}\begin{vmatrix} 1 & x_i & u_i \\ 1 & x_j & u_j \\ 1 & x_m & u_m \end{vmatrix}=\frac{1}{2A}\ (c_iu_i+c_ju_j+c_mu_m) \tag{3-20}$$

$$k_4=\frac{1}{D}\begin{vmatrix} v_i & x_i & y_i \\ v_j & x_j & y_j \\ v_m & x_m & y_m \end{vmatrix}=\frac{1}{2A}\ (a_iv_i+a_jv_j+a_mv_m) \tag{3-21}$$

$$k_5=\frac{1}{D}\begin{vmatrix} 1 & v_i & y_i \\ 1 & v_j & y_j \\ 1 & v_m & y_m \end{vmatrix}=\frac{1}{2A}\ (b_iv_i+b_jv_j+b_mv_m) \tag{3-22}$$

$$k_6=\frac{1}{D}\begin{vmatrix} 1 & x_i & v_i \\ 1 & x_j & v_j \\ 1 & x_m & v_m \end{vmatrix}=\frac{1}{2A}\ (c_iv_i+c_jv_j+c_mv_m) \tag{3-23}$$

在式（3-18）～式（3-20）中，有

$$a_i=\begin{vmatrix} x_j & y_j \\ x_m & y_m \end{vmatrix}=x_jy_m-x_my_j \tag{3-24}$$

$$b_i=-\begin{vmatrix} 1 & y_j \\ 1 & y_m \end{vmatrix}=y_j-y_m \tag{3-25}$$

$$c_i=\begin{vmatrix} 1 & x_j \\ 1 & x_m \end{vmatrix}=-x_j+x_m \tag{3-26}$$

将下标进行轮换，如 $i\to j$，$j\to m$，$m\to i$，可得到 a_j、b_j、c_j、a_m、b_m、c_m。

将 a_j、b_j、c_j、a_m、b_m、c_m 代入式（3-14）中，可将位移函数表示成节点位移的函数，即：

$$\begin{cases} u=N_iu_i+N_ju_j+N_mu_m \\ v=N_iv_i+N_jv_j+N_mv_m \end{cases} \tag{3-27}$$

其中，

$$N_i=\frac{1}{2A}\ (a_i+b_ix+c_iy) \tag{3-28}$$

$$N_i=\frac{1}{2A}\ (a_j+b_jx+c_jy) \tag{3-29}$$

$$N_i=\frac{1}{2A}\ (a_m+b_m x+c_m y) \tag{3-30}$$

N_i、N_j、N_m称为单元的插值函数或形函数，它是坐标 x，y 的一次函数。a_i，b_i，c_i，…，c_m是常数，与三角形单元的三个节点坐标有关。将式（3-27）写成矩阵形式为：

$$u=\begin{Bmatrix} u \\ v \end{Bmatrix}=\begin{pmatrix} N_i & 0 & N_j & 0 & N_m & 0 \\ 0 & N_i & 0 & N_j & 0 & N_m \end{pmatrix}\begin{Bmatrix} u_i \\ v_i \\ u_i \\ v_j \\ u_m \\ v_m \end{Bmatrix} \tag{3-31}$$

插值函数（或形函数）具有如下一些性质。

第一，插值函数在某个单元节点上的值，具有“本点为 1，它点为零”的性质，即在单元节点 i 上满足

$$\begin{cases} N_i\ (x_i,\ y_i)\ =1 \\ N_i\ (x_j,\ y_j)\ =0 \\ N_i\ (x_m,\ y_m)\ =0 \end{cases} \tag{3-32}$$

即在 i 节点上，$N_i=1$；在 j、m 节点上 $N_i=0$。这一性质在 j、m 节点上同理。

第二，在单元的任一节点上，三个插值函数之和等于 1，即

$$N_i+N_j+N_m=1 \tag{3-33}$$

3.1.2.4 应变矩阵和应力矩阵

确定了每个单元的位移后，便可以利用几何方程和物理方程求出单元的应变和应力。

对于平面应变问题有：

$$\varepsilon_x=\frac{\partial u}{\partial x}=\frac{\partial}{\partial x}\ (N_i u_i+N_j u_j+N_m u_m)\ =\frac{1}{2A}\ (b_i u_i+b_j u_j+b_m u_m) \tag{3-34}$$

$$\varepsilon_y=\frac{\partial v}{\partial y}=\frac{\partial}{\partial y}\ (N_i v_i+N_j v_j+N_m v_m)\ =\frac{1}{2A}\ (c_i v_i+c_j v_j+c_m v_m) \tag{3-35}$$

$$\gamma_{xy}=\frac{\partial u}{\partial y}+\frac{\partial v}{\partial x}=\frac{1}{2A}\ (c_i u_i+c_j u_j+c_m u_m+b_i v_i+b_j v_j+b_m v_m) \tag{3-36}$$

写成矩阵形式可表示为：

$$\begin{Bmatrix} \varepsilon_x \\ \varepsilon_y \\ \gamma_{xy} \end{Bmatrix}=\frac{1}{2A}\begin{pmatrix} b_i & 0 & b_j & 0 & b_m & 0 \\ 0 & c_i & 0 & c_j & 0 & c_m \\ c_i & b_i & c_j & b_j & c_m & b_m \end{pmatrix}\begin{Bmatrix} u_i \\ v_i \\ u_j \\ v_j \\ u_m \\ v_m \end{Bmatrix} \tag{3-37}$$

式（3-37）可以写成矩阵形式，即：

$$\varepsilon=BU \tag{3-38}$$

其中，

$$\varepsilon=\begin{Bmatrix}\varepsilon_x\\ \varepsilon_y\\ \gamma_{xy}\end{Bmatrix} B=\frac{1}{2A}\begin{pmatrix}b_i & 0 & b_j & 0 & b_m & 0\\ 0 & c_i & 0 & c_j & 0 & c_m\\ c_i & b_i & c_j & b_j & c_m & b_m\end{pmatrix} U=\begin{Bmatrix}u_i\\ v_i\\ u_j\\ v_j\\ u_m\\ v_m\end{Bmatrix} \tag{3-39}$$

其中对于平面应力状态，广义 Hooke 定义简化为：

$$\begin{Bmatrix}\sigma_x\\ \sigma_y\\ \tau_{xy}\end{Bmatrix}=\frac{E}{1-\nu^2}\begin{pmatrix}1 & \nu & 0\\ \nu & 1 & 0\\ 0 & 0 & \dfrac{1-\nu}{2}\end{pmatrix}\begin{Bmatrix}\varepsilon_x\\ \varepsilon_y\\ \gamma_{xy}\end{Bmatrix}=\frac{E}{1-\nu^2}\begin{pmatrix}1 & \nu & 0\\ \nu & 1 & 0\\ 0 & 0 & \dfrac{1-\nu}{2}\end{pmatrix}\begin{Bmatrix}\varepsilon_x\\ \varepsilon_y\\ \gamma_{xy}\end{Bmatrix} \tag{3-40}$$

式中，E 为弹性模量，ν 为泊松比。式（3-40）简记为：

$$\sigma=v\varepsilon \tag{3-41}$$

其中

$$\sigma=\begin{Bmatrix}\sigma_x\\ \sigma_y\\ \tau_{xy}\end{Bmatrix},\quad v=\frac{E}{1-\nu^2}\begin{pmatrix}1 & \nu & 0\\ \nu & 1 & 0\\ 0 & 0 & \dfrac{1-\nu}{2}\end{pmatrix},\quad \varepsilon=\begin{Bmatrix}\varepsilon_x\\ \varepsilon_y\\ \gamma_{xy}\end{Bmatrix}$$

3.1.2.5 利用最小位能原理建立有限元方程

在固体力学问题中，建立有限元方程最常用的方法是最小位能方法。当外部载荷作用于物体时，物体将产生变形，在变形过程中，外力所做的功将储存在物体内，这一能量成为应变能。对于双轴载荷下的材料，其应变能 Γ 可以表示为：

$$\Gamma^{(e)}=\frac{1}{2}\int_v(\sigma_x\varepsilon_x+\sigma_y\varepsilon_y+\tau_{xy}\gamma_{xy})\mathrm{d}V \tag{3-42}$$

写成矩阵形式为：

$$\Gamma^{(e)}=\frac{1}{2}\int_v\sigma^{\mathrm{T}}\varepsilon\mathrm{d}V \tag{3-43}$$

根据 Hooke 定律将应力替换为应变，则有：

$$\Gamma^{(e)}=\frac{1}{2}\int_v\varepsilon^{\mathrm{T}}v\varepsilon\mathrm{d}V \tag{3-44}$$

再将应变用式（3-38）来替换，得到：

$$\Gamma^{(e)}=\frac{1}{2}\int_v\varepsilon^{\mathrm{T}}v\varepsilon\mathrm{d}V=\frac{1}{2}\int_v U^{\mathrm{T}}B^{\mathrm{T}}vBU\mathrm{d}V \tag{3-45}$$

将上式对节点位移求微分，可以得到：

$$\frac{\partial\left[\Gamma^{(e)}\right]}{\partial}=\frac{\partial}{\partial u_i}\left(\frac{1}{2}\int_v U^{\mathrm{T}}B^{\mathrm{T}}vBU\mathrm{d}V\right) \tag{3-46}$$

因此刚度矩阵为：

$$K^{e}=\int_v B^{\mathrm{T}}vB\mathrm{d}V=VB^{\mathrm{T}}vB \tag{3-47}$$

式中，V 代表单元的体积。

3.1.2.6 单元等效载荷节点阵列

单元所承受的载荷主要有集中力、体积力和表面力。这些载荷需要转化为节点上的等效载荷。

(1) 单元内部的集中力　如果单元内某一点 c 处有集中力 $F=(F_x, F_y)^T$ 作用，则传递到节点上的等效力为：

$$F_i^e=\begin{Bmatrix}F_{ix}\\F_{iy}\end{Bmatrix}=(N_i)_cF \tag{3-48}$$

式中，$(N_i)_c$ 表示形函数 N_i 在载荷作用点上的值。

(2) 体积力　设单元的体积力为 $G=(G_x, G_y)^T$，则转化为节点力为：

$$G_i^e=\begin{Bmatrix}G_{ix}\\G_{iy}\end{Bmatrix}^e=\int_{-1}^{1}\int_{-1}^{1}N_i\begin{Bmatrix}G_x\\G_y\end{Bmatrix}|J|\mathrm{d}\varepsilon\mathrm{d}\eta \tag{3-49}$$

式中，J 为 Jacobi 矩阵。

(3) 表面力　设单元某条边上受到单位表面力 $P=(P_x, P_y)^T$ 的作用，则转移到节点上的等效应力为

$$P_i^e=\begin{Bmatrix}P_{ix}\\P_{iy}\end{Bmatrix}^e=\int_{\Gamma}(N_i)_e\begin{Bmatrix}P_x\\P_y\end{Bmatrix}\mathrm{d}s \tag{3-50}$$

式中，Γ 为受有表面力的单元边界；s 表示边界长度。

3.1.2.7 总体合成

同温度场问题的求解相似，总体刚度矩阵是由单元刚度矩阵合成，其方法与温度场问题中热传导矩阵的合成完全一样。但在应力计算中位移有 x，y 两个方向的分量合成，因此刚度矩阵为 $2n\times2n$ 的对称方阵，即

$$K^G=\sum_{e=1}^{NE}K^e \tag{3-51}$$

式中，NE 为单元数。

同样，总体载荷矩阵也用相同的方法合成，即

$$R^G=\sum\nolimits_{e=1}^{NE}R^e \tag{3-52}$$

这样就得到了整个弹性体节点力和节点位移的关系式为

$$K^G\delta=R^G \tag{3-53}$$

3.1.3 工字悬臂梁挠曲变形的模型建立与计算

【例 3-1】 有一长为 L、高为 H、横截面积为 A 的工字悬臂梁，如图 3-3 所示，此梁的右侧受到持续荷载 P 的作用，具体参数如下：$P=4000$ lb❶；$L=72$ in❷；$I=833$ in^4；$E=29$ e6psi❸；横截面积 $(A)=28.2\text{in}^2$；$H=12.71$in。试用 ANSYS 软件对其进行静力分析。

【解】 (1) 选择命令“Main Menu > Preferences”，在弹出的对话框中选择“Structural”以进行结构静力分析。

---

❶ 1lb=0.453592kg。

❷ 1in=2.54cm。

❸ 1psi=0.155cm^{-2}。

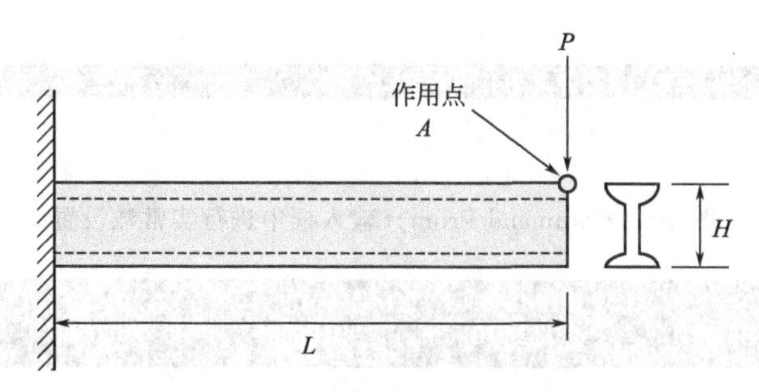

图 3-3 工字梁受力情况图解

（2）选择命令“Main Menu：Preprocessor>Element Type>Add/Edit/Delete”，弹出“Element Types”对话框，单击“Add…”按钮，在弹出对话框的左边单元库列表中选择“Beam”，右边单元列表的下方输入“BEAM3”（该单元新版本中已无法选择，但可以通过输入的方式获取），单击“OK”并继续单击“Close”，这样单元类型便设置完成，如图 3-4 所示。

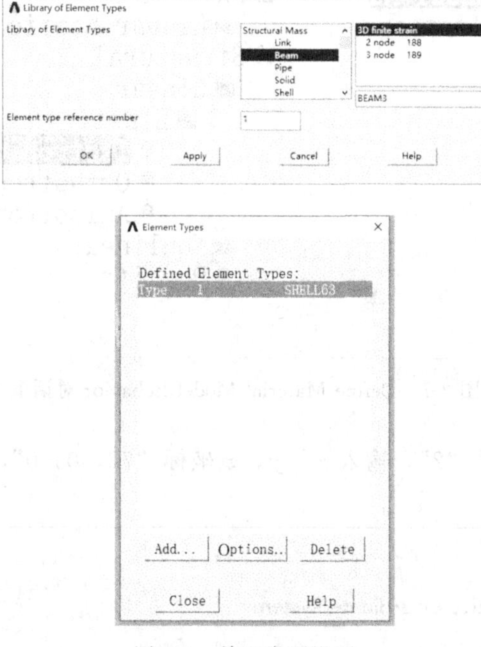

图 3-4 单元类型设置

（3）选择命令“Main Menu：Preprocessor>Real Constants>Add/Edit/Delete”，可以进行实常数的设置，但是在新版的 ANSYS 软件中已经不再适配 BEAM3 等类型的单元进行实常数设置，这种情况下便需要利用 ANSYS 上方的“Command Prompt”输入框进行实常数的设置（图 3-5）。根据题目信息输入“R，1，28.2，833，12.71”，在 ANSYS Output 窗口中便能看到相应的设置（图 3-6）。如此，实常数便设置完成。

（4）选择命令“Main Menu>Preprocessor>Material Props>Material Models”，在“Define Material Model Behavior”窗口（图 3-7），双击“Structural>Linear>Elastic>Isotropic”，在出现的对话框中，EX 输入“29E6”，单击“OK”，关闭窗口。

（5）选择命令“Main Menu>Preprocessor>Modeling>Create>Keypoints>In ctive CS”弹出对话框（图 3-8）。输入关键点编号 1，并输入 x，y，z 坐标“0，0，0”，单击

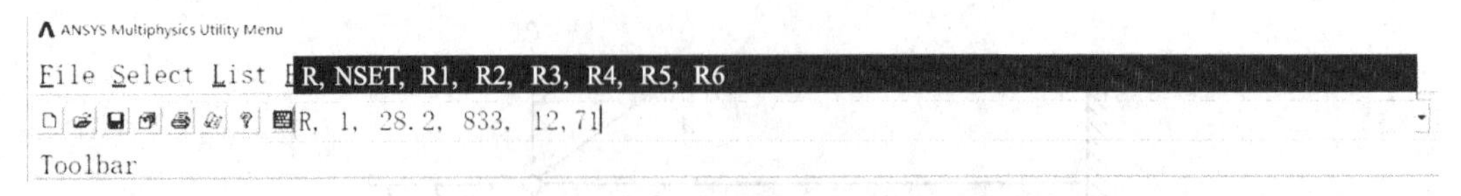

图 3-5 Command Prompt 输入框中进行实常数设置

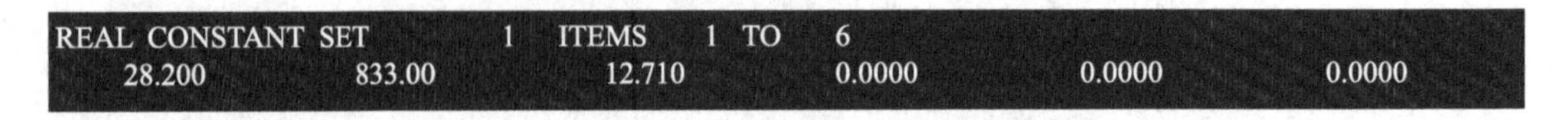

图 3-6 ANSYS Output 窗口中的反馈信息

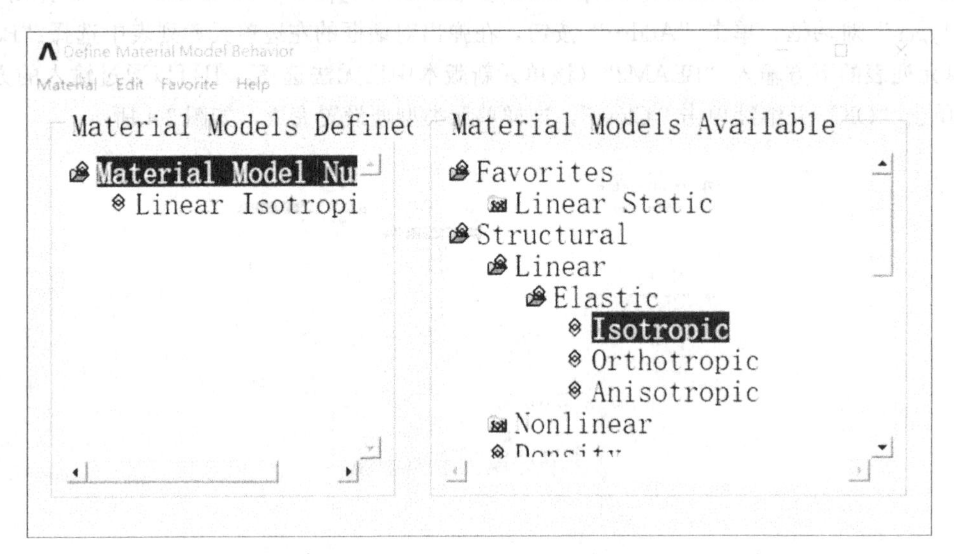

图 3-7 Define Material Model Behavior 对话框

“Apply”；输入关键点编号“2”，输入 x，y，z 坐标“72，0，0”，选择“OK”。

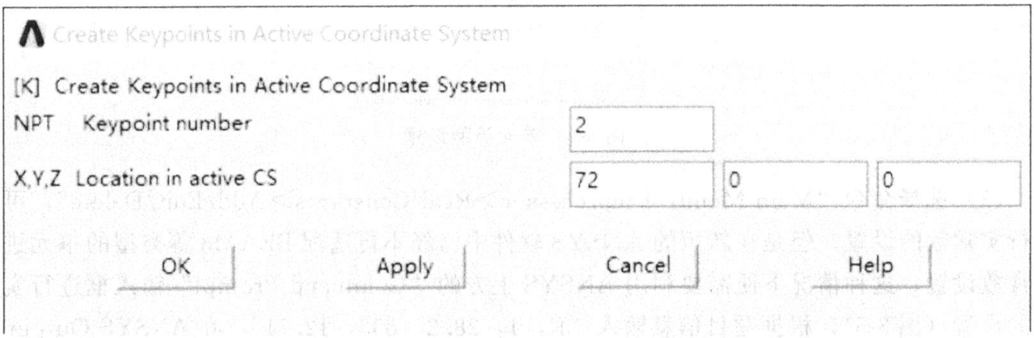

图 3-8 Create Keypoints in Active Coordinate System 对话框

（6）选择命令“Main Menu＞Preprocessor＞Modeling＞Create＞Lines＞Lines＞Straight Line”弹出对话框中建立的两点，单击“OK”进行连线。

（7）选择命令“Main Menu＞Preprocessor＞Meshing＞MeshTool”弹出的对话框中单击“Mesh”，拾取线，选择“OK”，便对几何模型进行了网络划分。

（8）选择命令“Main Menu>Solution>Define Loads>Apply>Structural>Displacement>On Nodes”弹出对话框，拾取最左边的节点，单击“OK”。在弹出菜单中选择“AllDOF”，单击“OK”（如果不输入任何值，位移约束默认为0），结果如图3-9所示。

图3-9 设置左侧节点固定

（9）选择命令“Main Menu>Solution>Define Loads>Apply>Structural>Force/Moment>On Nodes”弹出对话框（图3-10），拾取最右边的节点单击“OK”，在弹出的对话框中选择“FX”，value设置为“－4000”，单击“OK”，结果如图3-11所示。

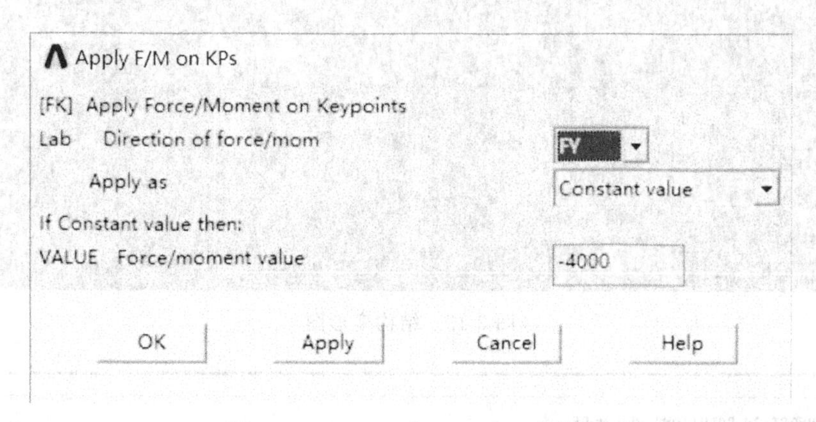

图3-10 Apply F/M on KPs对话框

图3-11 结构施加荷载图

（10）选择命令“Main Menu>Solution>Solve>Current LS”，查看求解信息，关闭求解状态窗口，单击“OK”开始求解，求解完成后单击“Closed”关闭求解信息。

（11）选择命令“Main Menu>General Postproc>Read Results>First Set”读取数据。

（12）选择命令“Main Menu>General Postproc>Plot Results>Deformed Shape”弹出的对话框中选择“DEF＋undeformed”，单击“OK”，结构的变形情况便显示出来，如图3-12所示。

（13）选择命令“Main Menu>General Postproc>List Results>Reaction Solu”弹出对话框后单击“OK”，可列出反作用力（图3-13）。

（14）解题完毕。

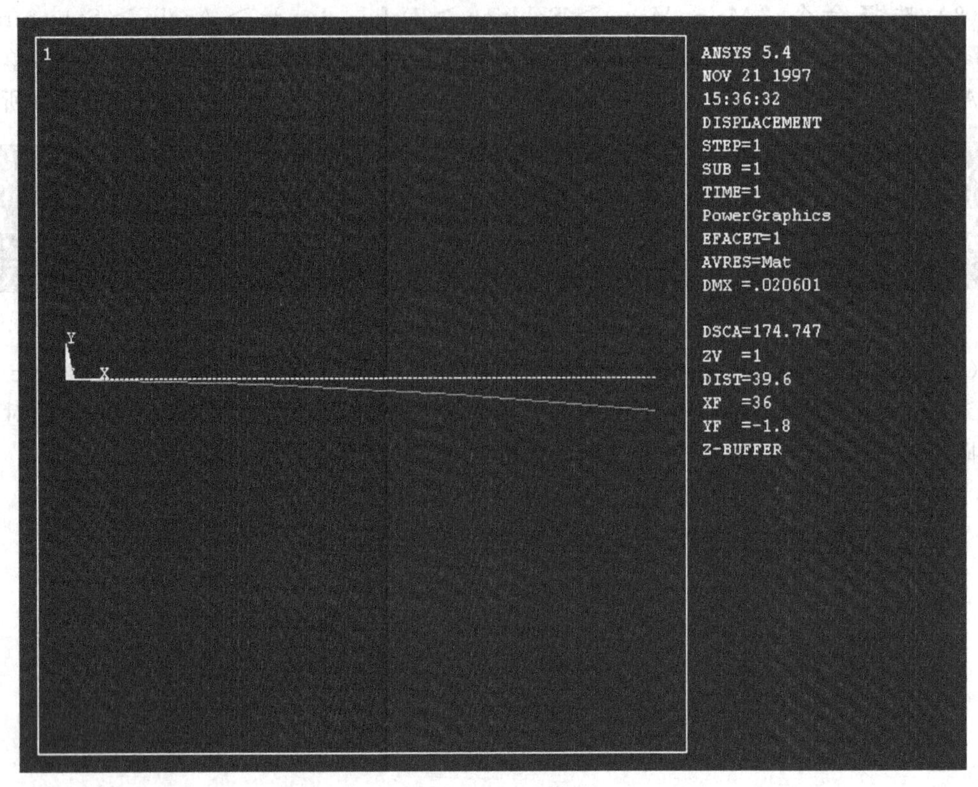

图 3-12 结构变形图

```
File

PRINT REACTION SOLUTIONS PER NODE

 ***** POST1 TOTAL REACTION SOLUTION LISTING *****

 LOAD STEP=     1  SUBSTEP=     1
  TIME=    1.0000      LOAD CASE=   0

 THE FOLLOWING X,Y,Z SOLUTIONS ARE IN GLOBAL COORDINATES

   NODE       FX          FY          MZ
      1    .00000      4000.0      .28800E+06

TOTAL VALUES
VALUE     .00000      4000.0      .28800E+06
```

图 3-13 计算结果

3.1.4 开孔矩形板受荷载作用变形的模型建立与计算

【例 3-2】 有一 1.0m×1.0m 的矩形板，厚度为 0.02m，该矩形板中心有一圆孔，此圆孔直径为 0.2m。此矩形板的弹性模量 $E=2.0e^8$kPa，泊松比 $\nu=0.3$，一端固定，对应另一边受到均布拉伸荷载 $q=500$kN/m 的作用。试用 ANSYS 软件进行静力分析。

【解】(1) 选择命令“Main Menu>Preprocessor>Element Type>Add/Edit/Delete”，弹出“Element Types”列表框（图 3-14）。单击“Add”出现单元类型库对话框，左侧列表中选择“Structural Shell”，右侧列表中选择“Elastic 4node 63”，单击“OK”。

(2) 选择命令“Main Menu>Preprocessor>Real Constant>Add/Edit/Delete”，出现

"Real Constants"列表框（图3-15）单击"Add"出现"Element Type for Real Constants"对话，单击"OK"，出现"Real Constants Set Number 1. for Shell63"对话框。TK（I）输入"0.02"，单击"OK"，单击"Close"，关闭Real Constants列表框。

（3）选择命令"Main Menu＞Preprocessor＞Material Props＞Material Models"，在"Define Material Model Behavior"窗口双击"Structural＞Linear＞Elastic＞Isotropic"，在出现的对话框中，EX输入"2.0E8"，PRXY输入"0.3"，单击"OK"，"Material Model Number 1"出现在"Material Models Defined"窗口左侧列表中，关闭窗口。

（4）选择命令"Main Menu＞Modeling＞Create＞Rectangle＞By 2 Corners"，弹出"Rectangle By 2 Corners"对话框（图3-16）。WP X输入

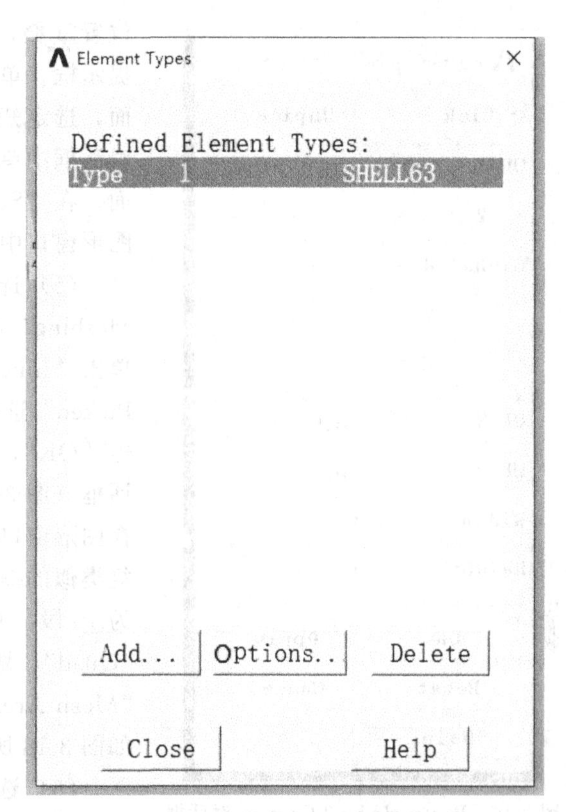

图3-14 Element Types对话框

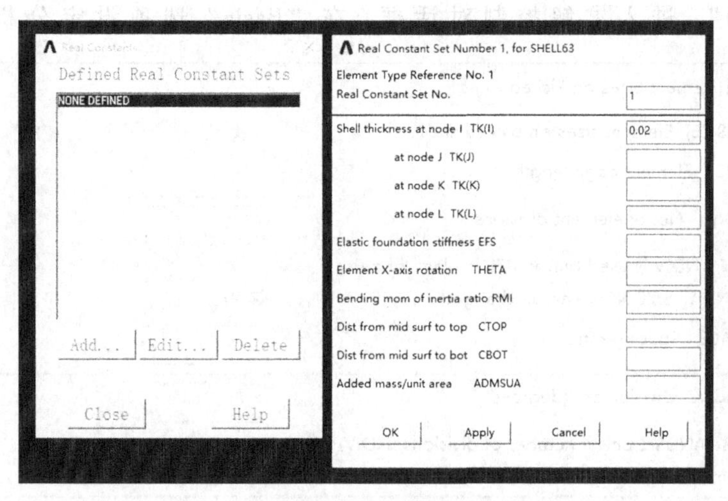

图3-15 实常数设置

"−0.5"，WP Y输入"−0.5"，Width输入"1.0"，Height输入"1.0"，单击"OK"图形窗口，出现1×1的矩形面。执行"Main Menu＞Preprocessor＞Modeling＞Create＞Aera＞Circle＞Solid Circle"，出现"Solid Circle Area"对话框。WP X输入"0.0"，WP Y输入"0.0"，Radius输入"1.0"，Height输入"1.0"，单击"OK"，矩形中心出现半径为0.1的圆形面。执行"Main Menu＞Preprocessor＞Operate＞Booleans＞Subtract＞Areas"，出现"Subtract Areas"对话框。在图形窗口选中矩形面（会以反色显示），由于矩形面与圆形面

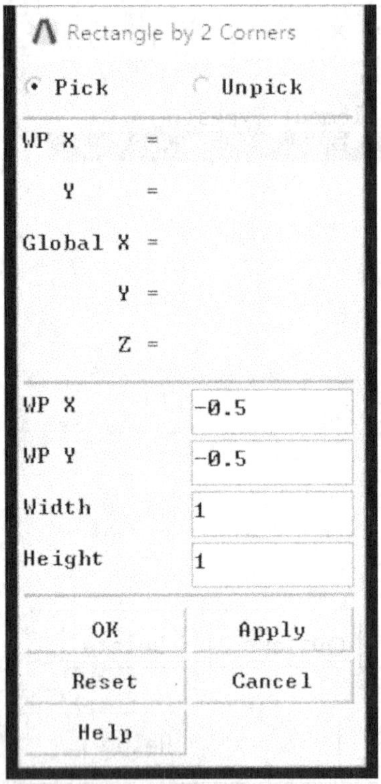

Rectangle by 2 Corners
Pick　Unpick
WP X =
Y =
Global X =
Y =
Z =
WP X　-0.5
WP Y　-0.5
Width　1
Height　1
OK　Apply
Reset　Cancel
Help

图 3-16　Rectangle by 2 Corners 对话框

位置重叠，选取时可能会出现“Multiple-Entities”提示框。单击“Next”可以交替选择矩形面和圆形面，选定矩形面单击“OK”，在“Subtract Areas”对话框中单击“OK”。然后按照上面的方法选定圆形面，在“Subtract Areas”对话框单击“OK”后，在图形窗口中到中心带有圆孔的矩形面。

（5）选择命令，“Main Menu＞Preprocessor＞Meshing＞Mesh Tool”，出现“MeshTool”对话框，单击“Lines”右侧的“Set”，出现“Element Size on Picked”选择框，在图形窗口选中矩形的 4 条边，单击“OK”，出现“Element Size On Picked Lines”对话框（图 3-17），在 NDIV 输入“20”，单击“OK”。在图形窗口中的每段弧线以 20 段均分线段表示。重复类似的操作，将圆孔边界的 4 条弧线设定网格划分为 10 段，在“MeshTool”对话框中，网格形状选“Quad”，划分方式选“Free”，单击“Mesh”出现“Mesh Areas”选择框，单击“Pick All”生成单元，如图 3-18 所示。

（6）选择命令“Main Menu＞Solution＞Unabridged Menu＞Analysis Type＞New Analysis”，出现“New Analysis”对话框。选择“Static”，单击“OK”，执行“Main Menu＞Solution＞Sol’n Control”，进入求解控制对话框。在“Basic”选项设定分析类型“Small

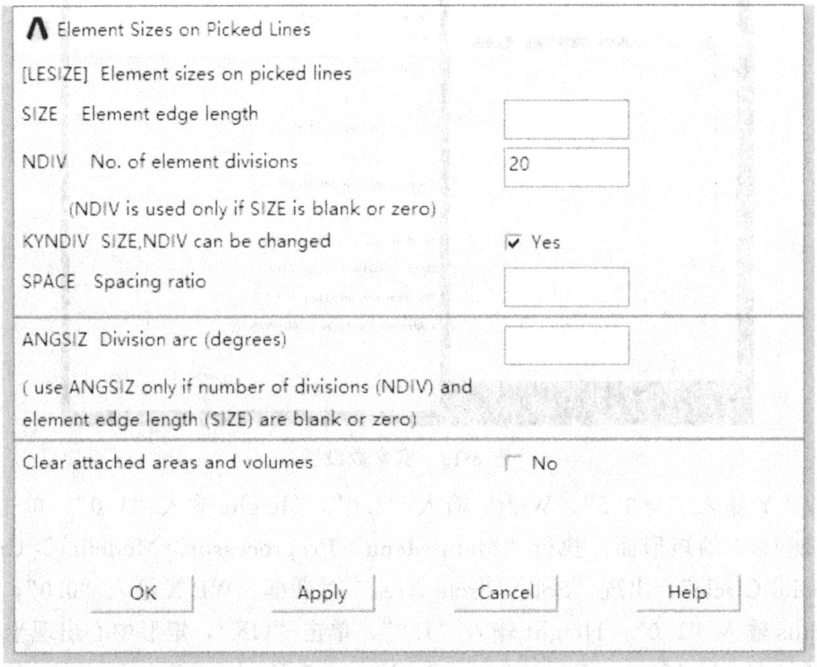

Element Sizes on Picked Lines
[LESIZE] Element sizes on picked lines
SIZE　Element edge length
NDIV　No. of element divisions　20
(NDIV is used only if SIZE is blank or zero)
KYNDIV　SIZE,NDIV can be changed　Yes
SPACE　Spacing ratio
ANGSIZ　Division arc (degrees)
(use ANGSIZ only if number of divisions (NDIV) and element edge length (SIZE) are blank or zero)
Clear attached areas and volumes　No
OK　Apply　Cancel　Help

图 3-17　Element Sizes on Picked Lines 对话框

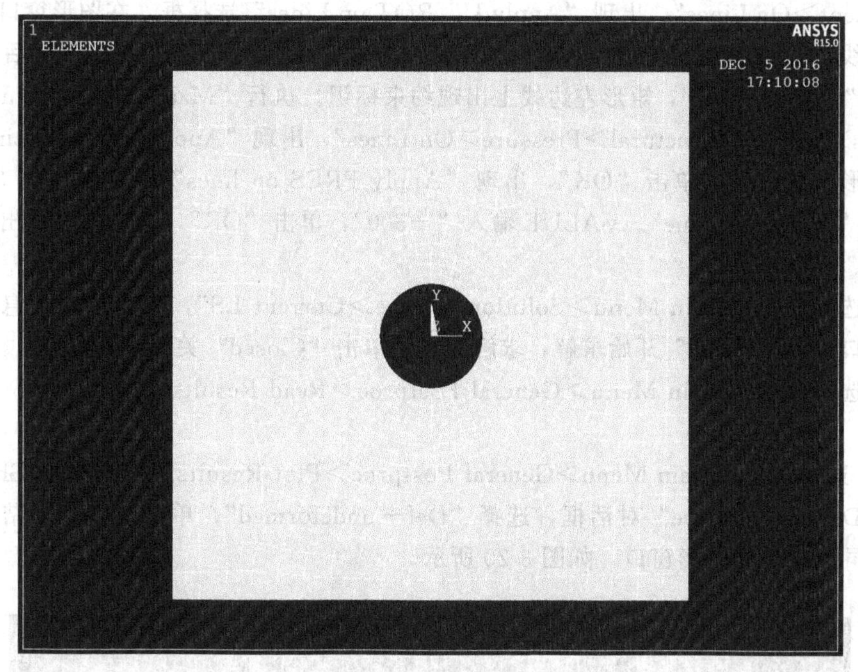

图 3-18　有限元网格划分

Apply PRES on lines

[SFL] Apply PRES on lines as a　Constant value

If Constant value then:

VALUE Load PRES value

If Constant value then:

Optional PRES values at end J of line

(leave blank for uniform PRES)

Value　-500

OK　Apply　Cancel　Help

图 3-19　Apply PRES on lines 对话框

Displacement Statics"，单击"OK"。

（7）选择命令"Main Menu > Solution > Define Loads > Apply > Structural >

Displacement>On Lines”，出现“Apply U，ROT on Lines”选择框，在图形窗口中选择矩形左侧边线，在选择框中单击“OK”，出现“Apply U，ROT on Lines”对话框，选中“All DOF”，单击“OK”，矩形左边线上出现约束标识。执行“Main Menu>Solution>Define Loads>Apply>Structural>Pressure>On Lines”，出现“Apply PRES on Lines”选择框选择矩形右侧边线，单击“OK”，出现“Apply PRES on lines”对话框（图 3-19）。在SFL 选择“Constant value”，VALUE 输入“－500”，单击“OK”，矩形右边线出现分布力箭头标识。

（8）选择命令“Main Menu>Solution>Solve>Current LS”，查看求解信息，关闭求解状态窗口，单击“OK”开始求解，求解完成后单击“Closed”关闭求解信息。

（9）选择命令“Main Menu>General Postproc>Read Results>Last Set”，读入结果数据。

（10）选择命令“Main Menu>General Postproc>Plot Results>Deformed Shape”，出现“Plot Deformed Shape”对话框，选择“Def＋undeformed”，单击“OK”，结构变形前后的形状同时出现在图形窗口，如图 3-20 所示。

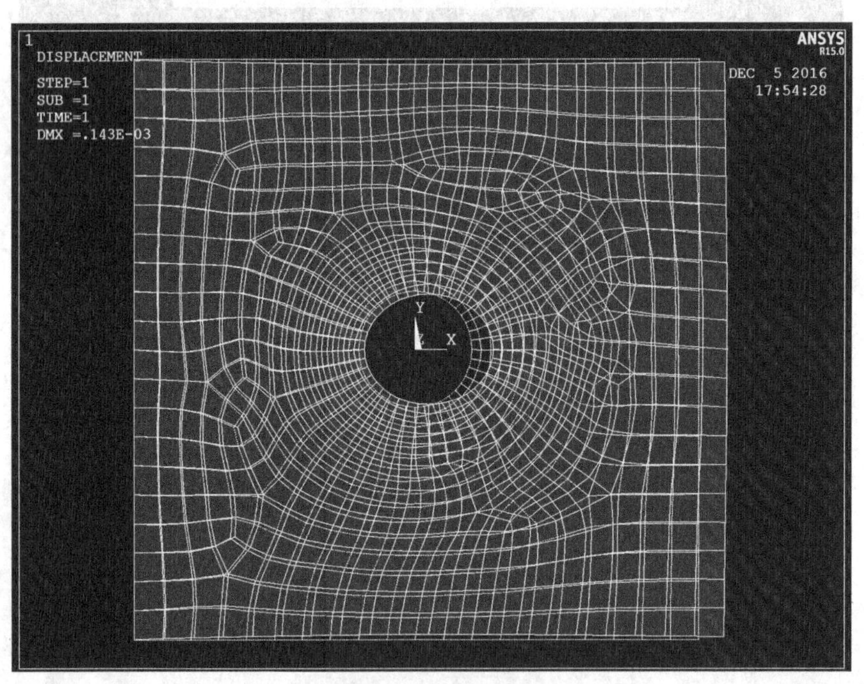

图 3-20　变形情况图

（11）选择命令“Main Menu>General Postproc>Plot Results >Contour Plot>Nodal Solu”，出现“Contours Nodal Solution Data”对话框。在左侧的“Item”列表框中选择“Stress>X-Component of stress”，单击“OK”，在图形窗口中得到如图 3-21 所示的 X 方向应力分布梯度线图。

（12）选择命令“Main Menu>General Postproc>List Results>Nodal Solution”，出现“List Nodal Solution”对话框，选择“Stress”，列表显示节点的 SX、SY、SXY 等应力分量。用户可以从此列表窗口 File 菜单下选择相应命令保存或打印列表数据。

（13）解题完成。

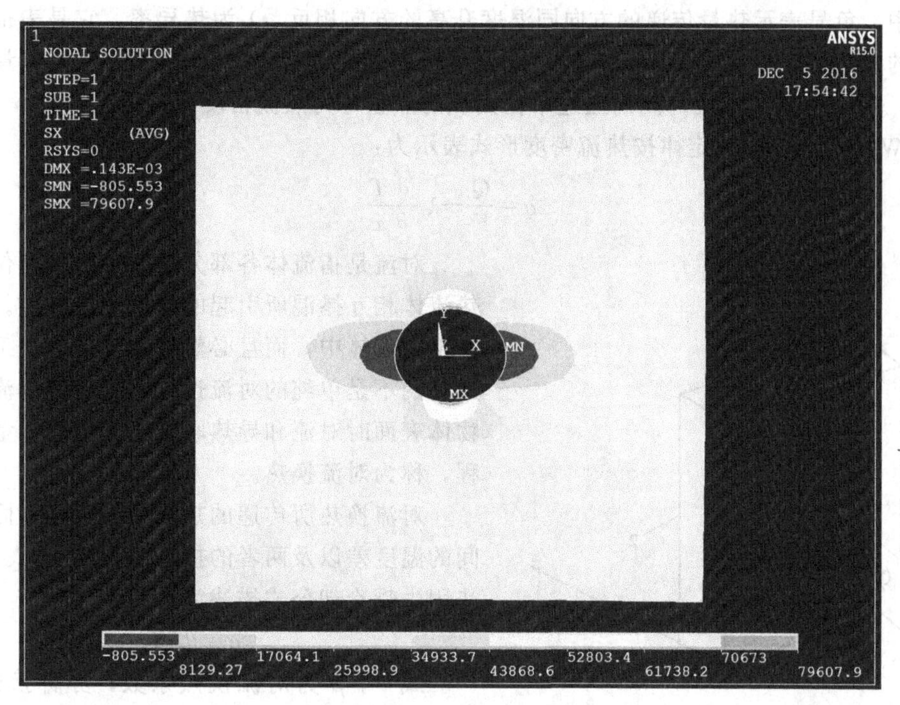

图 3-21 应力分布梯度线图

3.2 温度场模型与计算

材料科学与工程的许多工艺过程是与加热、冷却等传热过程密切相关的，在各种材料的加工、成形过程中都会遇到与温度场有关的问题，如金属材料的热加工、高分子材料的成形以及陶瓷材料的烧结等。这些温度场分析对材料工艺的研究、相变过程和机理的研究、工艺质量的提高、工艺过程控制、节能以及新技术的开发和应用非常重要，但这些温度场分析常伴着相变潜热释放、复杂的边界条件，很难得到其解析解，只能借助于计算机采用各种数值计算方法进行求解。因此，应用计算机技术解决传热问题成为材料科学与工程技术发展中的重要课题。

3.2.1 热传递的基本方式与导热微分方程

传热学是研究热量传递规律的科学，广泛地应用在材料科学与工程各个领域。例如，在材料热加工中，工件的加热、冷却、熔化和凝固都与热量传递息息相关，因此，传热学在材料科学与工程中有着它特殊的重要性。

热量传递有导热、对流和热辐射三种基本方式。物体各部分之间不发生相对位移，依靠分子、原子及自由电子等微观粒子的热运动进行的热量传递称为导热。在稳态条件下，导热现象的规律用 Fourier 定律描述。考察如图 3-22 所示的通过平板的一维导热问题，平板的 1 和 2 两个表面均维持均匀温度，对于 x 方向上任意一个厚度为 $\mathrm{d}x$ 的微元层来说，根据 Fourier 定律，单位时间内通过该层的导热热量与该处的厚度变化率及平板面积 F 成正比，即：

$$Q=-\lambda F\ \frac{\partial T}{\partial x} \tag{3-54}$$

式中，负号表示热量传递的方向同温度升高的方向相反，λ 为热导率，它是表征材料导热性能的参数，其单位为 W/(m·K)；Q 是单位时间内通过某一给定面积 F 的热量，称为热流量，单位为 W。单位时间内通过单位面积的热量称为热流密度（或称比热流），记为 q，单位为 W/m²。Fourier 定律按热流密度形式表示为：

$$q=\frac{Q}{F}-\lambda\ \frac{\partial T}{\partial x} \tag{3-55}$$

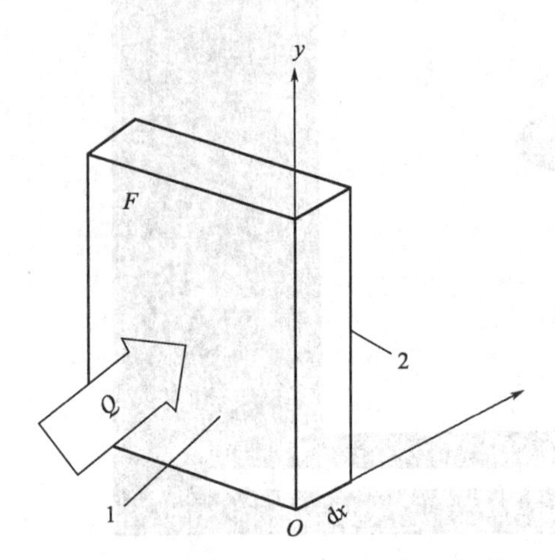

图 3-22　平板一维导热

对流是指流体各部分之间发生相对位移，冷热流体相互掺混所引起的热量传递方式。对流仅发生在流体中，而且必然伴随着导热。工程上常遇到的不是单纯的对流过程，而是流体流过另一物体表面时对流和导热联合起作用的热量传递过程，称为对流换热。

对流换热所传递的热流量与流体和固体表面间的温度差以及两者的接触面积成正比。对流换热用牛顿冷却公式描述为：

$$q=\beta\Delta T \tag{3-56}$$

式中，β 为对流换热系数，亦称换热系数，它表示流体与固体表面之间的温度差为 1℃时，每秒钟通过 1m² 面积所传递的热量，单位为 W/（m²·℃）；ΔT 为固体表面间的温度差。

物体通过电磁波来传递能量的方式称为辐射，而由于热的原因发出辐射能的现象称为热辐射。自然界中各个物体都不停地向空间发出热辐射，同时又不断地吸收其他物体发出的热辐射。辐射与吸收过程的综合就造成了以辐射方式进行的物体间能量传递——辐射换热。辐射换热与导热和对流传热方式有很大的差别：它不需要传热物体间的直接接触，可以在真空中传播；它不仅产生能量的转移，而且还伴随着能量形式的转化，即发射时从热能转换为辐能，而被吸收时又从辐射能转换为热能。在中、高温电阻加热炉和真空炉内，炉膛内的传热主要是辐射换热。

导热、对流和热辐射这三种基本热量传递方式的机理不同，且各自遵循不同的规律。在工程中，通常有两种热量传递方式同时存在，如一块高温钢板在空气中冷却散热，既有辐射换热方式，又有自然对流换热方式，此时总的散热热流量是两种散热热流量的叠加总和。

分析一维导热问题，直接对 Fourier 定律表达式进行积分即可，但生产实际中一般大多为多维导热问题，除应用 Fourier 定律外，还必须解决不同坐标方向间导热公式的互相联系问题。这时，导热问题的数学描写必须针对从物体中分割出来的微元平行六面体进行分析才能得到，这种数学描写称为导热微分方程式。它的建立以 Fourier 定律和能量守恒定律为基础。

为了讨论方便，在建立导热微分方程时，将研究对象的热导率（λ）、比热容（c_p）和密度（ρ）设为常量且材料为各向同性。对图 3-23 所示的微元平行六面体进行导热分析，按照能量守恒定律，微元体的热平衡式可以表示为：

导入微元体的总热流量＋微元体内热源的生成热＝微元体内能的增量＋导出微元体的总热流量

任意方向的热流量总可以分解成为三个坐标轴方向的分热流量，图 3-23 中标出了微元体的分热流量。根据 Fourier 定律，通过 $x=x$、$y=y$、$z=z$ 三个表面导入微元体的总热流量可直接写出：

$$\begin{cases} Q_x=-\lambda \dfrac{\partial T}{\partial x}\mathrm{d}y\,\mathrm{d}z \\ Q_y=-\lambda \dfrac{\partial T}{\partial y}\mathrm{d}x\,\mathrm{d}z \\ Q_z=-\lambda \dfrac{\partial T}{\partial z}\mathrm{d}x\,\mathrm{d}y \end{cases} \tag{3-57}$$

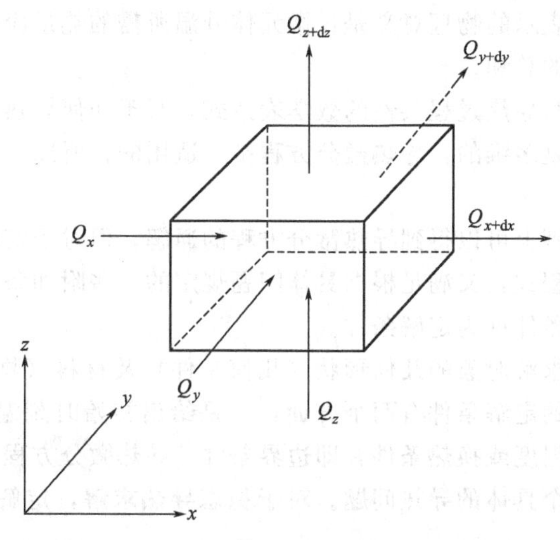

图 3-23 微元体导热分析

同理，通过 $x=x+\mathrm{d}x$，$y=y+\mathrm{d}y$，$z=z+\mathrm{d}z$ 三个表面导出微元体的总热流量为，为

$$\begin{cases} Q_{x+\mathrm{d}x}=-\lambda \dfrac{\partial}{\partial x}\left(T+\dfrac{\partial T}{\partial x}\mathrm{d}x\right)\mathrm{d}y\,\mathrm{d}z \\ Q_{y+\mathrm{d}y}=-\lambda \dfrac{\partial}{\partial y}\left(T+\dfrac{\partial T}{\partial y}\mathrm{d}y\right)\mathrm{d}x\,\mathrm{d}z \\ Q_{z+\mathrm{d}z}=-\lambda \dfrac{\partial}{\partial z}\left(T+\dfrac{\partial T}{\partial z}\mathrm{d}z\right)\mathrm{d}x\,\mathrm{d}y \end{cases} \tag{3-58}$$

$$\text{微元体内能的增量}=\rho c_p \frac{\partial T}{\partial t}\mathrm{d}x\,\mathrm{d}y\,\mathrm{d}z \tag{3-59}$$

式中，ρ 为密度，单位为 $\mathrm{kg/m^3}$；c_p 为比热容，$\mathrm{J/(kg\cdot K)}$；t 为时间，s。

设单位体积内热源的生成热为 q，则微元体内热源的生成热 Q 为：

$$Q=q\,\mathrm{d}x\,\mathrm{d}y\,\mathrm{d}z \tag{3-60}$$

将式（3-57）～式（3-60）代入热平衡式中，得到导热微分方程式的一般形式如下：

$$\frac{\partial T}{\partial t}=\frac{\lambda}{\rho}+\left(\frac{\partial^2 T}{\partial x^2}+\frac{\partial^2 T}{\partial y^2}+\frac{\partial^2 T}{\partial z^2}\right)+\frac{Q}{\rho c_p} \tag{3-61}$$

导热微分方程式的一般形式对稳态、非稳态和有无内热源的导热问题都可以适用。稳态问题以及无内热源问题都是上述微分方程式的特例。在稳态、无内热源的条件下，导热微分方程简化为：

$$\frac{\partial^2 T}{\partial x^2}+\frac{\partial^2 T}{\partial y^2}+\frac{\partial^2 T}{\partial z^2}=0 \tag{3-62}$$

导热微分方程式（3-62）是在热导率为常量的前提下得到的。一般情况下，把热导率取为常量是可以允许的。然而，有一些特殊的场合必须把热导率作为温度的函数，不能当做常量来处理，这类问题称为变热导率导热问题。在直角坐标系中非稳态、有内热源的变热导率的导热微分方程式为：

$$\rho c_p \frac{\partial T}{\partial t}=\frac{\partial}{\partial x}\left(\lambda \frac{\partial T}{\partial x}\right)+\frac{\partial}{\partial y}\left(\lambda \frac{\partial T}{\partial x}\right)+\frac{\partial}{\partial z}\left(\lambda \frac{\partial T}{\partial x}\right)+Q \tag{3-63}$$

导热微分方程式（3-63）是热量平衡方程，等号左边的项是微元体升温需要的热量；等号右边的第一、二、三项是由 x、y 和 z 方向流入微元体的热量；最后一项是微元体内热源产生的热量。微分方程表示的物理意义是：微元体升温所需的热量应等于流入微元体的热量与微元体内产生的热量的总和。

导热微分方程是描写导热过程共性的数学表达式，对于任何导热过程，不论是稳态的还是非稳态的，一维的还是多维的，导热微分方程都是适用的，所以，导热微分方程式是求解一切导热问题的出发点。

通过数学方法，原则上可以得到导热微分方程的通解，但对于实际工程问题而言，必须求出既满足导热微分方程式，又满足根据具体问题规定的一些附加条件的特解，这些使微分方程式得到特解的附加条件称为定解条件。

对导热问题来说，求解对象的几何形状（几何条件）及材料（物理条件）都是已知的。所以，非稳态导热问题的定解条件有两个方面：一是给出初始时刻温度分布，即初始条件；二是给出物体边界上的温度或换热条件，即边界条件。导热微分方程连同初始条件和边界条件才能够完整地描写一个具体的导热问题。对于稳态导热求解，定解条件不需要初始条件，仅需要边界条件。

3.2.2 初始条件与边界条件

3.2.2.1 初始条件

初始条件指所求解问题的初始温度场，也就是在 $t=0$ 时的温度场分布。它可以是恒定的，如

$$T\big|_{t=0}=T_0 \tag{3-64}$$

式中，T_0为常数。

温度场也可以是变化的，即各点的温度值已知或遵从某一函数分布，即

$$T\big|_{t=0}=T_0(x,\ y,\ z) \tag{3-65}$$

式中，T_0为已知温度函数。

3.2.2.2 边界条件

边界条件是指物体表面或边界与周围环境的热交换情况，通常有三类重要的边界条件。

(1) 第一类边界条件　第一类边界条件是指物体边界上的温度分布函数已知(图 3-24)，用公式表示为：

$$\begin{cases} T=T_w \\ T=T_w(x,\ y,\ z,\ t) \end{cases} \tag{3-66}$$

式中，T_w为已知的边界的温度；$T_w(x,\ y,\ z,\ t)$为已知的物体表面的温度分布函数，

随时间、位置的变化而变化。

(2) 第二类边界条件 第二类边界条件是指边界上的热流密度 q 已知（图 3-25），用公式表示为：

$$\begin{cases} q=-\lambda \dfrac{\partial T}{\partial n}\bigg|_w = q_w \\ q=-\lambda \dfrac{\partial T}{\partial n}\bigg|_w = q_w(x, y, z, t) \end{cases} \tag{3-67}$$

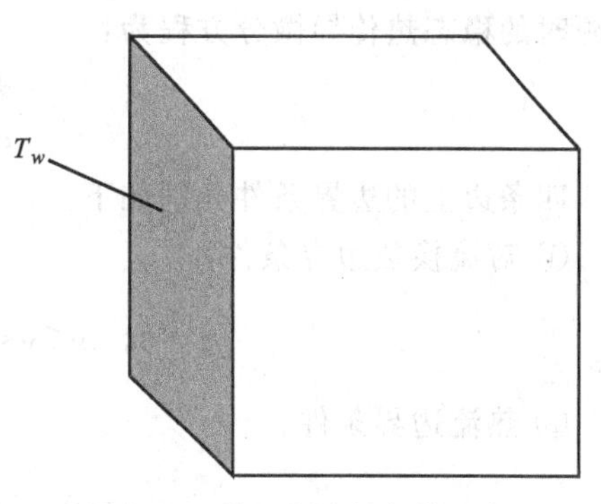

图 3-24 第一类边界条件示意

式中，n 为物体边界的外法线方向，并规定热流密度的方向与边界的外法线方向相同；q 为已知的物体表面的热流密度，W/m^2；$q_w(x, y, z, t)$ 为已知的物体表面的热流密度函数，随时间、位置的变化而变化。

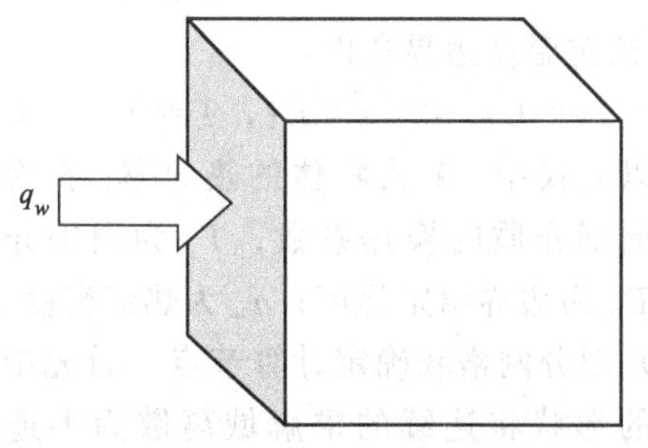

图 3-25 第二类边界条件示意

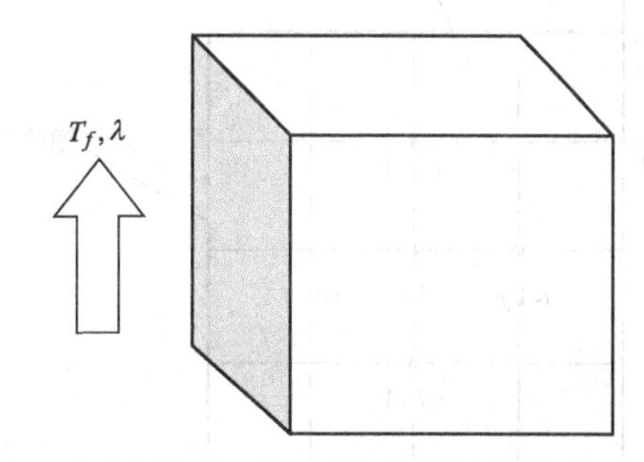

图 3-26 第三类边界条件示意

(3) 第三类边界条件 第三类边界条件又称为对流边界条件，是指物体与其周围环境介质间的对流换热系数 β 和介质的温度 T_f 已知（图 3-26），用公式表示为：

$$-\lambda \frac{\partial T}{\partial n}\bigg|_w = \beta\ (T-T_f) \tag{3-68}$$

式中的 λ 和 T_f 可以是已知的常数，也可以是某种已知的分布函数。

3.2.3 二维稳态导热问题的有限差分求解

3.2.3.1 有限差分法的求解步骤

用有限差分方法求解导热问题的基本步骤如下：

① 根据问题的性质确定导热微分方程式、初始条件和边界条件；

② 对区域进行离散化，划分网格，确定计算节点；

③ 建立离散方程，对每一个节点写出表达式；

④ 求解线性方程组和对结果进行分析。

3.2.3.2 二维稳态导热问题的求解

以二维稳态热传导为例来说明有限差分方法求解温度场问题的基本步骤。图 3-27 是求解域，其四条边分别为四种不同的边界条件。

(1) 导热微分方程、初始条件和边界条件确定已知条件 对于二维各向同性物体，无内热源时的稳态热传导微分方程为：

$$\frac{\partial^2 T}{\partial x^2}+\frac{\partial^2 T}{\partial y^2}=0 \tag{3-69}$$

四条边上的边界条件分别如下。

① 对流换热边界条件：

$$x=0,\ 0<y<L_2,\ \lambda\frac{\partial T}{\partial x}=\beta\ (T-T_f) \tag{3-70}$$

② 热流边界条件：

$$y=0,\ 0<x<L_2,\ \lambda\frac{\partial T}{\partial y}=q_w \tag{3-71}$$

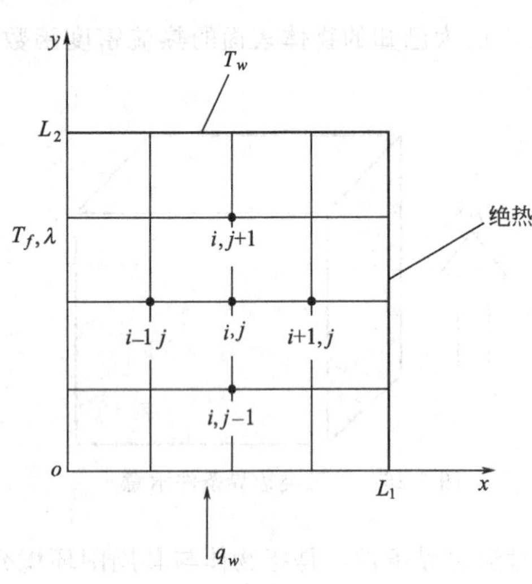

图 3-27　二维稳态导热问题

③ 绝热边界条件：

$$x=L_1,\ 0<y<L_2,\ \frac{\partial T}{\partial x}=0 \tag{3-72}$$

④ 给定温度边界条件：

$$y=L_2,\ 0<x<L_1,\ T=T_0 \tag{3-73}$$

在以上式中，λ 为物体的热导率；β 为物体边界与周围介质的换热系数；T_f 为周围介质的温度；T_w 为边界给定温度；q_w 为热流密度。

（2）划分网格和确定计算节点　首先根据求解区域的形状将连续的求解域离散为不连续的点，形成离散网格，网格的交点称为节点（或节点）。图 3-27 采用矩形网格来划分求解域，网格步长分别为：$x_{i+1}-x_i=\Delta x$ 及 $y_{i+1}-y_i=\Delta y$，步长可以是均匀的，也可以是不均匀的。

（3）建立离散方程，写出节点表达式　Δx、Δy 为 x、y 方向的步长。$T_{i,j}$ 表示节点（i，j）处的温度。以差商代替微商，可得到如下公式：

$$\left(\frac{\partial^2 T}{\partial x^2}\right)=\frac{T_{i+1,j}-2T_{i,j}+T_{i-1,j}}{(\Delta x)^2}+o\ (\Delta x)^2 \tag{3-74}$$

$$\left(\frac{\partial^2 T}{\partial y^2}\right)=\frac{T_{i+1,j}-2T_{i,j}+T_{i-1,j}}{(\Delta y)^2}+o\ (\Delta y)^2 \tag{3-75}$$

将式（3-71）和式（3-72）代入式（3-69）中，并舍去截断误差，且令 $\Delta x=\Delta y$，则得到：

$$T_{i,j}=\frac{1}{4}\ (T_{i+1,j}+T_{i-1,j}+T_{i,j-1}) \tag{3-76}$$

对于各个边界上差分格式如下。

① 对流换热边界条件：

$$\lambda\frac{T_{i-1,j}-T_{i,j}}{\Delta x}=\beta\ (T_{i,j}-T_f) \tag{3-77}$$

② 热流边界条件：

$$-\lambda\frac{T_{i,j+1}-T_{i,j}}{\Delta y}=q_w \tag{3-78}$$

③ 绝热边界条件：

$$T_{i,j}-T_{i-1,j}=0 \tag{3-79}$$

④ 给定温度边界条件：

$$T_{i,j}=T_w \tag{3-80}$$

差分方程式（3-76）与边界的差分形式一起组成定解问题的方程组，即二维稳态热传导的差分格式。解此线性方程组，即可求解得到各节点的温度值。

$$\begin{cases} \dfrac{T_{i+1,j}-2T_{i,j}+T_{i-1,j}}{(\Delta x)^2}+\dfrac{T_{i+1,j}-2T_{i,j}+T_{i-1,j}}{(\Delta y)^2}=0 \\ -\lambda\ \dfrac{T_{i+1,j}-T_{i,j}}{\Delta x}=\beta\ (T_{i,j}-T_f) \\ -\lambda\ \dfrac{T_{i,j+1}-T_{i,j}}{\Delta y}=q_w \\ T_{i,j}-T_{i-1,j}=0 \\ T_{i,j}=T_w \end{cases} \tag{3-81}$$

（4）方程组的求解　式（3-81）是由线性方程组成的代数方程组，其含有的线性方程的个数与节点数 n 相同，可整理成如下形式：

$$\begin{cases} a_{11}T_1+a_{12}T_2+\cdots+a_{1n}T_n=c_1 \\ a_{21}T_1+a_{22}T_2+\cdots+a_{2n}T_n=c_2 \\ \vdots \\ a_{i1}T_1+a_{i2}T_2+\cdots+a_{in}T_n=c_i \\ \vdots \\ a_{n1}T_1+a_{n2}T_2+\cdots+a_{nn}T_{n2}=c_n \end{cases} \tag{3-82}$$

式中，a_{ij}、$c_i\,(i=1,\ 2,\ \cdots,\ n;\ j=1,\ 2,\ \cdots,\ n)$均为常数，且 a_{ij} 均不为零。上式可写成矩阵形式，即：

$$[A]\,[T]=[C] \tag{3-83}$$

其中

$$[A]=\begin{bmatrix} a_{11} & a_{12} & \cdots & \cdots & a_{1n} \\ a_{21} & a_{22} & \cdots & \cdots & a_{2n} \\ \vdots & \vdots & \cdots & \cdots & \vdots \\ \vdots & \vdots & \cdots & \cdots & \vdots \\ a_{n1} & a_{n2} & \cdots & \cdots & a_{nn} \end{bmatrix},\ [T]=\begin{Bmatrix} T_1 \\ \vdots \\ T_i \\ \vdots \\ T_n \end{Bmatrix},\ [C]=\begin{Bmatrix} c_1 \\ \vdots \\ c_i \\ \vdots \\ c_n \end{Bmatrix}$$

采用线性方程组的求解方法即可求解。

3.2.4　非稳态导热问题的有限差分求解

从以上的介绍可以看出，用有限差分数值解法求温度场的实质是将一个连续体离散化，用一系列的代数方程式代替微分方程式，通过对一系列代数方程式的四则运算来求得温度场的近似数值解。实际工作中遇到的导热问题通常为非稳态导热，其特点是温度不仅随空间坐标的变化而变化，还随时间的变化而变化。因此，温度场的分布与时间 t 和位移 s 两个因素有关。非稳态问题的求解原理、离散化方法和主要求解步骤与稳态问题的求解类似，但由于非稳态导热中增加时间 t 变量，因此，在差分格式、解的特性以及求解方法上都要复杂一些。如在区域离散化中，不仅包括空间区域的离散化，还有时间区域的离散化。下面以一维非稳态导热问题为例加以说明。

3.2.4.1 差分方程的建立

考察一个无内热源，热导率为常数，宽、高无限，厚为 L 的平板的一维非稳态导热问题。当无内热源，λ、ρ（ρ 为热扩散率）、$c_p\alpha$ 均为常数时，一维非稳态导热微分方程为：

$$\frac{1}{\alpha}\frac{\partial T}{\partial t}=\frac{\partial^2 T}{\partial x^2} \tag{3-84}$$

初始条件为：

$$T(x,0)=\varphi(x)\quad(t=0,\ 0<x<L) \tag{3-85}$$

边界条件为：

$$T(0,t)=\mu_1(t),\ T(L,t)=\mu_2(t) \tag{3-86}$$

建立差分方程时，首先将空间和时间范围离散化。时间与空间坐标系如图 3-28 所示，横坐标为空间距离，纵坐标为时间。用竖直网格线将空间区域按 Δx 划分成若干子区域，用水平网格线将时间步长按 Δt 划分为若干时层，任一节点（i，n）上的温度值用 T_i^n 表示，Δx 称为距离步长，Δt 称为时间步长。建立导热问题的差分方程时，导热微方程左边各项可以按上一时间层计算，也可以采用新的时间层计算，得到不同的差分格式。

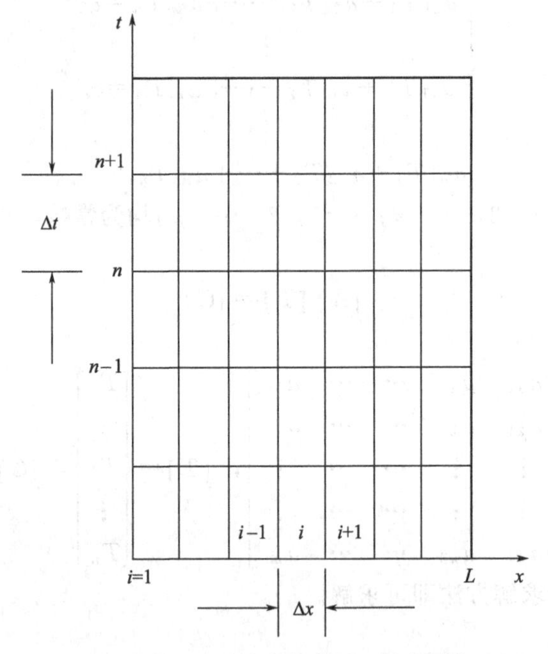

图 3-28 一维非稳态热传导区域离散化

3.2.4.2 显式差分格式

求解时刻 n 的节点 i 的导热微分方程，即

$$\frac{1}{\alpha}=\left(\frac{\partial T}{\partial t}\right)_i^n=\left(\frac{\partial^2 T}{\partial x^2}\right)_i^n \tag{3-87}$$

式中，$\left(\frac{\partial^2 T}{\partial x^2}\right)_i^n$ 用温度对时间的一阶向前差商近似，计算如下：

$$\left(\frac{\partial^2 T}{\partial x^2}\right)_i^n = \frac{T_i^{n+1} - T_i^n}{\Delta t} + o\ (\Delta t) \tag{3-88}$$

将 $\left(\frac{\partial^2 T}{\partial x^2}\right)_i^n$ 用二阶差商近似为：

$$\left(\frac{\partial^2 T}{\partial x^2}\right)_i^n = \frac{T_i^{n+1} - 2T_i^n + T_{i-1}^n}{(\Delta x)^2} + o(\Delta x)^2 \tag{3-89}$$

将式（3-87）和式（3-88）代入式（3-89），得：

$$\frac{T_{i+1}^n - 2T_i^n + T_{i-1}^n}{(\Delta x)^2} - \frac{1}{\alpha}\frac{T_i^{n+1} - T_i^n}{\Delta t} + o\left[(\Delta t) + (\Delta x)^2\right] = 0 \tag{3-90}$$

舍去截断误差 $o\left[(\Delta t) + (\Delta x)^2\right]$，得：

$$\frac{T_{i+1}^n - 2T_i^n + T_{i-1}^n}{(\Delta x)^2} - \frac{1}{\alpha}\frac{T_i^{n+1} - T_i^n}{\Delta t} = 0 \tag{3-91}$$

化简后为：

$$T_{n+1}^n = F_0 T_{i+1}^n + (1 - 2F_0)\ T_i^n + F_0 T_{i-1}^n\ (n=1, 2, \cdots; i=2, 3, \cdots, L-1) \tag{3-92}$$

初始条件差分化为：

$$T_i^n = \mu_i\ (n, \Delta t),\ T_L^n = \mu_2\ (n, \Delta t)\ (n=0, 1, 2, \cdots) \tag{3-93}$$

式中，$F_0 = \frac{\alpha \Delta t}{(\Delta x)^2}$，称为 Fourier 准数。当初始条件和边界条件已知时，用式（3-93）就可以计算区域内各节点随时间 t 变化的温度值 T_i^n。显示差分格式的优点是独立求解、计算方便。缺点是当取值不当时，其解将不稳定，即计算误差随步数增加而累积造成解的不精确而失去意义。

（1）计算格式的差异　显式在 $n+1$ 时刻的温度由 n 时刻的 3 个已知温度求出，不要求解方程组，用一个方程就可以解 $n+1$ 时刻的温度，而隐式由于一个方程中包含 $n+1$ 时刻的 3 个未知温度，只有把 $n+1$ 时刻的所有节点方程列出后解联立方程，才能求出 $n+1$ 时刻的所有节点的温度。这种求解过程就是对每一个时间步长 Δl 作一次矩阵运算。节点数多时，矩阵较大，运算量也增大。

（2）稳定性的差别　为保证显式差分格式的稳定性和计算结果收敛有意义，式（3-92）需要满足 $F_0 \leqslant \frac{1}{2}$ 的条件。当 $F_0 > \frac{1}{2}$ 时，式中（$1-2F_0$）T_i^n 项变为负值，由此造成计算结果不稳定。而隐式差分格式的方程是无条件稳定，没有上述问题。

（3）对计算步长的要求　对于显式差分方程，由于稳定性条件的制约，在网格离散后，Δx 已确定，为满足 $F_0 \leqslant \frac{1}{2}$ 要求，时间步长必须满足 $\Delta T \leqslant \frac{1}{2\alpha}(\Delta x)^2$ 的要求。时间步长由距离步长所决定。通常，为了减小截断误差，应尽可能将距离步长 Δx 取小一些，但这会影响 Δt 的大小，增加计算时间，同时还会加大计算结果的累积误差。隐式差分方程没有这种问题，节点间的距离步长和时间步长都可以任意选取，相互没有牵制，即可以取密集的距离步长和稀疏的时间步长。

（4）计算精度差别　一般来说，显式格式比较精确，因为它的时间步长短，截断误差比较小。但随着计算次数以数量级的大小增加时，累计的舍位误差相当可观，有可能舍位误差大于截断误差。而隐式格式计算次数少，舍位误差相对截断误差小得多，可以忽略不计。因此有可能显式误差比隐式大。

（5）计算时间差别　从计算时间看，隐式每前进一个时间步长就要求解一次矩阵，因此计算时间比显式要长。但隐式的时间步长可以取大一些而不影响计算的稳定性，只对精度有影响，因此在不要求很精确的情况下，时间步长可取大些，减少计算时间，这样总的计算时间有可能显式比隐式长。

3.2.5　有限元法求解

3.2.5.1　温度场有限元法计算的基本方程

现以二维问题为例，说明用 Garlerkin 法建立稳态热传导问题有限元格式的过程。

前面已经讨论过，稳态二维温度场的微分方程为：

$$\frac{\partial}{\partial x}\left(\lambda_x \frac{\partial T}{\partial x}\right)+\frac{\partial}{\partial Y}\left(\lambda_y \frac{\partial T}{\partial y}\right)+\rho Q=0 \tag{3-94}$$

构造试探函数 $\widetilde{T}(x, y, t)$ 并设 $\widetilde{T}$ 满足 s 边界上的强制边界条件。将试探函数代入场方程式（3-92）及边界条件式（3-65）和式（3-66），因 $\widetilde{T}$ 的近似性，将产生余量，即有：

$$\begin{cases} R_\Omega=\dfrac{\partial}{\partial x}\left(\lambda_x \dfrac{\partial T}{\partial x}\right)+\dfrac{\partial}{\partial y}\left(\lambda_y \dfrac{\partial T}{\partial y}\right)+\rho Q \\ R_{r_2}=\lambda_x \dfrac{\partial \widetilde{T}}{\partial x} n_x+\lambda_y \dfrac{\partial \widetilde{T}}{\partial y} n_y-q \\ R_{r_3}=\lambda_x \dfrac{\partial \widetilde{T}}{\partial x} n_x+\lambda_y \dfrac{\partial \widetilde{T}}{\partial y} n_y-k\ (T_f-\widetilde{T}) \end{cases} \tag{3-95}$$

式中，n_x、n_y 为边界外法线的方向余弦。

用加权余量法建立有限元格式的基本思想是使余量的加权积分为零，即：

$$\int_\Omega R_\Omega \omega_1 \mathrm{d}\Omega \int_{r_2} R_{r_2} \omega_2 \mathrm{d}\Gamma \int_{r_3} R_{r_3} \omega_3 \mathrm{d}\Gamma=0 \tag{3-96}$$

式中，ω_1、ω_2、ω_3 为权函数。

将式（3-95）代入式（3-96）并进行分部积分，可以得到：

$$-\int_\Omega\left[\frac{\partial \omega_1}{\partial x}\left(\lambda_x \frac{\partial \widetilde{T}}{\partial x}\right)+\frac{\partial \omega_1}{\partial y}\left(\lambda_y \frac{\partial \widetilde{T}}{\partial y}\right)+\rho Q \omega_1\right] \mathrm{d}\Omega+\oint_\Gamma \omega_1\left(\lambda_x \frac{\partial \widetilde{T}}{\partial x} n_x+\lambda_y \frac{\partial \widetilde{T}}{\partial y} n_y\right) \mathrm{d}\Gamma$$
$$+\int_{\Gamma_2}\left(\lambda_x \frac{\partial \widetilde{T}}{\partial x} n_x+\lambda_y \frac{\partial \widetilde{T}}{\partial y} n_y-q\right) \omega_2 \mathrm{d}\Gamma+\int_{\Gamma_3}\left[\lambda_x \frac{\partial \widetilde{T}}{\partial x} n_x+\lambda_y \frac{\partial \widetilde{T}}{\partial y} n_y-k(\phi_a-\widetilde{\phi})\right] \omega_3 \mathrm{d}\Gamma=0 \tag{3-97}$$

将空间域 Ω 离散为有限个单元体，在单元内各点的温度 T 可以近似用单元的节点温度 T_i 插值得到。

$$T=\widetilde{T}=\sum_{i=1}^{n_e} N_i\ (x, y)\ T_i=NT^e$$
$$N=(N_1 \quad N_2 \quad \cdots \quad N_{n_e}) \tag{3-98}$$

式中，n_e 是每个单元的节点个数；$T^e = T_1, T_2, \cdots, T_{n_e}$；$N_i(x, y)$ 是值函数，它是 C_0 型插值函数，它具有下述性质：

$$\begin{cases} N_i(x_j, y_j) = \begin{cases} 0(\text{当 } j \neq i) \\ 1(\text{当 } j = i) \end{cases} \\ \sum N_i = 1 \end{cases} \tag{3-99}$$

由于近似场函数是构造在单元中的，因此，式（3-97）的积分可以改写为对单元积分的总和。用 Gerlakin 法选择权函数，即：

$$\omega_1 = N_j \quad (j=1, 2\cdots, n_e) \tag{3-100}$$

其中，n_e 是 Ω 域全部离散得到的节点总数。在边界上选择

$$\omega_2 = \omega_3 = -\omega_1 = -N_j \quad (j=1, 2\cdots, n) \tag{3-101}$$

因 $\widetilde{T}$ 已满足强制边界条件，因此在 Γ_1 边界上不再产生余量，可令在 ω_1 在 Γ_1 边界上为零。

将以上各式代入式（3-97）则可得到：

$$\sum_e \int_{\Omega^e} \left[\frac{\partial N_j}{\partial x}\left(\lambda_x \frac{\partial N}{\partial x}\right) + \frac{\partial N_j}{\partial y}\left(\lambda_y \frac{\partial N}{\partial y}\right) \right] T^e \mathrm{d}\Omega - \sum_e \int_{\Omega^e} \rho Q N_j \mathrm{d}\Omega$$

$$-\sum_e \int_{\Gamma_2^e} N_j q \mathrm{d}\Gamma - \sum_e \int_{\Gamma_3^e} N_j k T_f \mathrm{d}\Gamma + \sum_e \int_{\Gamma_3^e} N_j k N T^e \mathrm{d}\Gamma = 0 (j=1, 2, \cdots, n) \tag{3-102}$$

写成矩阵形式有：

$$\sum_e \int_{\Omega^e} \left[\left(\frac{\partial N}{\partial x}\right)^{\mathrm{T}} \lambda_x \frac{\partial N}{\partial x} + \left(\frac{\partial N}{\partial y}\right)^{\mathrm{T}} \lambda_y \frac{\partial N}{\partial y} \right] T^e \mathrm{d}\Omega + \sum_e \int_{\Gamma_3^e} k N^{\mathrm{T}} N T^e \mathrm{d}\Gamma$$

$$-\sum_e \int_{\Omega^e} N^{\mathrm{T}} \rho Q \mathrm{d}\Omega - \sum_e \int_{\Gamma_2^e} N^{\mathrm{T}} q \mathrm{d}\Gamma - \sum_e \int_{\Gamma_3^e} N^{\mathrm{T}} k T_f \mathrm{d}\Gamma = 0 (j=1, 2, \cdots, n) \tag{3-103}$$

式（3-103）是个线性方程组成的方程组，求解此方程组可以得到 n 个节点的温度 T_i。式（3-103）可以简记为：

$$KT = P \tag{3-104}$$

式中，K 称为热传导矩阵；$T = (T_1 \quad T_2 \quad T_3 \quad \cdots \quad T_N)^{\mathrm{T}}$，是节点温度列阵；$P$ 是温度载荷矩阵。矩阵 K 的元素可以表示为：

$$K_{ij} = \sum_e \int_{\Omega^e} \left[\lambda_x \frac{\partial N_i}{\partial x} \frac{\partial N_j}{\partial x} + \lambda_y \frac{\partial N_i}{\partial y} \frac{\partial N_j}{\partial y} \right] \mathrm{d}\Omega + \sum_e \int_{\Gamma_3^e} k N_i N_j \mathrm{d}\Gamma \tag{3-105}$$

矩阵 P 中的元素可以表示为：

$$P_i = \sum_e \int_{\Omega^e} N_i \rho Q \mathrm{d}\Omega + \sum_e \int_{\Gamma_2^e} N_i q \mathrm{d}\Gamma + \sum_e \int_{\Gamma_3^e} N_i k T_f \mathrm{d}\Gamma \tag{3-106}$$

可以看到热传导矩阵和温度载荷矩阵都是由单元相应的矩阵集合而成的。式（3-105）和式（3-106）改写成单元集成的形式，即：

$$K_{ij} = \sum_e K_{ij}^e + \sum_e H_{ij}^e \tag{3-107}$$

$$P_i = \sum_e P_{q_i}^e + \sum_e P_{H_i}^e + \sum_e P_{Q_i}^e \tag{3-108}$$

式中

$$K_{ij}^e=\int_{\Omega^e}\left(\lambda_x \frac{\partial N_i}{\partial x}\frac{\partial N_j}{\partial x}+\lambda_y \frac{\partial N_i}{\partial y}\frac{\partial N_j}{\partial y}\right)\mathrm{d}\Omega \tag{3-109}$$

$$H_{ij}^e=\sum_e\int_{\Gamma_3^e} kN_iN_j\,\mathrm{d}\Gamma \tag{3-110}$$

$$P_{q_i}^e=\sum_e\int_{\Gamma_2^e} N_iq\,\mathrm{d}\Gamma \tag{3-111}$$

$$P_{H_i}^e=\sum_e\int_{\Gamma_3^e} N_ikT_f\,\mathrm{d}\Gamma \tag{3-112}$$

$$P_{Q_i}^e=\sum_e\int_{\Omega^e} N_i\rho Q\,\mathrm{d}\Omega \tag{3-113}$$

以上就是二维稳态热传导问题有限元的一般格式。

3.2.5.2 平面温度场有限元法求解

(1) 单元划分　平面三节点三角形单元用有限元法求解时，首先需要将求解域 D 分解成有限个单元。三角形单元的计算格式简单，采用三角形单元对平面域 D 进行划分，如图 3-29和图 3-30 所示。

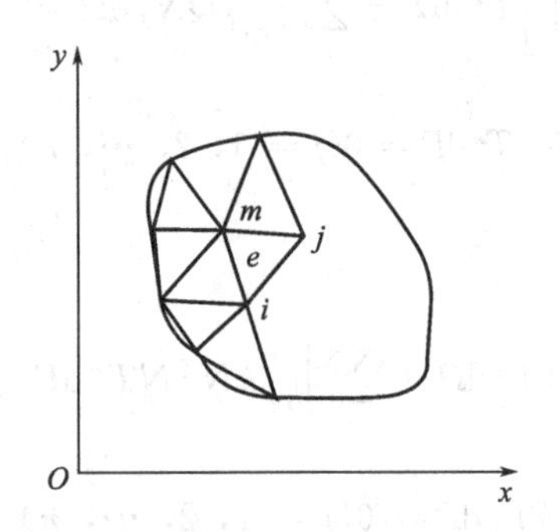

图 3-29　将求解区域划分为三角形单元

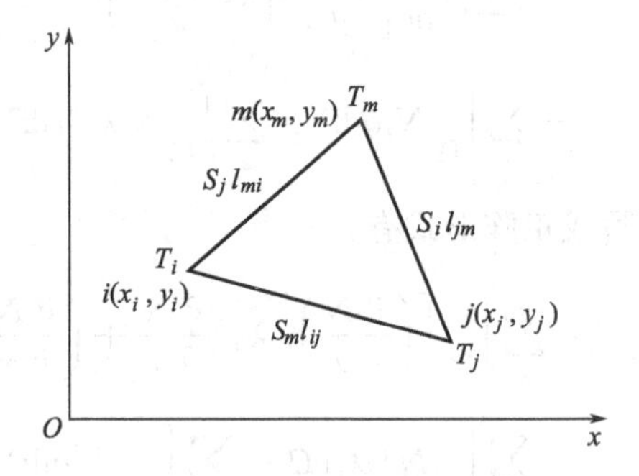

图 3-30　三节点的三角形单元

图 3-29 中的每个三角形成为一个单元，各个三角形的形状和大小可以不一样。三角形单元越小，求解域的划分就越细，计算的精度就越高。在进行区域划分时，要求三角形的三条边的边长尽量接近，一般最长边的长度不大于最短边的长度的 3 倍。各个三角形单元之间只能以顶点相交，两相邻三角形单元可以有一条公共的边或一个公共的顶点，但不能把一个三角形的顶点取在另一个三角形的边上。在边界上，可以将三角形单元的两个顶点放在边界曲线上，近似地用三角形的一条边代替边界上的曲线。

每个三角形的顶点称为一个节点。为了计算方便，每一个单元和顶点都要进行统一的编号。一般规定每个单元的三个节点按逆时针方向以 i、j、m 进行编号。在对所有的节点进行总体编号时，还应当尽量使各单元中的最大编号值与最小编号值之差的最大值尽可能要小。此外，边界单元必须、而且只有一条边在求解域的边界上，边界上的节点的编号只能是 j、m，而节点 i 与边界相对。

(2) 插值函数　在有限元法中，求解域划分为若干单元 e 后，寻找一个满足单元 e 的近似函数很方便，因此将试探函数称为插值函数。对于三角形单元，通常假设每个单元 e 上的温度分布 T 是坐标的线性函数。这一假设在单元的面积足够小时可以得到满足，因此插值函数常表示为：

$$T=a_1+a_2x+a_3y \tag{3-114}$$

式中，a_1、a_2、a_3为待定系数。此插值函数必须满足单元三个节点，即：

$$\begin{cases} 当\ x=x_i,\ y=y_i 时,\ T=T_i \\ 当\ x=x_j,\ y=y_j 时,\ T=T_j \\ 当\ x=x_m,\ y=y_m 时,\ T=T_m \end{cases} \tag{3-115}$$

将这些条件代入式（3-114）中，可得到如下方程组：

$$\begin{cases} T_i=a_1+a_2x_i+a_3y_i \\ T_j=a_1+a_2x_j+a_3y_j \\ T_m=a_1+a_2x_m+a_3y_m \end{cases} \tag{3-116}$$

写成矩阵形式为：

$$\begin{pmatrix} 1 & x_i & y_i \\ 1 & x_j & y_j \\ 1 & x_m & y_m \end{pmatrix} \begin{Bmatrix} a_1 \\ a_2 \\ a_3 \end{Bmatrix} = \begin{Bmatrix} T_i \\ T_j \\ T_m \end{Bmatrix} \tag{3-117}$$

利用矩阵求逆的方法，可得到：

$$\begin{Bmatrix} a_1 \\ a_2 \\ a_3 \end{Bmatrix} = \begin{pmatrix} 1 & x_i & y_i \\ 1 & x_j & y_j \\ 1 & x_m & y_m \end{pmatrix}^{-1} \begin{Bmatrix} T_i \\ T_j \\ T_m \end{Bmatrix} = \frac{1}{2A} \begin{Bmatrix} a_i & a_j & a_m \\ b_i & b_j & b_m \\ c_i & c_j & c_m \end{Bmatrix} \begin{Bmatrix} T_i \\ T_j \\ T_m \end{Bmatrix} \tag{3-118}$$

其中

$$\begin{cases} a_i=x_jy_m-x_my_i,\ b_i=y_j-y_m,\ c_i=x_m-x_j \\ a_j=x_my_j-x_iy_m,\ b_j=y_m-y_i,\ c_j=x_i-x_m \\ a_m=x_iy_j-x_jy_i,\ b_m=y_i-y_j,\ c_m=x_j-x_i \end{cases} \tag{3-119}$$

A 为三角形的面积，并且

$$A=\frac{1}{2}\begin{vmatrix} 1 & x_i & y_i \\ 1 & x_j & y_j \\ 1 & x_m & y_m \end{vmatrix}=b_ic_j-b_jc_j \tag{3-120}$$

将求得的a_1、a_2、a_3代入式（3-114），则有：

$$T=\frac{1}{2A}\left[(a_i+b_ix+c_iy)T_i+(a_j+b_jx+c_jy)T_j+(a_m+b_mx+c_my)T_m\right] \tag{3-121}$$

通常简记为：

$$T=N_iT_i+N_jT_j+N_mT_m \tag{3-122}$$

或

$$T=(N_i \quad N_j \quad N_m)\begin{Bmatrix} T_i \\ T_j \\ T_m \end{Bmatrix} \tag{3-123}$$

其中

$$N_k=\frac{1}{2A}(a_k+b_kx+c_ky)\ (k=i,\ j,\ m) \tag{3-124}$$

N_i、N_j、N_m称为型函数或形状函数。

(3) 单元积分计算　对于任一内部单元 ijm，可将型函数求解代入式（3-109）得到热传导矩阵的元素。

三角形单元边界上的对流传热边界条件对单元热传导矩阵的影响可以表示为：

$$K_{ij}^{e}=\frac{\lambda_x}{4A}\begin{pmatrix} b_ib_i & b_ib_j & b_ib_m \\ b_jb_i & b_jb_j & b_jb_m \\ b_mb_i & b_mb_j & b_mb_m \end{pmatrix}+\frac{\lambda_y}{4A}\begin{pmatrix} c_ic_i & c_ic_j & c_ic_m \\ c_jc_i & c_jc_j & c_jc_m \\ c_mc_i & c_mc_j & c_mc_m \end{pmatrix} \tag{3-125}$$

$$K^{e}=\frac{kl_{ij}}{6}\begin{pmatrix} 2 & 1 & 0 \\ 1 & 2 & 0 \\ 0 & 0 & 0 \end{pmatrix} \tag{3-126}$$

$$K^{e}=\frac{kl_{jm}}{6}\begin{pmatrix} 0 & 0 & 0 \\ 0 & 2 & 1 \\ 0 & 1 & 2 \end{pmatrix} \tag{3-127}$$

$$K^{e}=\frac{kl_{mi}}{6}\begin{pmatrix} 2 & 0 & 1 \\ 0 & 0 & 0 \\ 1 & 0 & 2 \end{pmatrix} \tag{3-128}$$

式中，l_{ij}、l_{jm}、l_{mi}分别表示三角形单元三条边的长度，见图 3-30。

（4）单元的总体合成　前面求得了每个单元上的热传导矩阵，要求出整个求解域上的温度场分布，就需要将单元热传导矩阵合成为总体热传导矩阵。总体合成的依据就是前面介绍过的式（3-107），即：

$$K_{ij}=\sum_{\theta}K_{ij}^{\mathrm{e}}+\sum_{\theta}H_{ij}^{\mathrm{e}}$$

在实现总体合成时，可以通过单元节点转换矩阵来进行。对于单元热传导矩阵，它的转换是：

$$G^{\mathrm{T}}K^{e}G=\begin{array}{c} 1 \\ \vdots \\ \vdots \\ i \\ \vdots \\ j \\ \vdots \\ m \\ \vdots \\ n \end{array}\begin{pmatrix} 0 & 0 & 0 \\ 0 & \vdots & \vdots \\ \vdots & \vdots & \vdots \\ 1 & 0 & \vdots \\ \vdots & \vdots & 0 \\ \vdots & 1 & \vdots \\ \vdots & 0 & 0 \\ \vdots & \vdots & 1 \\ 0 & 0 & 0 \\ \vdots & \vdots & \vdots \end{pmatrix}\begin{pmatrix} K_{ii} & K_{ij} & K_{im} \\ K_{ji} & K_{jj} & K_{jm} \\ K_{mi} & K_{mj} & K_{mm} \end{pmatrix}\begin{pmatrix} 1 & \cdots & \cdots & i & \cdots & j & \cdots & m & \cdots & n \\ 0 & \cdots & 0 & 1 & 0 & \cdots & \cdots & 0 & \cdots & 0 \\ 0 & \cdots & 0 & 0 & \cdots & 1 & \cdots & 0 & \cdots & 0 \\ 0 & \cdots & \cdots & 0 & \cdots & \cdots & 0 & 1 & 0 & 0 \end{pmatrix}$$

$$=\begin{array}{c} \\ 1 \\ \vdots \\ i \\ \vdots \\ j \\ \vdots \\ m \\ \vdots \\ n \end{array}\begin{array}{c} \begin{array}{ccccccccc} 1 & \cdots & i & \cdots & j & \cdots & m & \cdots & n \end{array} \\ \begin{pmatrix} 0 & \cdots & 0 & \cdots & 0 & \cdots & 0 & \cdots & 0 \\ \vdots & & \vdots & & \vdots & & \vdots & & \vdots \\ 0 & \cdots & K_{ii} & \cdots & K_{ij} & \cdots & K_{im} & \cdots & 0 \\ \vdots & & \vdots & & \vdots & & \vdots & & \vdots \\ 0 & \cdots & K_{ji} & \cdots & K_{jj} & \cdots & K_{jm} & \cdots & 0 \\ \vdots & & \vdots & & \vdots & & \vdots & & \vdots \\ 0 & \cdots & K_{mi} & \cdots & K_{mj} & \cdots & K_{mm} & \cdots & 0 \\ \vdots & & \vdots & & \vdots & & \vdots & & \vdots \\ 0 & \cdots & 0 & \cdots & 0 & \cdots & 0 & \cdots & 0 \end{pmatrix} \end{array} \tag{3-129}$$

式中，n 为总体节点的总数；i、j、m 为单元节点码。单元热传导矩阵变换的作用是将单元矩阵扩大到与总体矩阵同阶，以便进行矩阵相加，同时表明了该单元对总体矩阵的哪些系数有贡献，即该单元对总体矩阵的贡献将每个单元变化后的矩阵相加即可得到总体热传导矩阵。

同样可以得到总体节点载荷阵列。在对总体载荷阵列合成时，同样要考虑对流传热边界条件对单元热载荷的影响，即：

$$F^e=\frac{KT_f l_{ij}}{2}\begin{Bmatrix}1\\1\\0\end{Bmatrix} \tag{3-130}$$

$$F^e=\frac{KT_f l_{jm}}{2}\begin{Bmatrix}0\\1\\1\end{Bmatrix} \tag{3-131}$$

$$F^e=\frac{KT_f l_{mi}}{2}\begin{Bmatrix}1\\0\\1\end{Bmatrix} \tag{3-132}$$

式中，l_{ij}、l_{jm}、l_{mi} 分别为三角形单元三条边的长度。

(5) 求解 以上得到总体热传导矩阵和总体载荷阵列，剩下的问题就是解线性方程组了。即解下列方程组：

$$KT=P$$

线性方程组的求解可以借助计算机来求解。这样就可以求出平面热传导问题的温度场分布。

3.2.6 发电厂烟囱温度分布模型的建立与计算

【例 3-3】 如图 3-31 (a) 所示为某一个发电厂工业用烟囱的截面图，烟囱所用材料为混凝土，其热导率 $\lambda=1.8\text{W/(m·K)}$。假设烟囱内表面的温度恒定为 100℃，外表面暴露在温度为 26℃的大气中。外表面与空气之间的对流传热系数 $k=18\text{W/(m}^2\text{·K)}$。下面用有限元方法来计算烟囱壁中的温度分布。

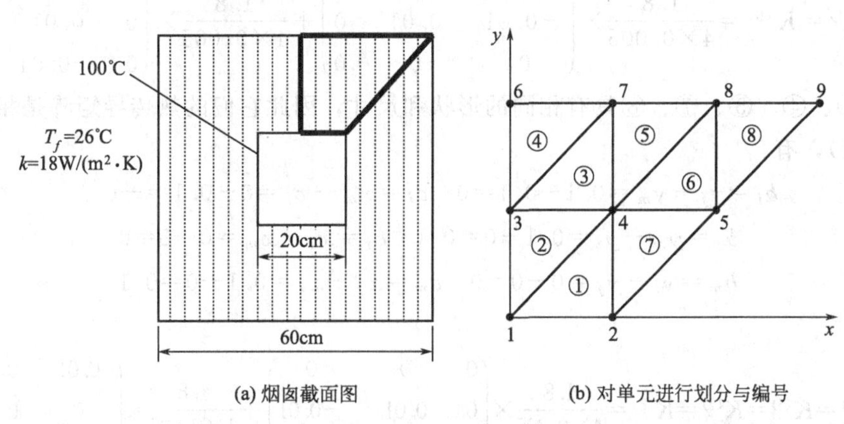

图 3-31 烟囱的截面示意图及有限元单元划分

【解】 (1) 划分单元并给单元和节点编号。由于问题的对称性，选取求解域的 1/8 来计算，见图 3-31（b），其对应图 3-31（a）中粗线部分。将求解部分划分为 8 个三角形单元，具有 9 个节点。单元和节点的编号参见图 3-31。为了计算方便，将单元和对应的节点的编号列在表 3-1 中。

表 3-1　单元及相应的节点

单元	i	j	m
1	1	2	4
2	1	4	3
3	3	4	7
4	3	7	6
5	4	8	7
6	4	5	8
7	2	5	4
8	5	9	8

（2）单元热传导矩阵。三角形单元的热传导矩阵为

$$K_{ij}^{e}=\frac{\lambda_x}{4A}\begin{pmatrix} b_ib_i & b_ib_j & b_ib_m \\ b_jb_i & b_jb_j & b_jb_m \\ b_mb_i & b_mb_j & b_mb_m \end{pmatrix}+\frac{\lambda_y}{4A}\begin{pmatrix} c_ic_i & c_ic_j & c_ic_m \\ c_jc_i & c_jc_j & c_jc_m \\ c_mc_i & c_mc_j & c_mc_m \end{pmatrix}$$

单元①、③、⑥具有相同的形状和尺寸，因此它们的热传导矩阵是相同的。根据式(3-119)，有：

$$b_i=y_j-y_m=0-0.1=-0.1 \quad c_i=x_m-x_j=0.1-0.1=0$$

$$b_j=y_m-y_i=0.1-0=0.1 \quad c_j=x_i-x_m=0-0.1=-0.1$$

$$b_m=y_i-y_j=0-0=0 \quad c_m=x_j-x_i=0.1-0=0.1$$

且三角形的面积为 $A=0.005$，因此有：

$$K^{(1)}=K^{(3)}=K^{(6)}=\frac{1.8}{4\times 0.005}\times\begin{pmatrix} 0.01 & -0.01 & 0 \\ -0.01 & 0.01 & 0 \\ 0 & 0 & 0 \end{pmatrix}+\frac{1.8}{4\times 0.005}\times\begin{pmatrix} 0 & 0 & 0 \\ 0 & 0.01 & -0.01 \\ 0 & -0.01 & 0.01 \end{pmatrix}$$

单元②、④、⑤、⑦、⑧具有相同的形状和尺寸，因此它们的热传导矩阵是相同的。根据式(3-117)，有：

$$b_i=y_j-y_m=0.1-0.1=0 \quad c_i=x_m-x_j=0-0.1=-0.1$$

$$b_j=y_m-y_i=0.1-0=0.1 \quad c_j=x_i-x_m=0-0=0$$

$$b_m=y_i-y_j=0-0=0 \quad c_m=x_j-x_i=0.1-0=0.1$$

因此

$$K^{(2)}=K^{(4)}=K^{(5)}=K^{(7)}=K^{(8)}=\frac{1.8}{4\times 0.005}\times\begin{pmatrix} 0 & 0 & 0 \\ 0 & 0.01 & -0.01 \\ 0 & -0.01 & 0.01 \end{pmatrix}+\frac{1.8}{4\times 0.005}\times\begin{pmatrix} 0.01 & 0 & -0.01 \\ 0 & 0 & 0 \\ -0.01 & 0 & 0.01 \end{pmatrix}$$

边界条件由于对流产生的散热产生在单元④、⑤、⑧的 jm 边，因此有：

$$K^e=\frac{kl_{jm}}{6}\begin{pmatrix}0&0&0\\0&2&1\\0&1&2\end{pmatrix}\begin{matrix}i\\j\\m\end{matrix}=\frac{18\times0.1}{6}\times\begin{pmatrix}0&0&0\\0&2&1\\0&1&2\end{pmatrix}=\begin{pmatrix}0&0&0\\0&0.6&0.3\\0&0.3&0.6\end{pmatrix}$$

对流边界条件对单元④、⑤、⑧的热载荷矩阵的贡献为：

$$P^e=\frac{kT_fl_{jm}}{2}\begin{Bmatrix}0\\1\\1\end{Bmatrix}=\frac{18\times26\times0.1}{2}\times\begin{Bmatrix}0\\1\\1\end{Bmatrix}=\begin{Bmatrix}0\\23.4\\23.4\end{Bmatrix}$$

(3) 总体热传导矩阵的合成。通过前面的分析，可以得到各个单元的单元热传导矩阵（将节点的编号写在矩阵的相应列的上部和相应行的右侧）为：

$$K^{(1)}=\begin{matrix}1&2&4&\\\begin{pmatrix}0.9&-0.9&0\\-0.9&1.8&-0.9\\0&-0.9&0.9\end{pmatrix}&&&\begin{matrix}1\\2\\4\end{matrix}\end{matrix}\qquad K^{(2)}=\begin{matrix}1&4&3&\\\begin{pmatrix}0.9&0&-0.9\\0&0.9&-0.9\\-0.9&-0.9&1.8\end{pmatrix}&&&\begin{matrix}1\\4\\3\end{matrix}\end{matrix}$$

$$K^{(3)}=\begin{matrix}3&4&7&\\\begin{pmatrix}0.9&-0.9&0\\-0.9&1.8&-0.9\\0&-0.9&0.9\end{pmatrix}&&&\begin{matrix}3\\4\\7\end{matrix}\end{matrix}\qquad K^{(4)}=\begin{matrix}3&7&6&\\\begin{pmatrix}0.9&0&-0.9\\0&0.9&-0.9\\-0.9&-0.9&1.8\end{pmatrix}&&&\begin{matrix}3\\7\\6\end{matrix}\end{matrix}$$

$$K^{(5)}=\begin{matrix}4&8&7&\\\begin{pmatrix}0.9&0&-0.9\\0&0.9&-0.9\\-0.9&-0.9&1.8\end{pmatrix}&&&\begin{matrix}4\\8\\7\end{matrix}\end{matrix}\qquad K^{(6)}=\begin{matrix}4&5&8&\\\begin{pmatrix}0.9&-0.9&0\\-0.9&1.8&-0.9\\0&-0.9&0.9\end{pmatrix}&&&\begin{matrix}4\\5\\8\end{matrix}\end{matrix}$$

$$K^{(7)}=\begin{matrix}2&5&4&\\\begin{pmatrix}0.9&0&-0.9\\0&0.9&-0.9\\-0.9&-0.9&1.8\end{pmatrix}&&&\begin{matrix}2\\5\\4\end{matrix}\end{matrix}\qquad K^{(8)}=\begin{matrix}5&9&8&\\\begin{pmatrix}0.9&0&-0.9\\0&0.9&-0.9\\-0.9&-0.9&1.8\end{pmatrix}&&&\begin{matrix}5\\9\\8\end{matrix}\end{matrix}$$

边界条件为：

$$K^{(14)}=\begin{matrix}3&6&7&\\\begin{pmatrix}0&0&0\\0&0.6&0.3\\0&0.3&0.6\end{pmatrix}&&&\begin{matrix}3\\6\\7\end{matrix}\end{matrix}\qquad K^{(14)}=\begin{matrix}4&8&7&\\\begin{pmatrix}0&0&0\\0&0.6&0.3\\0&0.3&0.6\end{pmatrix}&&&\begin{matrix}4\\8\\7\end{matrix}\end{matrix}$$

$$K^{(14)}=\begin{matrix}5&9&8&\\\begin{pmatrix}0&0&0\\0&0.6&0.3\\0&0.3&0.6\end{pmatrix}&&&\begin{matrix}5\\9\\8\end{matrix}\end{matrix}$$

按照单元矩阵在总体矩阵中的位置，将相应的元素放在总体热传导矩阵的相应位置，如一个位置上有多个元素就相加，这样就可以得到总体热传导矩阵为：

$$
K^{G}=\begin{bmatrix}
1.8 & -0.9 & -0.9 & 0 & 0 & 0 & 0 & 0 & 0 \\
-0.9 & 1 & 0 & -1.8 & 0 & 0 & 0 & 0 & 0 \\
-0.9 & 0 & 3.6 & -1.8 & 0 & -0.9 & 0 & 0 & 0 \\
0 & -1.8 & -1.8 & 7.2 & -1.8 & 0 & -1.8 & 0 & 0 \\
0 & 0 & 0 & -1.8 & 3.6 & 0 & 0 & -1.8 & 0 \\
0 & 0 & -0.9 & 0 & 0 & 2.4 & -0.6 & 0 & 0 \\
0 & 0 & 0 & -1.8 & 0 & -0.6 & 4.8 & -0.6 & 0 \\
0 & 0 & 0 & 0 & -1.8 & 0 & -0.6 & 4.8 & -0.6 \\
0 & 0 & 0 & 0 & 0 & 0 & 0 & -0.6 & 1.5
\end{bmatrix}\begin{matrix}1\\2\\3\\4\\5\\6\\7\\8\\9\end{matrix}
$$

将节点1和2上的给定温度边界条件加到热传导矩阵中可得到：

$$
K^{G}=\begin{bmatrix}
1 & 0 & 0 & 0 & 0 & 0 & 0 & 0 & 0 \\
0 & 1 & 0 & 0 & 0 & 0 & 0 & 0 & 0 \\
-0.9 & 0 & 3.6 & -1.8 & 0 & -0.9 & 0 & 0 & 0 \\
0 & -1.8 & -1.8 & 7.2 & -1.8 & 0 & -1.8 & 0 & 0 \\
0 & 0 & 0 & -1.8 & 3.6 & 0 & 0 & -1.8 & 0 \\
0 & 0 & -0.9 & 0 & 0 & 2.4 & -0.6 & 0 & 0 \\
0 & 0 & 0 & -1.8 & 0 & -0.6 & 4.8 & -0.6 & 0 \\
0 & 0 & 0 & 0 & -1.8 & 0 & -0.6 & 4.8 & -0.6 \\
0 & 0 & 0 & 0 & 0 & 0 & 0 & -0.6 & 1.5
\end{bmatrix}\begin{matrix}1\\2\\3\\4\\5\\6\\7\\8\\9\end{matrix}
$$

同样可得到热载荷矩阵为：

$$
P^{G}=\begin{Bmatrix} 0 \\ 0 \\ 0 \\ 0 \\ 0 \\ 26 \\ 26+27 \\ 26+27 \\ 26 \end{Bmatrix}
$$

加上节点1和2处的给定温度边界条件，得到最终的热载荷矩阵。

（4）求解方程组。由以上可得节点方程为：

$$
K^{G}=\begin{bmatrix}
1 & 0 & 0 & 0 & 0 & 0 & 0 & 0 & 0 \\
0 & 1 & 0 & 0 & 0 & 0 & 0 & 0 & 0 \\
-0.9 & 0 & 3.6 & -1.8 & 0 & -0.9 & 0 & 0 & 0 \\
0 & -1.8 & -1.8 & 7.2 & -1.8 & 0 & -1.8 & 0 & 0 \\
0 & 0 & 0 & -1.8 & 3.6 & 0 & 0 & -1.8 & 0 \\
0 & 0 & -0.9 & 0 & 0 & 2.4 & -0.6 & 0 & 0 \\
0 & 0 & 0 & -1.8 & 0 & -0.6 & 4.8 & -0.6 & 0 \\
0 & 0 & 0 & 0 & -1.8 & 0 & -0.6 & 4.8 & -0.6 \\
0 & 0 & 0 & 0 & 0 & 0 & 0 & -0.6 & 1.5
\end{bmatrix}\begin{Bmatrix} T_1 \\ T_2 \\ T_3 \\ T_4 \\ T_5 \\ T_6 \\ T_7 \\ T_8 \\ T_9 \end{Bmatrix}=\begin{Bmatrix} 100 \\ 100 \\ 0 \\ 0 \\ 0 \\ 26 \\ 53 \\ 53 \\ 26 \end{Bmatrix}
$$

解此线性方程组，即可得到各节点的温度值，即：

$$P^{G}=\begin{Bmatrix}100\\100\\0\\0\\0\\26\\53\\53\\26\end{Bmatrix}$$

$$T^{T}=(100\quad 100\quad 70.76\quad 66.94\quad 49.80\quad 49.17\quad 47.21\quad 32.65\quad 30.39)$$

3.2.7 短圆柱体热传导过程的模型建立与计算

【例 3-4】 有一短圆柱体材料由三层组成，最外层为不锈钢，中间为玻璃纤维构成层，最里层为铝，将短圆柱放入水中，于是筒内为空气，筒外为海水，求内外壁面温度及温度分布。短圆柱体材料的各项参数见表 3-2。

表 3-2 短圆柱体材料的各项参数

几何参数		热导率		边界条件	
筒外径	30ft	不锈钢	8.27Btu/(h·ft·℉)	空气温度	70 ℉(21.1℃)
总壁厚	2in	玻璃纤维	0.028Btu/(h·ft·℉)	海水温度	44.5 ℉(6.94℃)
不锈钢层壁厚	0.75in	铝	117.4Btu/(h·ft·℉)	空气对流传热系数	2.5Btu/(h·ft·℉)
纤维层壁厚	1in			海水对流传热系数	80Btu/(h·ft·℉)
铝层壁厚	0.25in				
筒长	200ft				

注：1ft=0.3048m，1in=25.4mm，1Btu/（h·ft·℉）=1.73074W/（m·℃），1Btu/（h·ft·℉）=1.73074W/（m·℃）。

【解】 沿垂直于圆筒轴线作横截面，得到一圆环，取其中圆心角为 1°局部进行分析，如图 3-32 和图 3-33 所示。

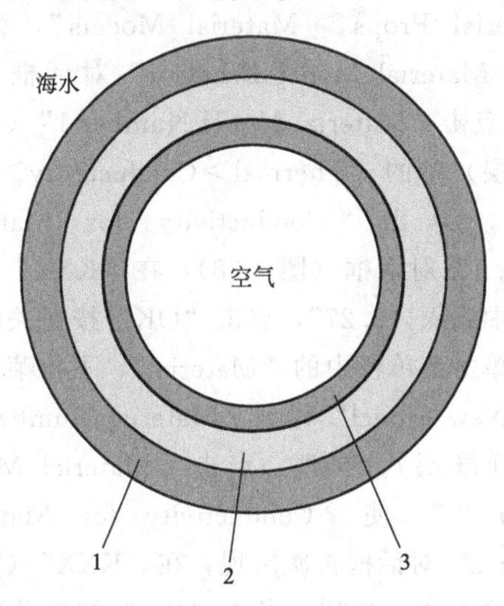

图 3-32 短圆柱体模型

1—不锈钢；2—玻璃纤维；3—铝

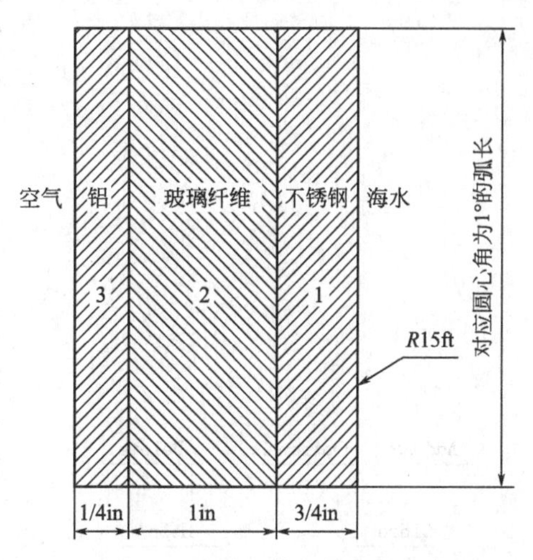

图 3-33 短圆柱体材料组成示意

启动 ANSYS 后步骤如下。

(1) 选择命令“Main Menu>Preference”(图 3-34),弹出对话框后选中“Thermal”项,确定进行热分析。

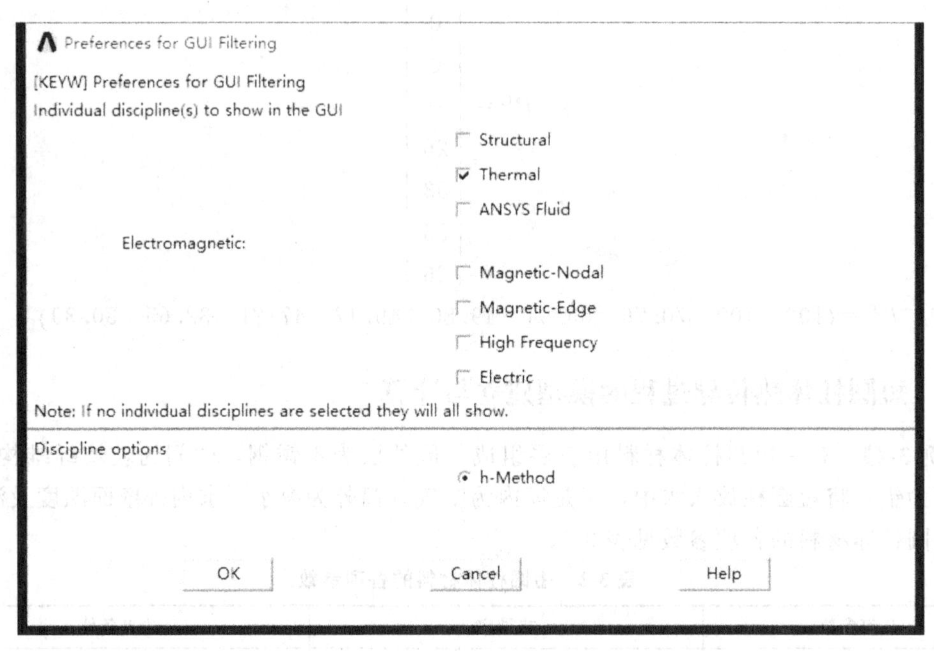

图 3-34 Preferences for GUI Filtering 对话框

(2) 选择“Main Menu>Preprocessor>Element Type>Add/Edit/Delete”,弹出“Element Types”对话框(图 3-35),点击“Add”按钮,弹出“Library of Element Types”对话框(图 3-36),选中“Thermal Solid”中“Quad 4node 55”类型单元,单击“OK”按钮,于是在对话框中出现“Type 1 plane55”,表明单元已选好,然后依次关闭各对话框。

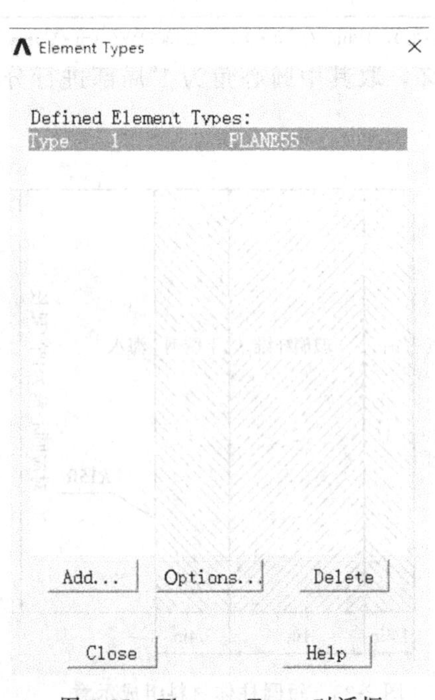

图 3-35 Element Types 对话框

(3) 选择命令“Main Menu>Preprocessor>Material Props>Material Models”,弹出“Define Material Model Behavior”对话框(图 3-37),点击“Material Model Number 1”(对应不锈钢层)中的“Thermal>Conductivity>Isotropic”,弹出“Conductivity for Material Number 1”对话框(图 3-38),在“KXX”(热导率)中输入“8.27”,点击“OK”按钮关闭对话框。单击菜单栏中的“Material”,下拉菜单中选择“New Model”得到“Material Number 2”(对应纤维层)。同理,点击“Material Model Number 2”,使“Conductivity for Material Number 2”对话框再次出现,在“KXX”(热导率)中输入“0.028”,点击“OK”按钮关闭对话框。最后以同样的方式定义铝层的材料性质,

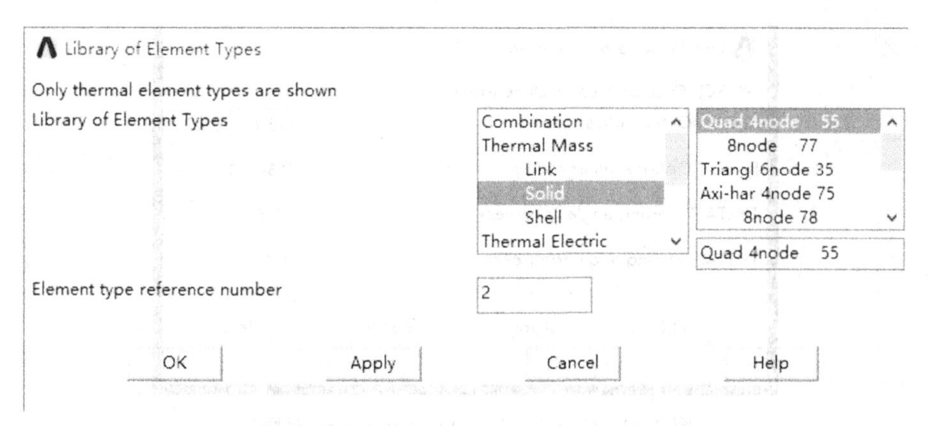

图 3-36 Library of Element Types 对话框

其为材料性质编号为 3，热导率值为 117.4。

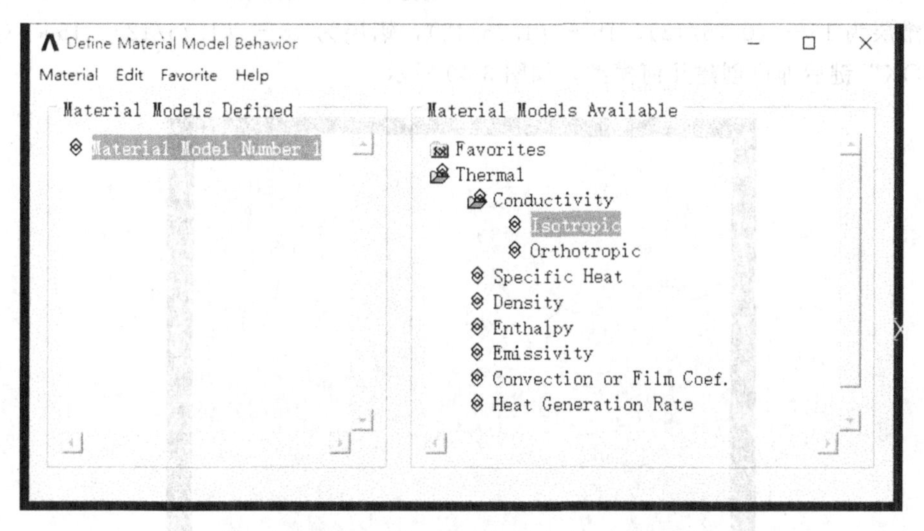

图 3-37 Define Material Model Behavior 对话框

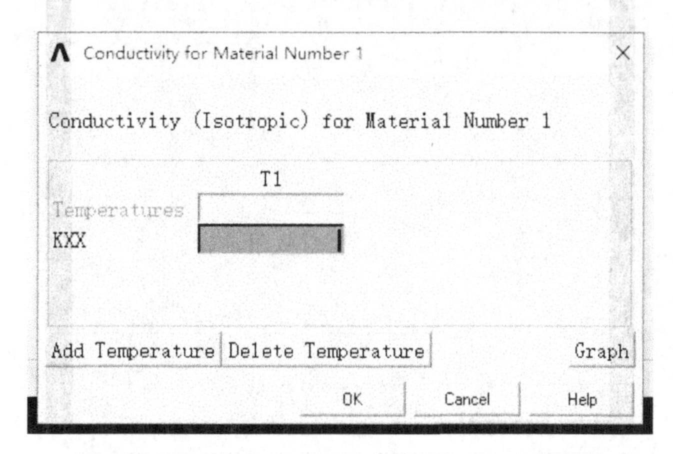

图 3-38 Conductivity for Material Number 1 对话框

（4）选择命令“Main Menu>Preprocessor>Modeling>Create>Areas>Circle>By Dimensions”，弹出对话框（图 3-39）后可创建几何模型。注意输入尺寸时，可用四则运算方

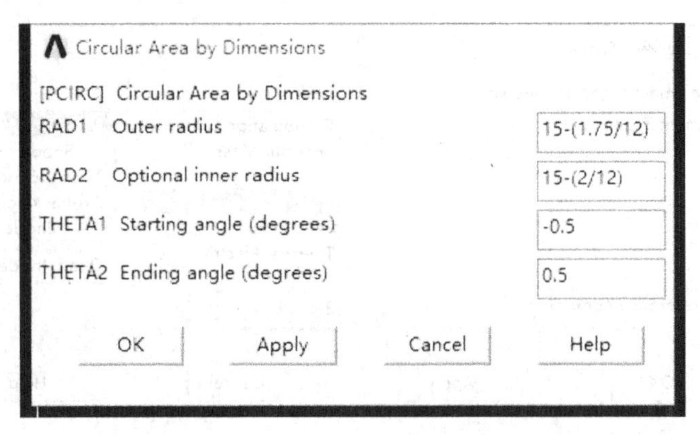

图 3-39 Circular Area by Dimensions 对话框

式输入。由于分析部位为1°，所以在“THETA1”（角度）和“THETA2”中分别输入“−0.5”和“0.5”，输入“RAD1”和“RAD2”数据时，不锈钢层为15、15−（0.75/12），玻璃纤维层为15−（0.75/12）、15−（1.75/12），铝层为15−（1.75/12）、15−（2/12）。单击“OK”键后即可创建几何模型，如图3-40所示。

图 3-40 短圆柱体圆心角为1°的几何模型

（5）选择命令“Main Menu＞Preprocessor＞Modeling＞Operate＞Booleans＞Glue＞Areas”，弹出如图3-41所示的Glue Areas对话框，将鼠标指针移到几何模型的不同层上，

单击左键选中该层，将三层全部选中后单击“OK”按钮，将三层粘接为一体，关闭各子菜单。

Glue Areas
Pick
Unpick
Single
Box
Polygon
Circle
Loop
Count = 0
Maximum = 3
Minimum = 2
Area No. =
List of Items
Min, Max, Inc
OK
Apply
Reset
Cancel
Pick All
Help

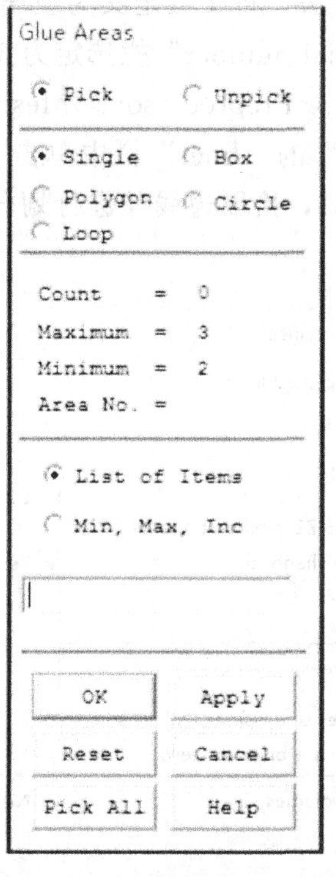

图 3-41 Glue Areas 对话框

（6）选择命令“Main Menu>Preprocessor>Meshing>Mesh Attributes>Pick Areas”，弹出“Area Attributes”对话框（图 3-42），将鼠标指针移到几何模型 1 层上，单击鼠标左

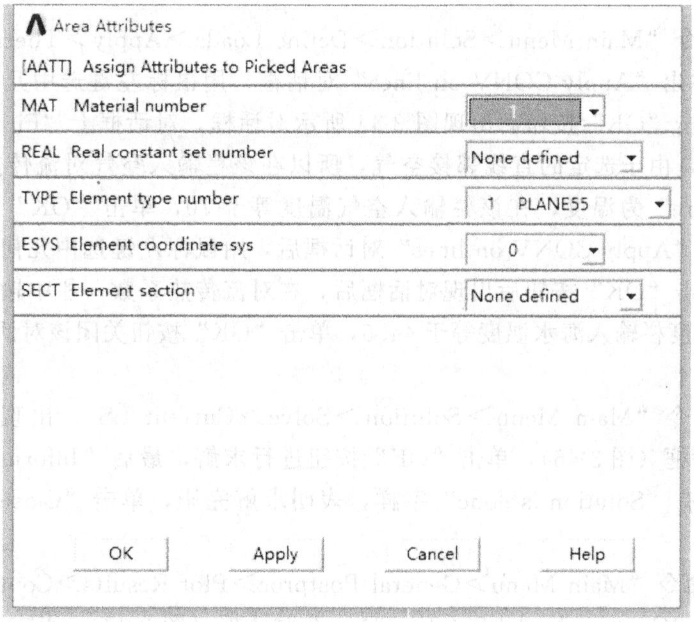

Area Attributes
[AATT] Assign Attributes to Picked Areas
MAT Material number
1
REAL Real constant set number
None defined
TYPE Element type number
1 PLANE55
ESYS Element coordinate sys
0
SECT Element section
None defined
OK
Apply
Cancel
Help

图 3-42 Area Attributes 对话框

键选中，点击“OK”按钮，弹出对话框后，将对话框上“Material number”栏中选定为1，这是由于该层应为不锈钢层，其材料性质编号为1，单击“OK”按钮，关闭该对话框，1层被定义为不锈钢层。采用同样的方法，将2层定义为玻璃纤维层，“Material number”栏定为2，将3层定义为铝层，“Material number”栏选定为3。

（7）选择命令“Main Manu＞Preprocessor＞Meshing＞Mesh Tool”，弹出“Mash Tool”对话框，在“Size Controls”的“lines”栏中单击“Set”选项，弹出“Element Size on Picked Lines”对话框（图3-43），拾取边线并进行划分单元网格，直线上的网格密度控制为20～40个。

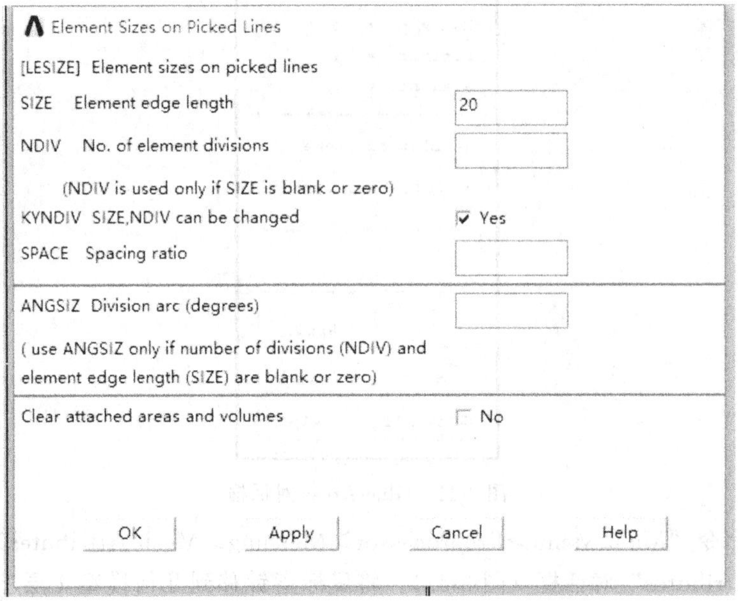

图3-43 Element Sizes on Picked Lines对话框

（8）选择命令“Main Menu＞Solution＞Define Loads＞Apply＞Thermal＞Convection＞On Lines”，弹出“Apply CONV on lines”对话框，用鼠标左键选中几何模型3层左线（邻接空气），单击“OK”按钮后出现图3-44所示对话框，对话框上“Film coefficient”栏为对流传热系数，由于选定的直线邻接空气，所以在该栏输入空气对流传热系数等于2.5，“Bulk temperature”为温度，在该栏输入空气温度等于70，单击“OK”按钮关闭该对话框。同理，出现“Apply CONV on lines”对话框后，用鼠标左键选中几何模型1层的右线（邻接海水），单击“OK”按钮后出现对话框后，在对流传热系数一栏中输入海水对流传热系数等于80，温度栏输入海水温度等于44.5，单击“OK”按钮关闭该对话框，施加条件后如图3-45所示。

（9）选择命令“Main Menu＞Solution＞Solve＞Current LS”，出现“Solve Current Load Step”对话框（图3-46），单击“OK”按钮进行求解，最后“Information”对话框出现，该对话框上有“Solution is done”字样，表明求解完毕，单击“Close”按钮关闭该对话框。

（10）选择命令“Main Menu＞General Postproc＞Plot Results＞Contour Plot＞Nodal Solution”，弹出“Contour Nodal Solution Data”对话框（图3-47），点击“Nodal Solution＞DOF solution＞Nodal Temperature”，点击“OK”显示结果，其结果如图3-48所示。

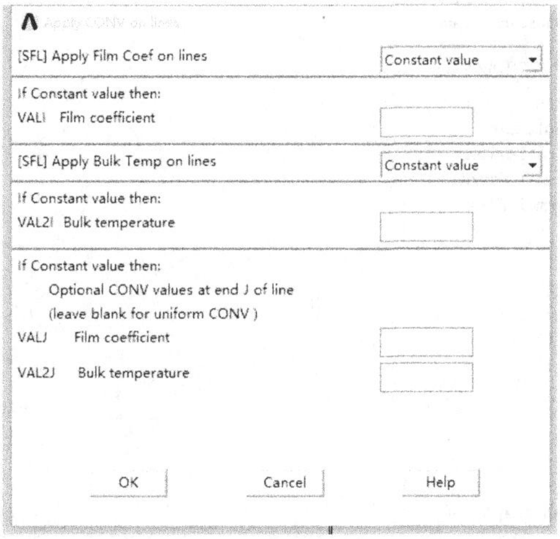

Apply CONV on lines

[SFL] Apply Film Coef on lines — Constant value

If Constant value then:
VALI Film coefficient

[SFL] Apply Bulk Temp on lines — Constant value

If Constant value then:
VAL2I Bulk temperature

If Constant value then:
Optional CONV values at end J of line
(leave blank for uniform CONV)
VALJ Film coefficient
VAL2J Bulk temperature

OK Cancel Help

图 3-44 Apply CONV on lines 对话框

图 3-45 施加左右边界条件后的模型

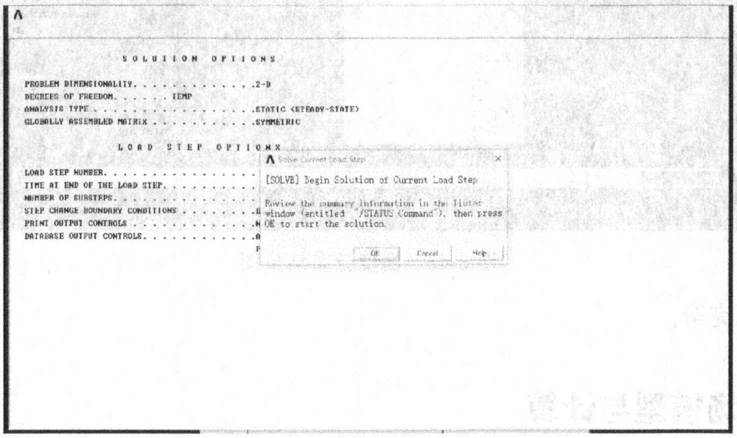

SOLUTION OPTIONS

PROBLEM DIMENSIONALITY. 2-D
DEGREES OF FREEDOM. . . . . . TEMP
ANALYSIS TYPE . . . . .STATIC (STEADY-STATE)
GLOBALLY ASSEMBLED MATRIX . . . . .SYMMETRIC

LOAD STEP OPTIONS

LOAD STEP NUMBER. . . . .
TIME AT END OF THE LOAD STEP. . . . .
NUMBER OF SUBSTEPS. . . . .
STEP CHANGE BOUNDARY CONDITIONS . . . .
PRINT OUTPUT CONTROLS . . . .
DATABASE OUTPUT CONTROLS. . . . .

Solve Current Load Step

[SOLVE] Begin Solution of Current Load Step

Review the summary information in the lister window (entitled "/STATUS Command"), then press OK to start the solution.

OK Cancel Help

图 3-46 求解处理

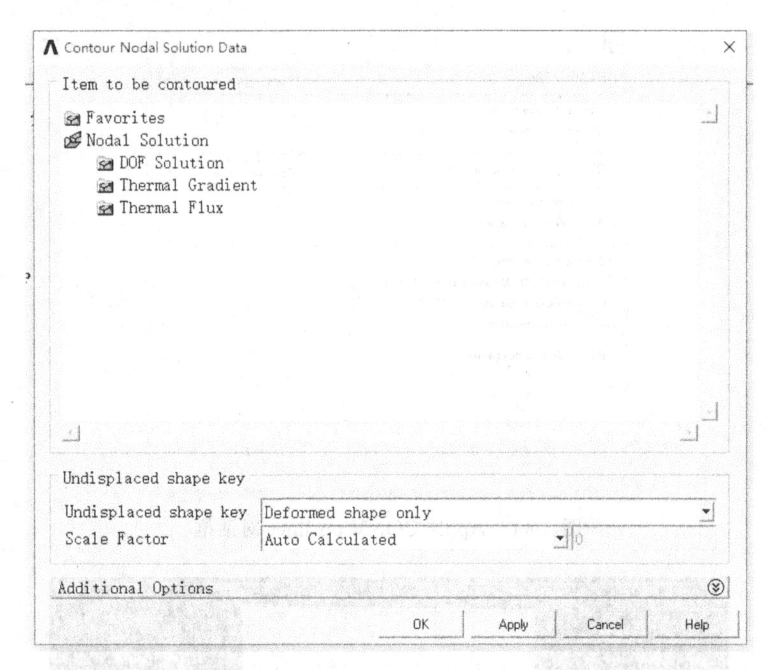

图 3-47　Contour Nodal Solution Date 对话框

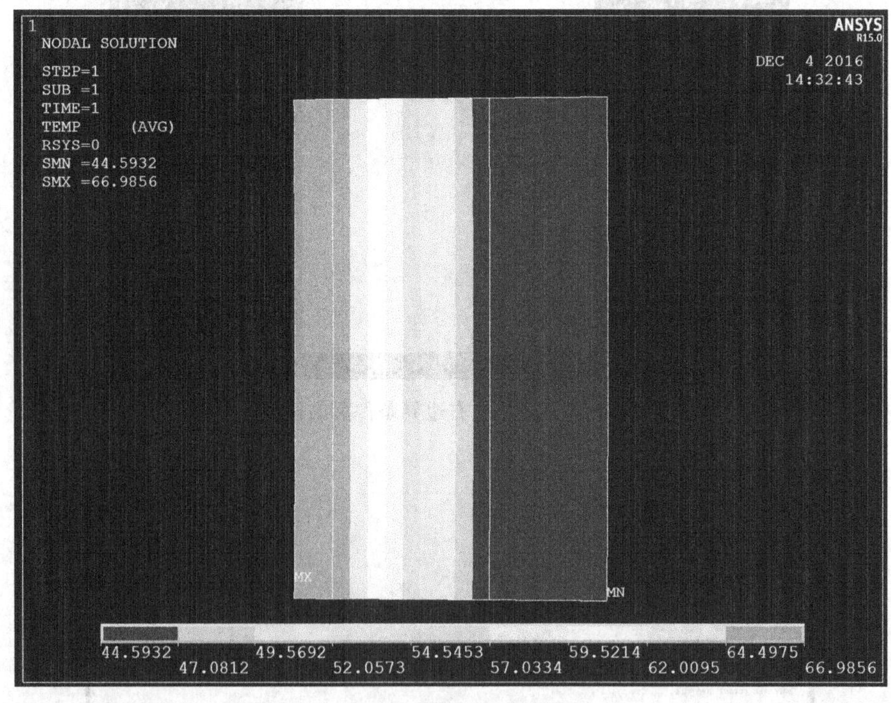

图 3-48　温度分布结果图

（11）解题完毕。

3.3　浓度场模型与计算

任何不均质的材料，在一定的热力学条件下，都将趋向于均匀化。譬如，通过扩散退火可以改善因凝固带来的成分不均匀性，这是在合金中分布不均匀的溶质原子从高浓度区域向低浓度区域运动（扩散）的结果。所以固态中的扩散本质是在扩散力（浓度、电场、应力场等的梯度）作用下，原子定向、宏观的迁移。这种迁移运动的结果是使系统的化学自由能下降。材料的扩散现象在工程中广泛存在，如压力加工时的动态恢复再结晶，双金属板的生产、焊接过程，热处理中的相变，化学热处理以及粉末冶金的烧结等。

扩散理论的研究主要方面之一是宏观规律的研究，它重点讨论扩散物质的浓度分布与时间的关系，根据不同条件建立一系列的扩散方程，并按其边界条件求解。用计算机数值计算方法代替传统的、复杂的数学物理方程对浓度场问题进行研究已成为发展的趋势。

3.3.1 扩散控制模型

3.3.1.1 Fick 第一定律

稳定浓度场模型，x 轴上两单位面积 1（A）和 2（B）上的原子浓度为 C_A、C_B、则平面 1 到平面 2 上原子数 $n_1=C_1\mathrm{d}x$，平面 2 到平面 1 上原子数 $n_2=C_2\mathrm{d}x$，若原子平均跳动频率 f，则 $\mathrm{d}\tau$ 时间内跳离平面 1 的原子数为 $n_1 f\mathrm{d}\tau$，跳离平面 2 的原子数为 $n_2 f\mathrm{d}\tau$。

Fick 第一定律（一定时间内，浓度不随时间变化，即 $\mathrm{d}C/\mathrm{d}\tau=0$），单位时间内通过垂直于扩散方向的单位截面积的扩散物质流量（扩散通量）与该面积处的浓度梯度成正比。图 3-49所示为扩散过程示意。

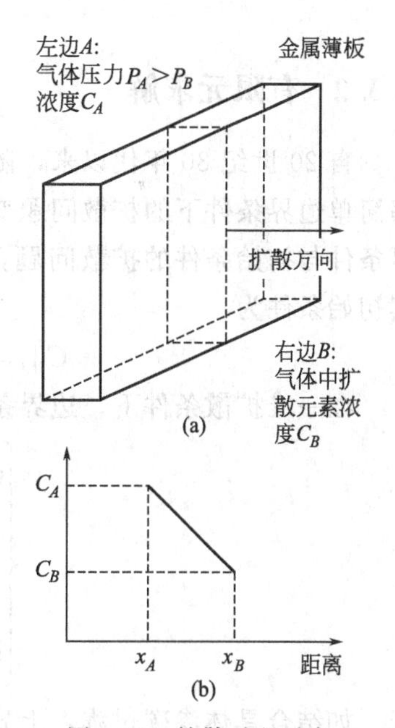

图 3-49 扩散过程示意

定义：组分 i 每单位时间通过单位面积的质量传输正比于浓度梯度。定义式为：

$$J=-D\frac{\partial C}{\partial x} \tag{3-133}$$

式中，D 为扩散系数，负号表示质量传输的方向与浓度梯度的方向相反；J 为扩散通量，单位为 g/(cm²·s)。

式中负号表明扩散通量的方向与浓度梯度方向相反。可见，只要存在浓度梯度，就会引起原子的扩散，物体的扩散系数单位为 m²/s，其物理意义是：单位传质量相当于单位浓度梯度下的扩散传质通量。影响因素：物体的种类，物体的结构、温度、压力等。

3.3.1.2 Fick 第二定律

解决溶质浓度随时间变化的情况，即 $\mathrm{d}C/\mathrm{d}t\neq0$。单元模型如图 3-50 所示，两个相距 $\mathrm{d}x$ 且垂直于 x 轴的平面组成的微体积，j_1、j_2 为进入、流出两平面间的扩散通量，扩散中浓度变化为$\dfrac{\partial C}{\partial t}$，则单元体积中溶质积累速率为：

$$\frac{\partial C}{\partial t}\mathrm{d}x=J_1-J_2 \tag{3-134}$$

由 Fick 第一定律得：

$$J_1=-D\left(\frac{\partial C}{\partial x}\right)_x \tag{3-135}$$

$$J_2=-\left(\frac{\partial C}{\partial x}\right)_{x+\mathrm{d}x}=J_1+\frac{\partial}{\partial x}\left(-D\ \frac{\partial C}{\partial x}\right)_{\mathrm{d}x} \tag{3-136}$$

即第二个面的扩散通量为第一个面注入的溶质与在这一段距离内溶质浓度变化引起的扩散通量之和。若 D 不随浓度变化，则

$$\frac{\partial C}{\partial t}\mathrm{d}x=J_1-J_2=-D\ \frac{\partial}{\partial x}\left(\frac{\partial C}{\partial x}\right)=-D\ \frac{\partial^2 C}{\partial x^2}\mathrm{d}x \tag{3-137}$$

$$\frac{\partial C}{\partial t}=D\left(\frac{\partial^2 C}{\partial x^2}\right) \tag{3-138}$$

Fick 第二定律在三维直角坐标系下的形式为：

$$\frac{\partial C}{\partial t}=D\left(\frac{\partial^2 C}{\partial x^2}+\frac{\partial^2 C}{\partial y^2}+\frac{\partial^2 C}{\partial z^2}\right) \tag{3-139}$$

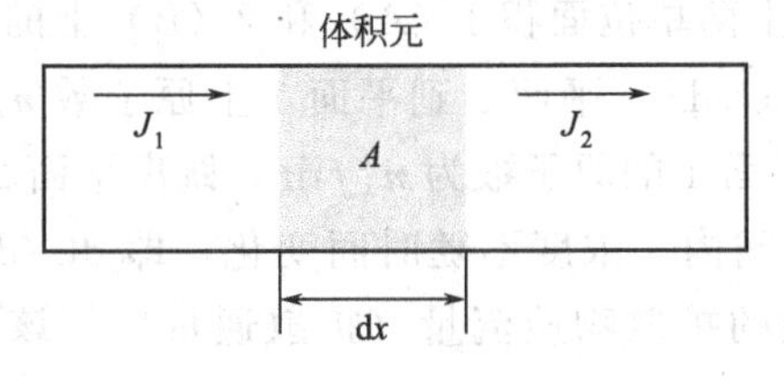

图 3-50 单元模型

3.3.2 有限元求解

自 20 世纪 80 年代以来，随着计算机技术的发展，采用数值方法求解扩散方程不仅使求解简单边界条件下的扩散问题变得十分简捷，而且还能够处理以前难以解决的各种复杂的边界条件与初始条件的扩散问题，因而得到了广泛的应用。例如，解式（3-139）扩散方程，其初始条件为：

$$C|_{t=0}=C_0\ (x,\ y,\ z)\ (x,\ y,\ z\geqslant 0) \tag{3-140}$$

在一维扩散条件下，边界条件为：

$$\begin{cases} C=C\ (\text{外层}),\ \dfrac{\partial C}{\partial x}=0\ (\text{内层}) \\ D\ \dfrac{\partial C}{\partial x}=J\ (\text{外层}) \\ D\ \dfrac{\partial C}{\partial x}=\beta\ (C_s-C)\ (\text{外层}) \end{cases} \tag{3-141}$$

如结合具体渗碳过程，上式中 C_s 为气氛碳势或工件表面碳浓度；D 为碳在奥氏体中的扩散系数；β 为气固界面反应的传递系数（mm/s）。采用有限差分法求上述扩散方程的解是较为普遍和方便的方法。利用有限差分法求解时，一般分以下两步进行。

（1）将连续函数 $C=f(x,\ t)$ 离散化　将 $x-t$ 平面划分为如图 3-51 所示的网格，图中 Δx、Δt 分别代表距离步长和时间步长。两组平行线的交点称为节点，并以有限个节点上的函数值 $C\ (x_i,\ t_n)$ 代替连续函数 $C=f\ (x,\ t)$。为简便起见，将 $C\ (x_i,\ t_n)$ 计为 C_i^n，即表示在 t_n 时刻，x_i 处的浓度值；同理可用 C_i^{n+1} 表示在 t_{n+1}（即 $t_n+\Delta t$）时刻，x_i 处的

浓度值；C_{i+1}^{n}表示在t_n时刻，x_{i+1}处的浓度值。

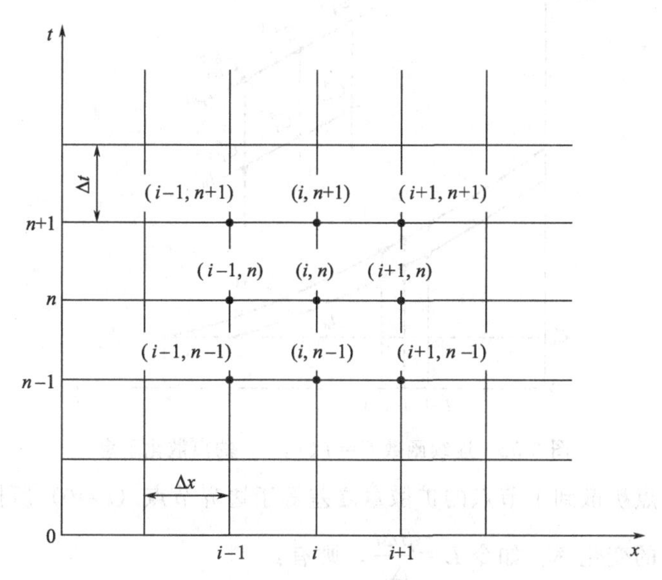

图 3-51 有限差分法的节点网络

（2）用差分代替微分 对每个节点用差分代替微分，此时在x_i处可做下列代换：

$$\frac{\partial C}{\partial t}=\frac{C_i^{n+1}-C_i^n}{\Delta t} \tag{3-142}$$

对n及$n+1$两个时间间隔的平均值，其浓度对时间的二阶偏导数同样也用二阶中心差分替代：

$$\frac{\partial^2 C}{\partial x^2}=\frac{1}{2}\left[\frac{C_{i+1}^{n+1}-2C_i^{n+1}+C_{i-1}^{n+1}}{(\Delta x)^2}+\frac{C_{i+1}^{n}-2C_i^{n}+C_{i-1}^{n}}{(\Delta x)^2}\right] \tag{3-143}$$

将式（3-142）和式（3-143）代入 Fick 第二定律，则有：

$$\frac{C_i^{n+1}-C_i^n}{\Delta t}=\frac{D}{2(\Delta x)^2}(C_{i+1}^{n+1}-2C_i^{n+1}+C_{i-1}^{n+1}+C_{i+1}^{n}-2C_i^{n}+C_{i-1}^{n}) \tag{3-144}$$

上式称为 Crank-Niclson 格式，实质上是完全隐式与完全显式的中间加权格式，它对任何时间步长都是稳定的。上式的截断误差为$[(\Delta x)^2+(\Delta t)^2]$，小于其他差分格式。按 Crank-Niclson 格式描述渗层浓度场如图 3-52 所示。

将式（3-144）整理后，得到：

$$-KC_{i+1}^{n+1}+2(1+K)C_i^{n+1}-KC_{i-1}^{n+1}=KC_{i+1}^{n}+2(1-K)C_i^{n}+KC_{i-1}^{n} \tag{3-145}$$

式中，$K=D\dfrac{\Delta t}{\Delta x^2}$；$C_i^n$、$C_{i+1}^n$、$C_{i-1}^n$分别为第$n$时刻在$i$点及其相邻节点的浓度；$C_i^{n+1}$、$C_{i+1}^{n+1}$、$C_{i-1}^{n+1}$分别为上述各节点在$n+1$时刻的浓度。

若采用下列边界条件：

$$\beta(C_g-C_i)=-D\left.\frac{\partial C}{\partial x}\right|_{x=0} \tag{3-146}$$

依能量守恒定律，可以得出边界节点（$i=0$）的有限差分方程：

$$\beta\left[C_g-\frac{1}{2}(C_0^{n+1}+C_0^n)\right]-\frac{D}{2\Delta x}(C_0^{n+1}-C_1^{n+1}+C_0^n-C_1^n)=\frac{\Delta x}{2\Delta t}(C_0^{n+1}-C_0^n) \tag{3-147}$$

式中，C_g为气相碳势。式（3-147）的物理意义为单位时间内碳从气相传递到固相表面

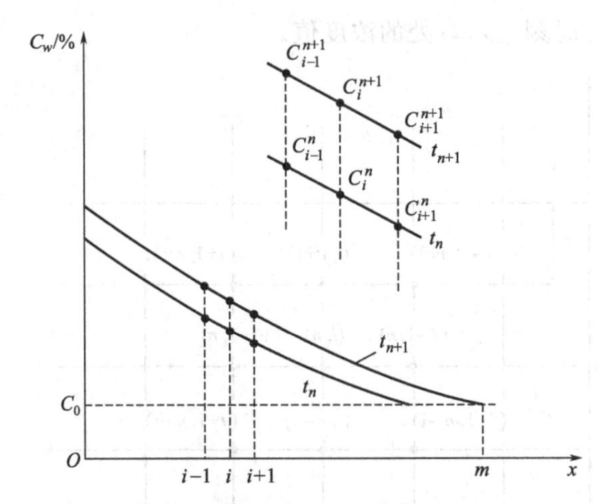

图 3-52　连续函数 $C=f(x, t)$ 的离散化示意

的通量与碳从 0 节点扩散到 1 节点的扩散量之差等于边界节点（$i=0$）所控制的单元体积中单位时间内碳浓度的变化率。如令 $L=\dfrac{\beta\Delta t}{\Delta x}$，则有：

$$(1+K+L)C_0^{n+1}-KC_1^{n+1}=(1-K-L)C_0^n+KC_1^n+2LC_g \tag{3-148}$$

在节点 $i=m$ 处，物质的传递边界条件为：

$$C_m^{n+1}=C_{m-1}^{n+1}-C_0 \tag{3-149}$$

式中，C_0为材料心部原始碳含量。根据节点 m 处的物质传递边界条件和质量守恒定律，可以得出：

$$\frac{D}{2\Delta x}(C_{m-1}^{n+1}-C_m^{n+1}+C_{m-1}^n-C_m^n)=\frac{\Delta x}{2\Delta t}(C_m^{n+1}-C_m^n) \tag{3-150}$$

整理后得到：

$$-KC_{m-1}^{n+1}+(1+K)C_m^{n+1}=KC_{m-1}^n+(1-K)C_m^n \tag{3-151}$$

这样，用有限差分方法求解扩散方程就成为求解由式（3-145）、式（3-148）和式(3-151)组成的 $m+1$ 个方程的大型联立方程组。用矩阵可表示为：

$$\begin{pmatrix} d_0 & a_0 & & & & & \\ b_1 & d_1 & a_1 & & & & \\ & \ddots & \ddots & \ddots & & & \\ & & b_i & d_i & a_i & & \\ & & & \ddots & \ddots & \ddots & \\ & & & & b_{m-1} & d_{m-1} & a_{m-1} \\ & & & & & b_m & d_m \end{pmatrix}\begin{bmatrix} C_0 \\ C_1 \\ \vdots \\ C_i \\ \vdots \\ C_{m-1} \\ C_m \end{bmatrix}^{n+1}$$

$$=\begin{pmatrix} d_0' & a_0' & & & & & \\ b_0' & d_1' & a_1' & & & & \\ & \ddots & \ddots & \ddots & & & \\ & & b_i' & d_i' & a_i' & & \\ & & & \ddots & \ddots & \ddots & \\ & & & & b_{m-1}' & d_{m-1}' & a_{m-1}' \\ & & & & & b_m' & d_m' \end{pmatrix}\begin{bmatrix} C_0 \\ C_1 \\ \vdots \\ C_i \\ \vdots \\ C_{m-1} \\ C_m \end{bmatrix}^{n}+\begin{bmatrix} 2iC_g \\ 0 \\ \vdots \\ 0 \\ \vdots \\ 0 \\ 0 \end{bmatrix} \tag{3-152}$$

方程（3-152）左边系数矩阵中：

$d_0=1+K+L$；

$d_i=2(1+K)$（$i=1，2，\cdots，m-1$）；

$d_m=1+K$；

$b_i=-K$（$i=1，2，\cdots，m$）；

$a_i=-K$（$i=0，1，\cdots，m-1$）。

方程（3-152）右边系数矩阵中：

$d'_0=1-K-L$；

$d'_i=2(1-K)$（$i=1，2，\cdots，m-1$）；

$d'_m=1-K$；

$b'_i=K$（$i=1，2，\cdots，m$）；

$a'_i=K$（$i=0，1，\cdots，m-1$）。

（3）差分方程组求解　方程（3-152）中的矩阵仅在主对角线及相邻的两条对角线上有非零元素，属于$m+1$阶对角矩阵，采用追赶法用计算机可快速求解。

将矩阵及扩散系数D、传递系数β的计算式，以及相应的渗碳工艺参数输入计算机。如已知某一时刻n的碳浓度分布（C_0，C_1，…，C_{m-1}，C_m）就可以计算Δt时间后（$n+1$）时刻的碳浓度分布（C_0，C_1，…，C_{m-1}，C_m），同时，将直读光谱实测的碳浓度分布数据输入计算机，与计算曲线进行比较。图3-53为差分法求解扩散方程计算的流程。

输入参数中，T——温度,℃；C_0——钢的原始含碳量,%；Δt——时间步长，s；Δx——渗层深度步长，mm；d——需达到的渗层深度；t_f——渗碳时间。初始条件是$C_{0i}=C_0$。为保证计算的稳定性，在计算中合理选择步长比例D是非常重要的。

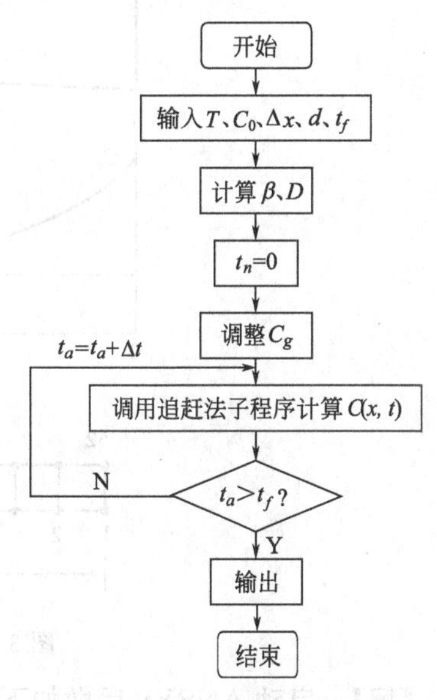

图3-53　差分法求解扩散方程计算的流程

（4）计算结果分析　图3-54为20#碳钢在RJJ-35-9式渗碳炉中进行气体渗碳实测和用Crank-Niclson差分格式计算的结果。渗碳工艺如下。

① 单段渗碳：渗碳温度$T=920$℃，碳势$C_g=1.2\%$，时间$t_f=6h$。

② 二段渗碳：渗碳温度$T=920$℃，碳势$C_{g1}=1.2\%$，时间$t_{f1}=2h$，碳势$C_{g2}=0.76\%$，时间$t_{f2}=2h$。

计算结果表明，在合理选择步长比例D的条件下，采用Crank-Niclson差分格式求解扩散方程，适用于单段渗碳和二段渗碳模拟计算，计算结果与实验测得的结果十分吻合。

3.3.3　半无限长钢板碳扩散情况的模型建立与计算

【例3-5】　考虑一个半无限长的钢板，初始浓度为C_0。一段暴露在浓度为C_e的碳氛围中，如图3-55所示。借助ANSYS的热分析模块($\lambda=D$，$\rho=1$，$C_p=1$)，分析在36000s内

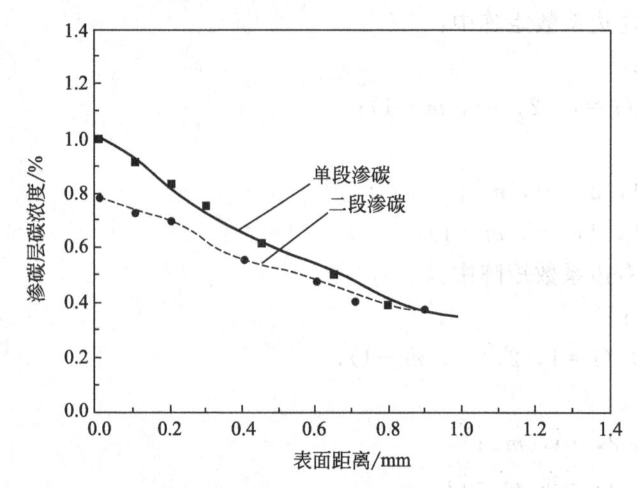

图 3-54　20# 碳钢渗碳实测点和 Crank-Niclson 差分格式计算曲线

钢板碳扩散情况。

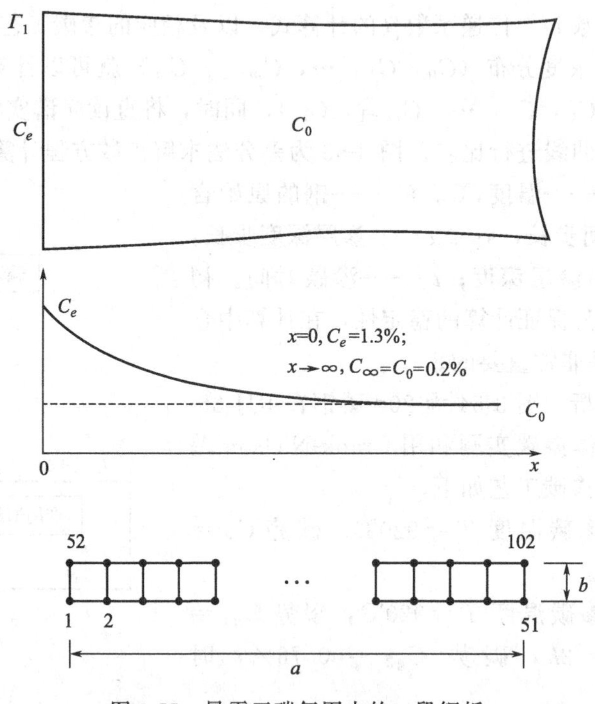

图 3-55　暴露于碳氛围中的一段钢板

【解】 启动 ANSYS 后做如下操作。

(1) 选择命令“Main Menu>Preprocessor>Element Type>Add/Edit/Delete”，弹出“Element Type”对话框，点击“Add”按钮，弹出“Library of Element Types”对话框（图 3-56），选中“Thermal Solid”中的“Quad 4node 55”类型单元，单击“OK”按钮，于是在对话框中出现“Type 1 plane55”，表明单元已选好，然后依次关闭各对话框。

(2) 选择命令“Main Menu>Preprocessor>Material Props>Material Models”，弹出“Define Material Model Behavior”对话框，点击“Thermal>Conductivity>Isotropic”，弹出“Conductivity for Material Number 1”对话框（图 3-57），在“KXX”（热导率）中输入

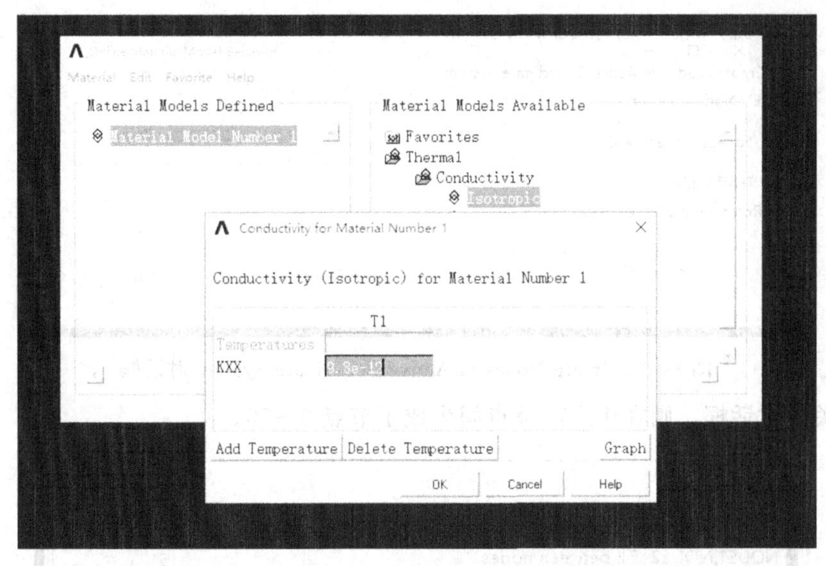

图 3-56　Define Material Model Behavior 对话框（一）

9.8e-12，点击“OK”按钮关闭对话框；点击“Thermal>density”，在“DENS”中输入 1，点击“OK”按钮关闭对话框；点击“Thermal>Specific Heat”，在“C”中输入 1，点击“OK”按钮关闭对话框。

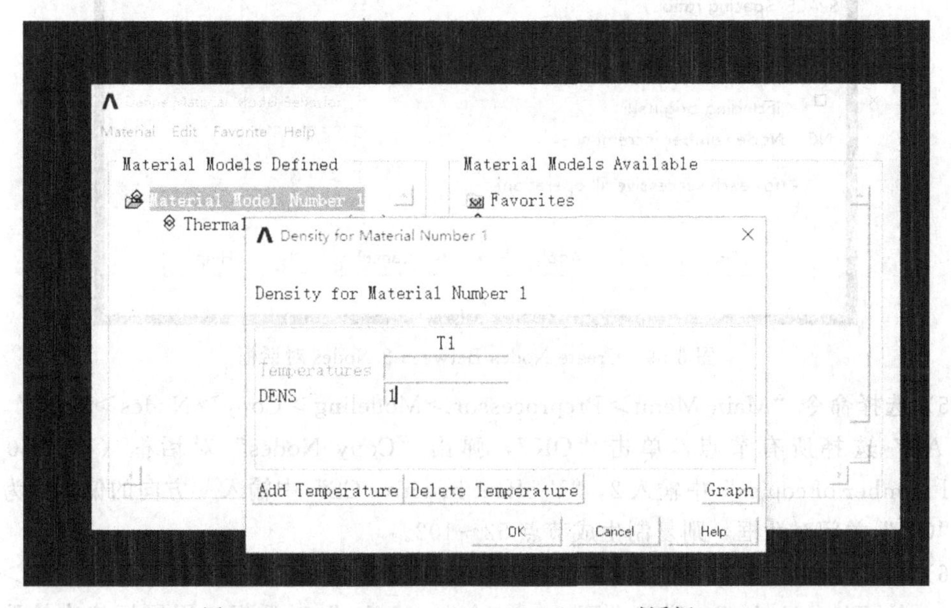

图 3-57　De fine Material Model Behavior 对话框（二）

（3）选择命令“Main Menu>Preprocessor>Modeling>Create>Nodes>In Active CS”弹出“Create Nodes In Active Coo rdinate System”对话框（图 3-58），在“NODE Node number”中输入 1，在“x，y，z location in active”中输入（0，0，0），单击“OK”按钮关闭对话框，并用同样的方式绘制点 51（0.003，0，0）。

（4）选择命令“Main Menu>Preprocessor>Modeling>Create>Nodes>Fill Between Nods”，弹出对话框（图 3-59），选择节点 1 和节点 51，点击“OK”弹出“Create Nodes Between 2 Nodes”对话框（图 3-59），在“NFILL Number of nodes to fill”中输入 49，单

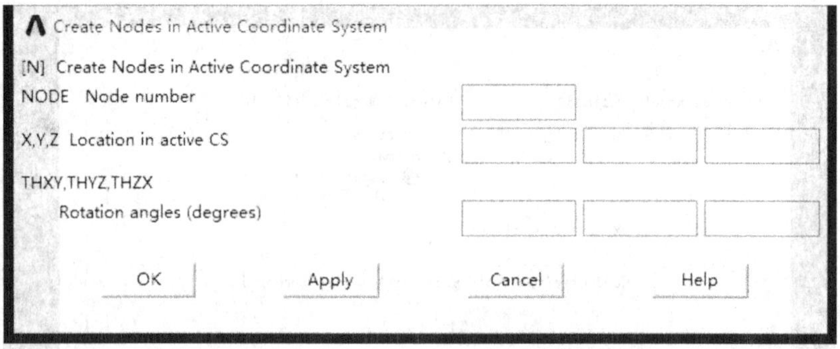

Create Nodes in Active Coordinate System

[N] Create Nodes in Active Coordinate System

NODE Node number

X,Y,Z Location in active CS

THXY,THYZ,THZX

Rotation angles (degrees)

OK Apply Cancel Help

图 3-58 Create Nodes in Active Coordinate System 对话框

机“OK”关闭对话框，则在 1、51 节点间生成了节点 2～50。

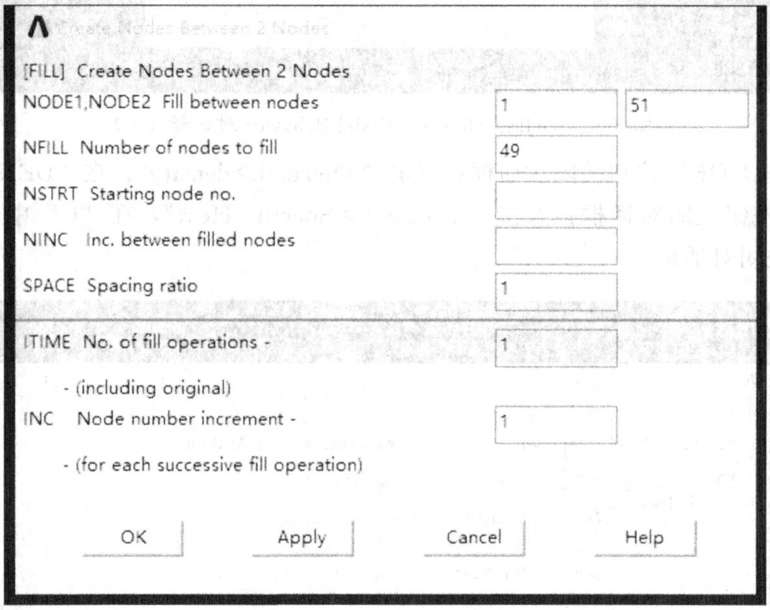

Create Nodes Between 2 Nodes

[FILL] Create Nodes Between 2 Nodes

NODE1,NODE2 Fill between nodes 1 51

NFILL Number of nodes to fill 49

NSTRT Starting node no.

NINC Inc. between filled nodes

SPACE Spacing ratio 1

ITIME No. of fill operations - 1

- (including original)

INC Node number increment - 1

- (for each successive fill operation)

OK Apply Cancel Help

图 3-59 Create Nodes Between 2 Nodes 对话框

(5) 选择命令“Main Menu>Preprocessor>Modeling>Copy>Nodes>Copy”，点击“Pick All”选择所有节点，单击“OK”，弹出“Copy Nodes”对话框（图 3-60），在“Total number of copies”中输入 2，“Y-offset in active CS”中输入 y 方向的偏移量为 6e-5，单击“OK”关闭对话框，则复制生成节点 52～102。

(6) 选择命令“Main Menu>Preprocessor>Modeling>Create>Elements>Auto Numbered>Thru Nodes”，弹出“Elements from Nodes”对话框，用鼠标依次拾取点 1、2、53、52，点击“OK”生成单元 1，关闭对话框。

(7) 选择命令“Main Menu>Preprocessor>Modeling>Copy>Elements>Auto Numbered”，弹出“Copy Elems Auto-Num”对话框，单击“pick all”拾取所有，弹出“Copy Elements”对话框。在“Total number of copies”中输入 50，复制 50 个单元（包含过去的一个）；在“Node number increment”中输入 1 设置节点增量，单击“OK”按钮关闭对话框，则整体模型建立完成，如图 3-61 所示。

(8) 选择命令“Main Menu>Preprocessor>Loads>Define Loads>Apply>Thermal>Temper-

Copy nodes

[NGEN] Copy Nodes

ITIME Total number of copies - 2

- including original

DX X-offset in active CS

DY Y-offset in active CS 6e-5

DZ Z-offset in active CS

INC Node number increment 51

RATIO Spacing ratio 1

OK Apply Cancel Help

图 3-60 Copy nodes 对话框

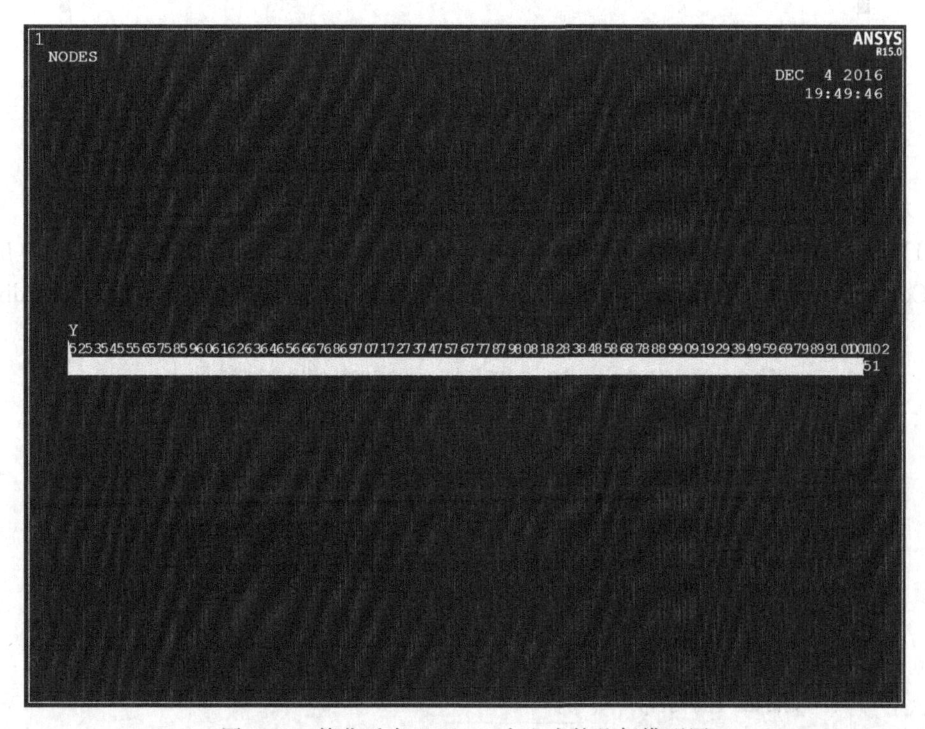

图 3-61 简化后在 ANSYS 中生成的几何模型图

ature＞On Nodes”，用鼠标拾取点 1 和 52，确定后弹出“Apply TEMP on Nodes”对话框，在“DOFs to be constrained：Temperature”中选择“TEMP”，下方的“VALUE Load TEMP value”中输入 0.013，相当于施加碳浓度为 1.3%的碳氛围。点击“OK”关闭对话框。

(9) 选择命令“Main Menu＞Solution＞Define Loads＞Settings＞Uniform Temp”，弹出“Uniform Temperature”对话框（图 3-62），赋值为 0.002 相当于初始碳浓度为 0.2%，点击“OK”关闭对话框。

(10) 选择命令“Main Menu＞Solution＞Analysis Type＞New Analysis”，弹出“New

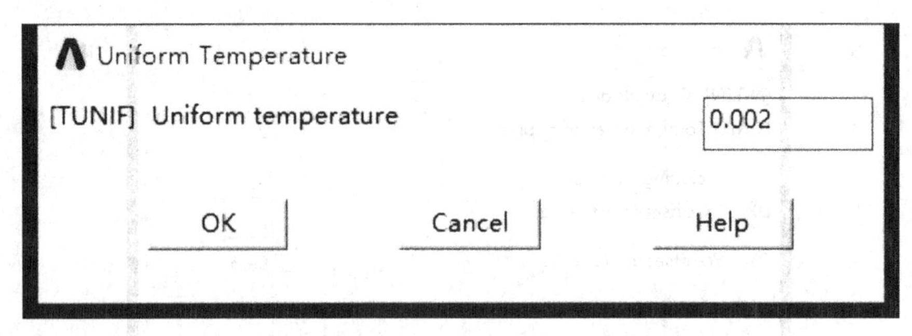

图 3-62 Uniform Temperature 对话框

Analysis”对话框（图 3-63），选择分析类型为“Transient”瞬态分析，点击“OK”关闭对话框。

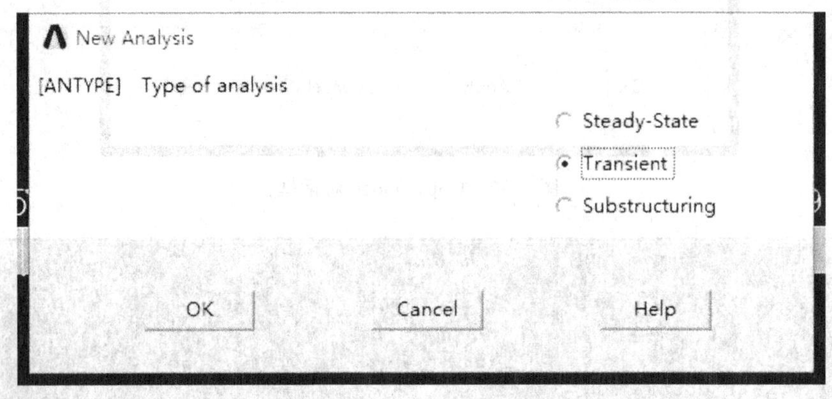

图 3-63 New Analysis 对话框

（11）选择命令“Main Menu>Solution>Analysis Type>Sol’n Controls”，弹出“Solution Controls”对话框（图 3-64）。单击“Transient”标签，选择“Stepped Loading”选

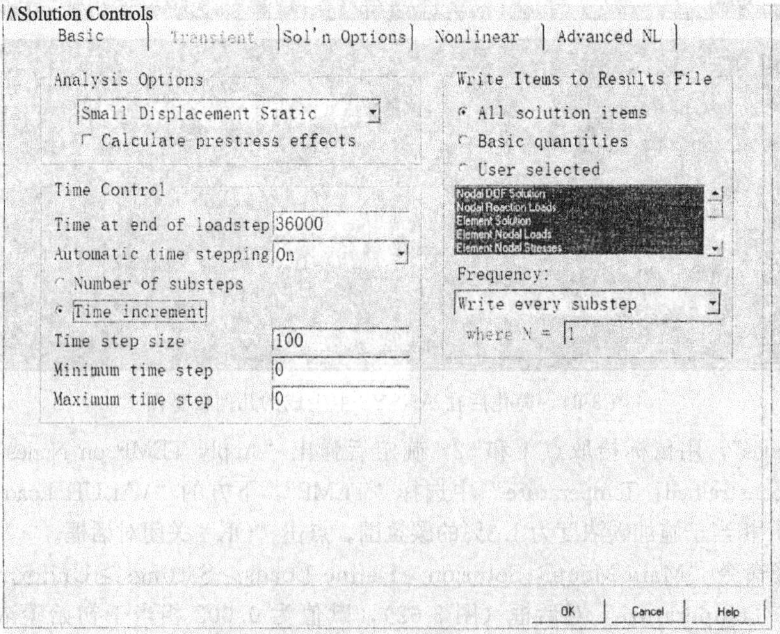

图 3-64 Solution Controls 对话框

项。单击“Basic”标签，在“Time at end of load step”中输入 36000，设置扩散时间为 36000s；“Automatic time stepping”选择“on”；在“Time increment”中输入 100；“Frequency”选择“Write every sub step”，设置完毕后点击“OK”关闭对话框。

（12）选择命令“Main Menu>Solution>Solve>Current LS”，出现“Solve Current Load Step”对话框（图 3-65），单击“OK”按钮进行求解，最后“Information”对话框出现，该对话框上有“Solution is done”字样，表明求解完毕，单击“Close”按钮关闭该对话框。

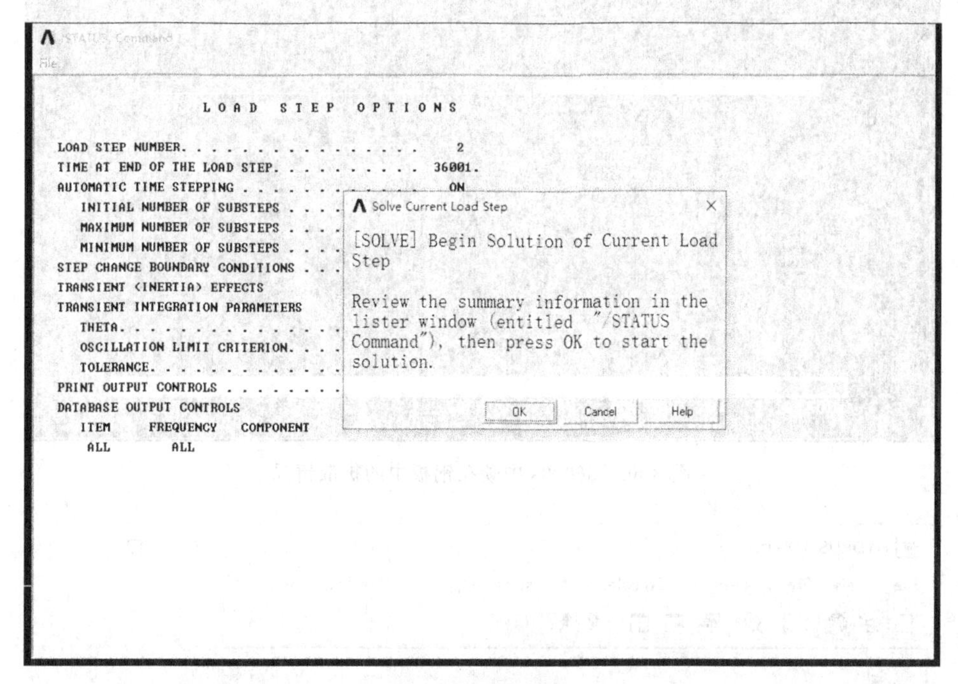

图 3-65　求解过程

（13）选择命令“Main Menu>General Postproc>Plot Results>Contour Plot>Nodal Solu tion”，弹出“Contour Nodal Solution Data”对话框，点击“Nodal Solution>DOF solution>Nodal Temperature”，点击“OK”，其结果如图 3-66 所示。

（14）解题结束。

3.3.4 Hydrus 介绍与实例

Hydrus 是美国岩土实验室开发的，计算包气带水分、溶质运移规律的软件，用它可以计算在不同边界条件和初始条件下的数学模型。软件最初用于模拟土壤中的水分传输和溶质运移，进而推广应用到非饱和的多孔介质中的物质传输模拟研究中。

研究水分传输的一维运动形式为学习基础，学习 Hydrus-1D 的使用方法后，再学习 Hydrus-2D、Hydrus-3D，符合由浅入深的学习规律，所以本节将重点放在 Hydurs-1D 的水分运动模拟上，对于 Hydurs-2D、Hydrus-3D，读者可在此基础上自学。

Hydrus-1D 的主界面如图 3-67 所示，主要分为前处理模块（Pre-processing）和后处理（Post-processing）模块。在前处理中按照提示一步步输入相关参数，在后处理中查看相应的模拟结果，并生成图表。

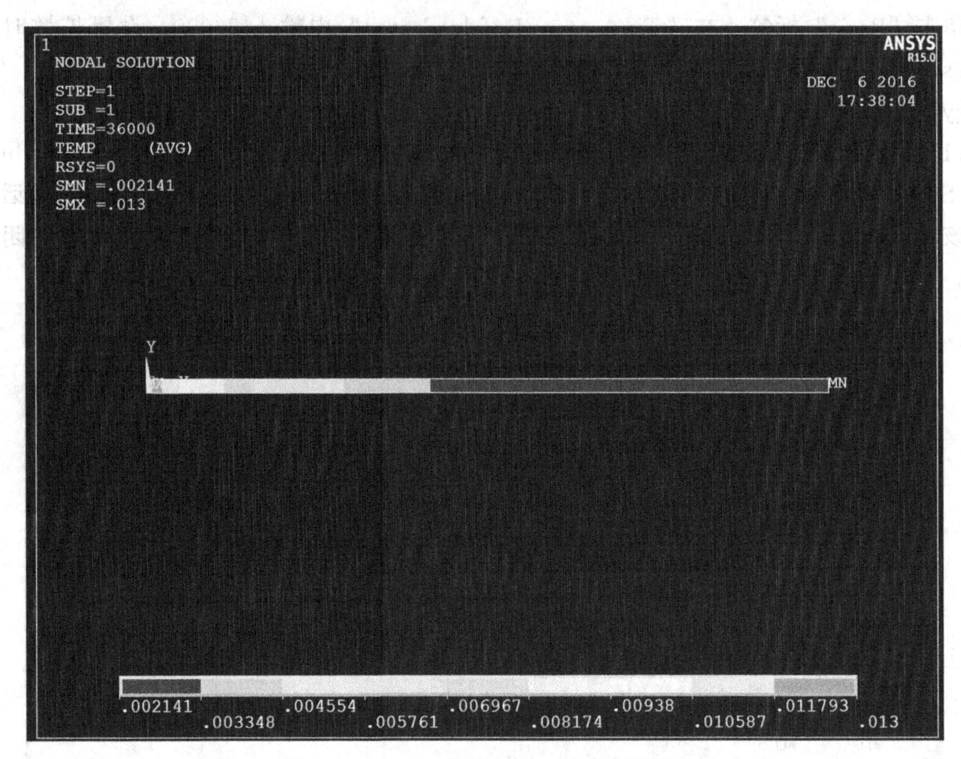

图 3-66 36000s 中碳在钢板中的扩散情况

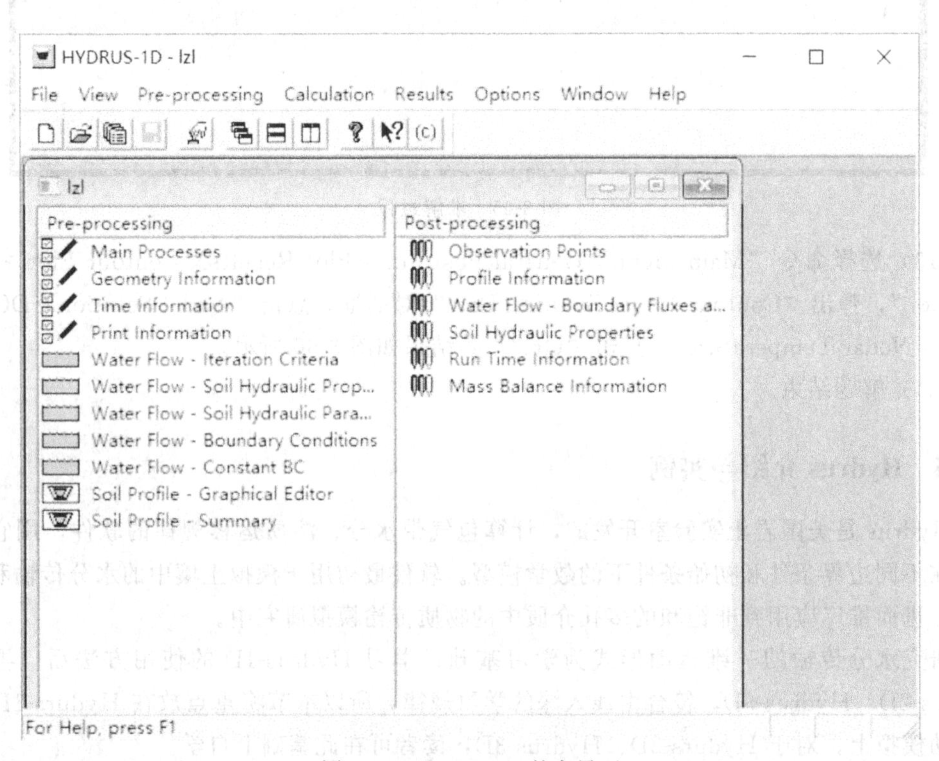

图 3-67 Hydrus-1D 的主界面

【例 3-6】 有一直径为 100cm 的圆柱体，其材料构成为黏土，下边界为天然排水，有一水流持续作用在土体表面，其压力水头 h 恒为 1m，其纵向切面图如图 3-68 所示，试用

Hydrus 对其进行 1 天内的水分传输分析。

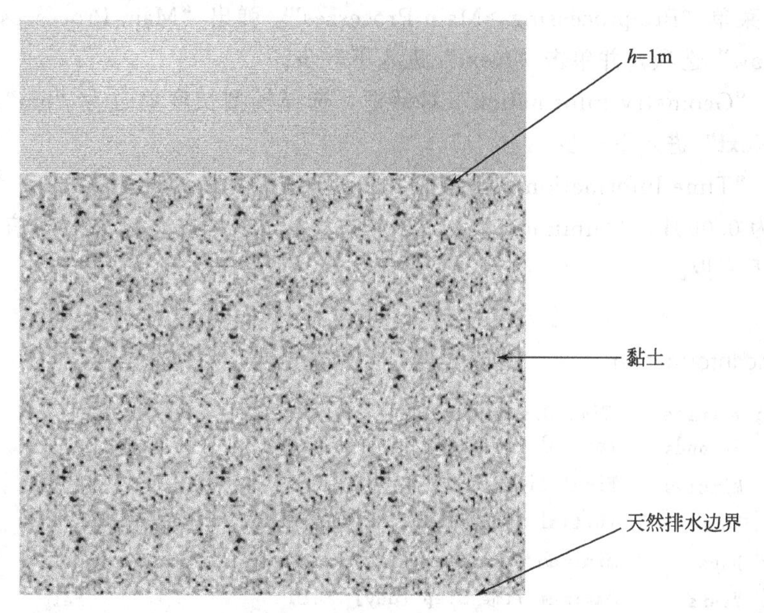

图 3-68　水流作用在土体表面

【解】 根据题意，该传输问题为水分的一维传输，利用 Hydrus 可对其进行求解。

（1）选择菜单“File＞Project Manager”，打开“Project Manager”对话框（图 3-69）。单击“New”按钮，在“Name”中输入 Infiltr1，在“Description”中输入“Infiltration of

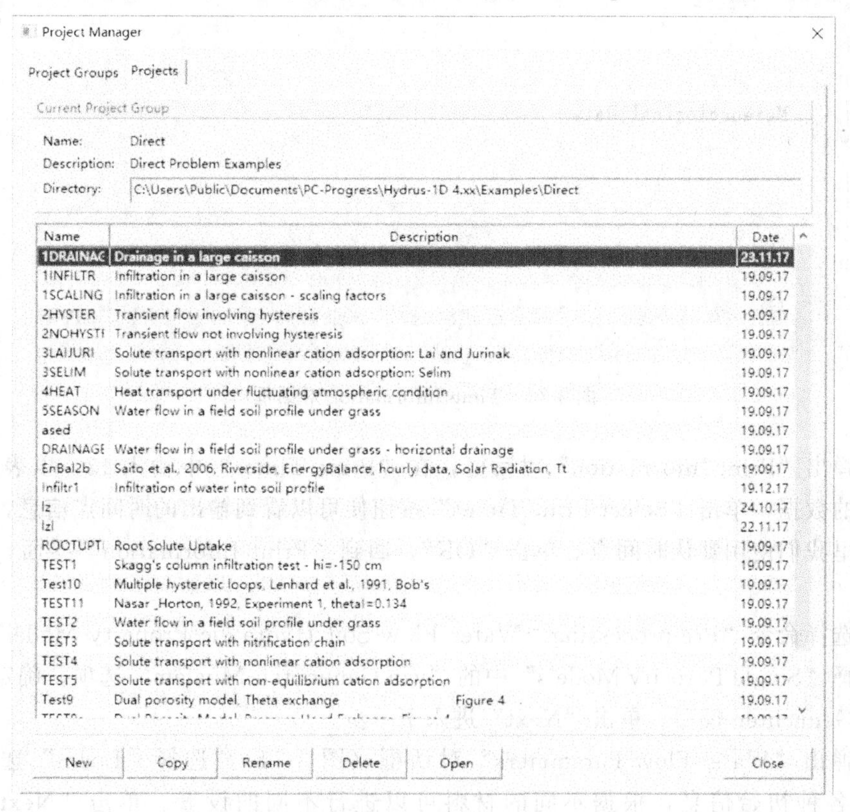

图 3-69　Project Manager

water in to loam profile”，单击“OK”按钮，对模型进行命名和描述。

（2）选择菜单“Pre-processing＞Main Processes”，弹出“Main Processes”对话框，勾选“Water Flow”选项，并单击“Next”进入下一步。

（3）弹出“Geometry Information”对话框，选择模型长度单位为“cm”，长度设置为100，单击“Next”进入下一步。

（4）弹出“Time Information”对话框（图 3-70），设置“Final Time”为 1，“Initial Time Step”为 0.0001，“Minimum Time Step”为 0.000001，以定义时间信息参数。单击“Next”进入下一步。

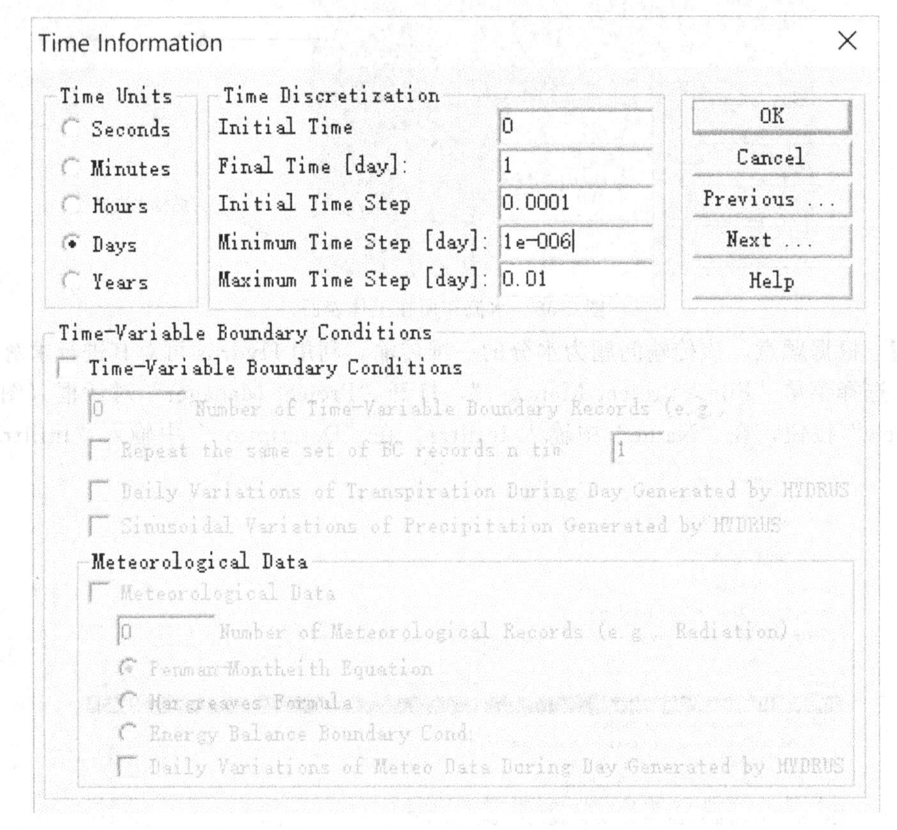

图 3-70　Time Information 对话框

（5）弹出“Print Information”对话框，在“Print Times”中输入 12，以表示输出 12 个时间点的数据，单击“Select Print Times”按钮便可以看到输出的时间点信息，可以自行设置，这里我们使用默认时间点。单击“OK”，回到“Print Information”界面，继续单击“OK”。

（6）选择命令“Pre-processing＞Water Flow-Soil Hydraulic Property Model”，弹出对话框，选择“Single Porosity Models”中的“van Genuchten-Mualem”选项，确定为水利模型为 van Genuchten 模型，单击“Next”进入下一步。

（7）弹出“Water Flow Parameters”对话框（图 3-71），选择“Loam”选项，已确定材料的各种初始信息，根据不同的材料可以进行不同的设置。单击“Next”进入下一步。

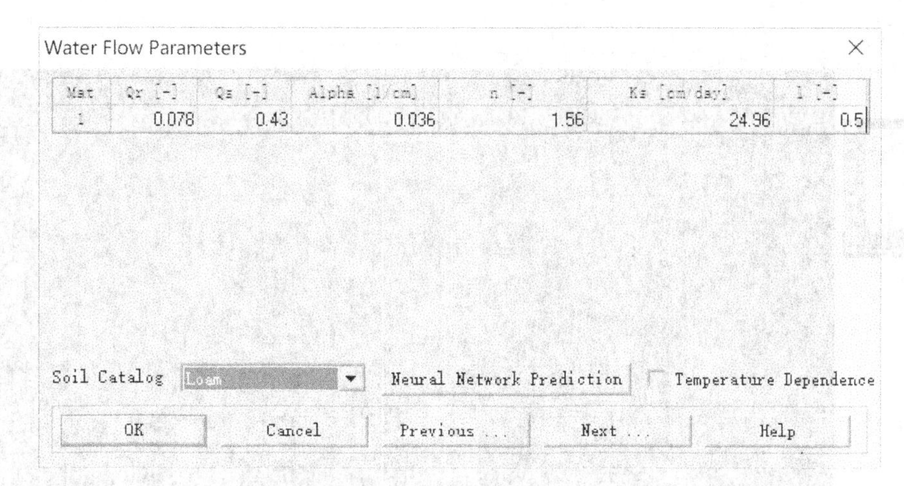

图 3-71 Water Flow Parameters 对话框

(8) 弹出“Water Flow Boundary Conditions”对话框，定性边界条件。根据题意，“Upper Boundary Condition”选择“Constant Pressure Head”，“Lower Boundary Condition”选择“Free Drainage”。单击“Next”。

(9) 进入“Profile Information”界面（图 3-72），单击工具栏中的“Initial Condition”按钮，定量设置初始条件（图 3-73）。单击左侧“Edit condition”按钮，此时鼠标变成手形工具，单击模型上边界后，再次单击，设置上边界处的压力水头，其值为 1。单击工具栏中的“Observation Points”对话框，进入观测点设置界面（图 3-74），单击左侧“Insert”按钮，分别在模型 20cm、40cm、60cm、80cm、100cm 处设置观测点，设置完毕后，单击保存按钮关闭界面。

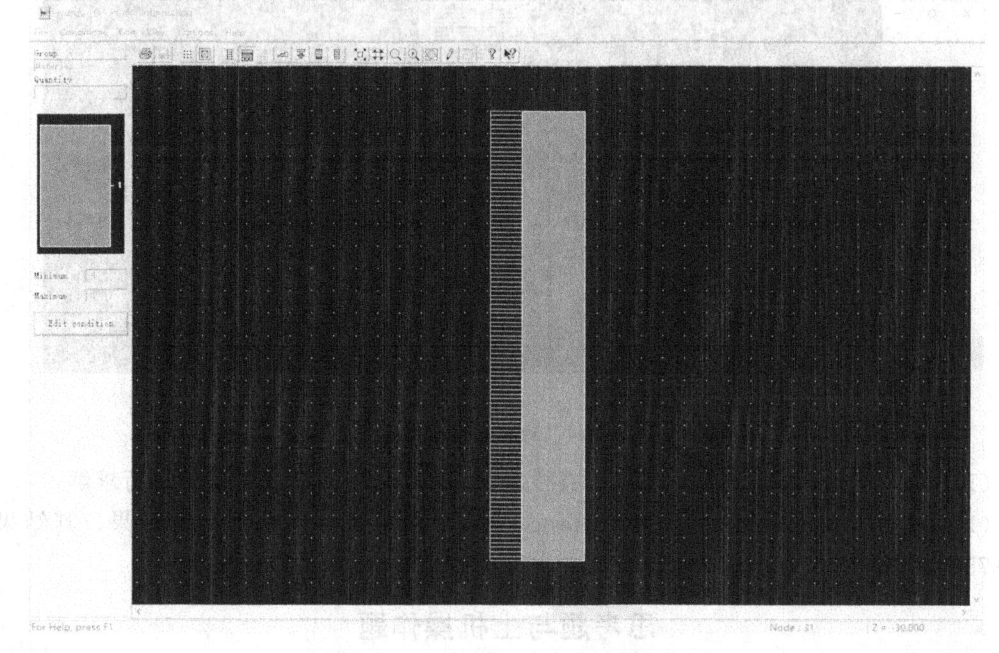

图 3-72 Profile Information 界面

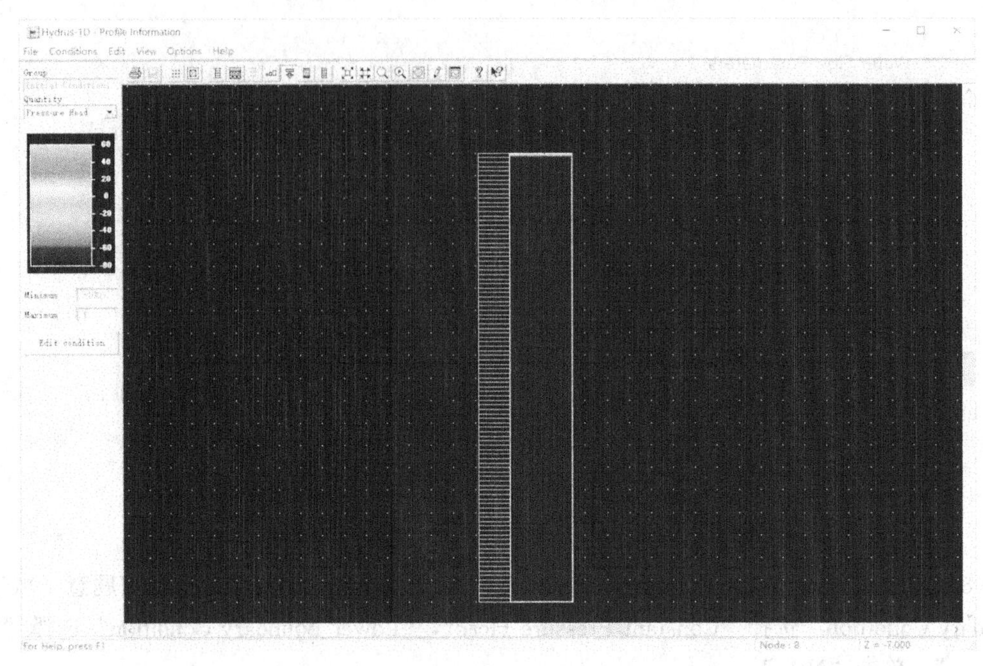

图 3-73 初始条件设置界面

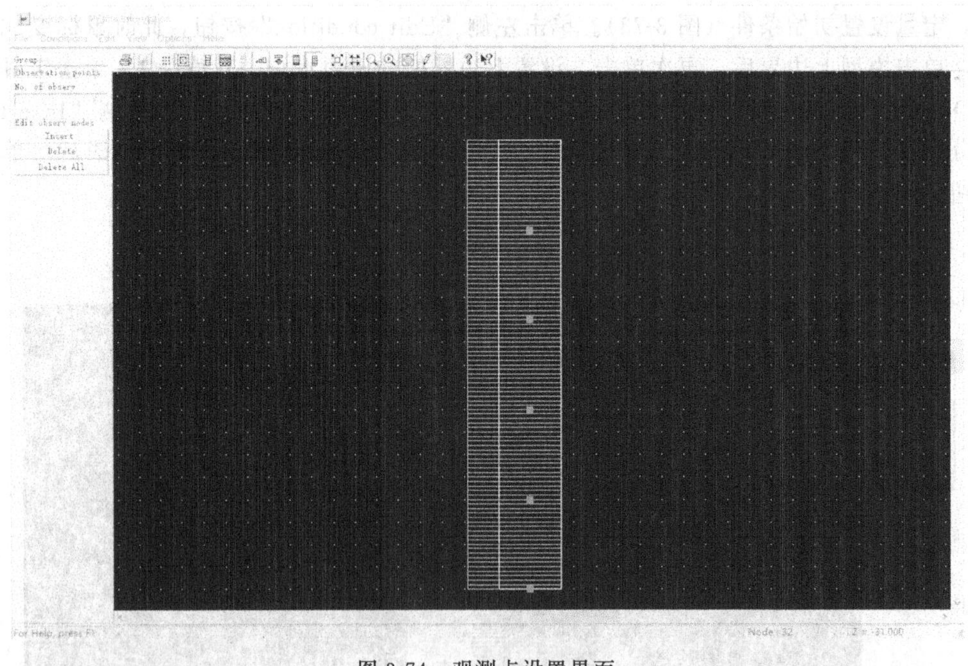

图 3-74 观测点设置界面

（10）回到 Hydrus 主窗口，单击工具栏中的“Execute Hydrus”按钮进行求解。

（11）此时，在主界面中的“Post-processing”栏中便可以获得计算结果，其结果如图 3-75所示。

思考题与上机操作题

3.1 举例说明材料科学与工程中某一工艺所涉及的物理场，并查找相关的文献资料，

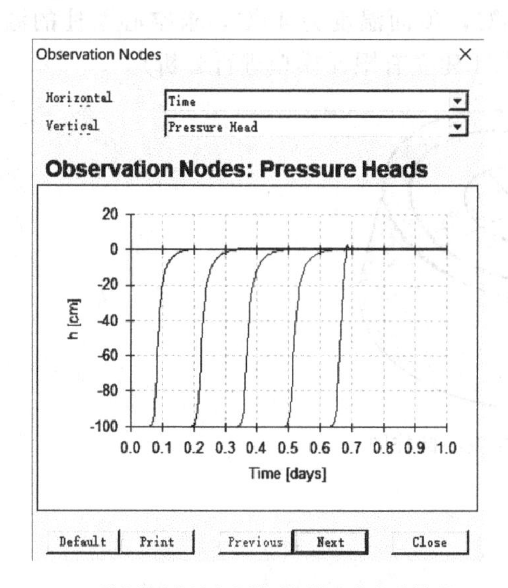

(a) 不同观测点处水分随时间的分布变化情况

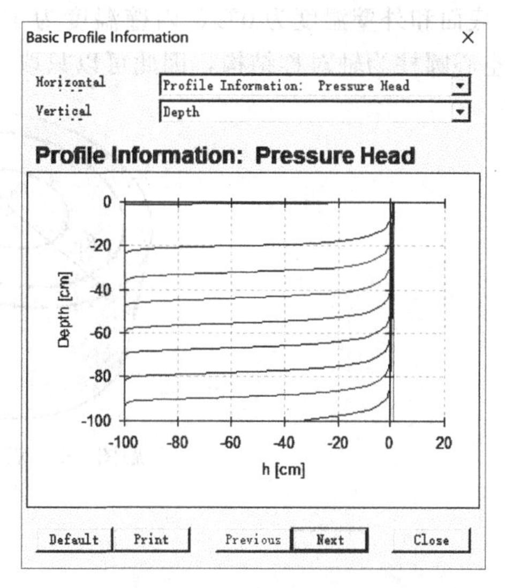

(b) 不同时间下水分延深度的分布变化情况

图 3-75 计算结果

得到该物理场的数学模型及初始条件。

3.2 按导热方程的物理意义，阐述温度场边界条件的种类及表达方式。

3.3 按扩散方程的物理意义，阐述浓度场边界条件的种类及表达式。

3.4 某无限长的厚壁双层圆管如题图 3-1 所示，其内、外层温度分别为 T_i 和 T_o，材料数据和边界条件如题表 3-1 所示，利用 ANSYS 程序来求解圆管沿径向的温度分布情况，并求解圆管内沿径向和周向的应力情况。

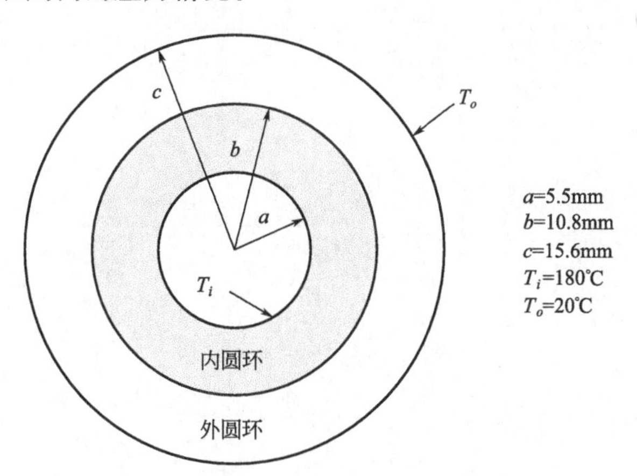

题图 3-1 某无限长的厚壁双层圆管剖面图

题表 3-1 材料数据和边界条件

材料编号	热导率/[W/(mm·℃)]	弹性模量/MPa	泊松比	热膨胀系数/(—℃$^{-1}$)
1(钢),内层	0.0234	2.05E5	0.3	10.3
2(铝),外层	0.152	0.63E5	0.33	20.7

3.5 一高度为 0.5m 的空心圆柱（题图 3-2）由两层组成，$R_1=0.5$m，$R_2=0.4$m，$R_3=0.2$m，外层为铁，热导率 $k=70$W/（m·℃），内层为铜，热导率 $k=383$W/（m

·℃)，底面和外壁温度为 0℃，内壁温度为 10℃，顶面温度为 40℃，求空心圆柱的温度分布。(空心圆柱为轴对称结构，因此可以只取 1/4 建立有限元模型进行分析)

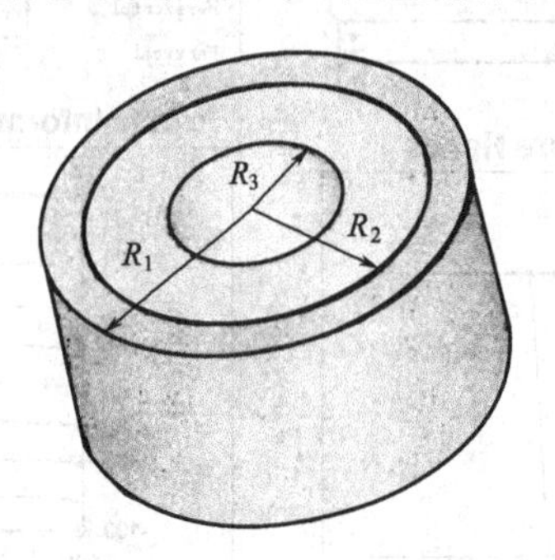

题图 3-2　双层空心圆柱图

第4章 材料数据库和人工神经网络

4.1 材料数据库

4.1.1 数据库的组成与结构

4.1.1.1 数据库系统概述

数据的管理经历了人工管理、文件管理和数据库管理几个阶段。现阶段广泛使用的是关系数据库模型，具有简单清晰、易于理解和掌握的特点。之后有了各种领域的数据库系统，如分布式数据库、工程数据库、模糊数据库、并行数据库及其多媒体数据库等。现在又出现了面向对象数据库。

数据库管理系统（DBMS）极大地方便了用户对数据的使用与管理，减轻了用户的工作量和复杂性，提高了数据库的安全性，常见的关系型DBMS有如下几种：DBASE；FoxBase；FoxPro；INFORMIX；ORACLE；DB2。

对于数据库的建立、使用和维护都是在DBMS的统一管理和控制下进行的，数据库管理系统通常由数据描述和操纵语言、数据库管理控制程序、数据库服务程序三部分组成。

4.1.1.2 数据库系统结构

为了提高系统的开发功能，现代数据库系统一般包含三个部分及三级模式。

① 数据库结构化的相关数据的集合，有数据间的关联性。

② 物理存储器存储数据的介质，如光盘、磁盘、磁带等。

③ 数据库软件负责对数据库管理和维护的软件，其核心是DBMS。

在数据库系统中，用户可以逻辑地、抽象地处理数据而不必考虑数据在计算机中是如何组织、存放的。它对数据的管理具有如下特征。

① 数据共享。多用户同时使用全部或部分数据。

② 数据独立性。每个用户所使用的数据有其自身的逻辑机构。

③ 减少数据冗余。数据集中管理，统一组织、定义和存储。

④ 数据的结构化。数据的相互关联和记录类型的相互关联。

⑤ 统一的数据保护功能。并发控制，加强了对数据的保护。

4.1.2 材料科学与工程数据库

4.1.2.1 材料数据库的发展

对于材料数据而言，其数据量十分庞大，目前世界上已有的工程材料数据库有数十万种，各种化合物大约几百万种。材料的成分、结构、性能及使用等构成了庞大的信息体系，它们依然在不断更新和扩大。若对材料中成分的组合都一一进行试验，将非常耗时、耗力，如果利用材料数据库和其他信息处理技术则可以极大地减少研制工作量、缩短研究周期、降低成本和提高效率。计算机材料性能数据库具有下列优点：

① 储存信息量大且存取速度快；

② 查询方便，由材料查性能，也可以由性能查材料；

③ 通过比较不同材料的性能数据，进行选材或材料代用；

④ 使用灵活，及时对材料的数据进行补充、更新和修改；

⑤ 功能强大，实现单位的自动转换、图形化表示数据、进行数据的派生；

⑥ 应用广泛，配合 CAD、CAM 实现计算机辅助选材，还可以与知识库与人工智能相结合构成材料性能预测或材料设计的专家系统。

现有的材料数据库主要是欧美等发达国家开发研制的，而国内的相关单位也进行了不断的探索，取得了一定成绩，如清华大学材料研究所等单位于 1990 年联合建成的新材料数据库，它采用 ORACLE 数据库，含有新型金属和合金、精细陶瓷、新型高分子材料、先进复合材料和非晶态材料 5 个子库，这个数据库主要包含的内容有：

① 材料牌号；

② 材料产地；

③ 材料成分；

④ 技术条件；

⑤ 材料等级；

⑥ 材料性能；

⑦ 材料评价。

今后的材料数据库是向网络版方向发展。

4.1.2.2 材料数据库的应用举例

(1) 用 PC-PDF 检索系统分析 PVD 表面图层　X 衍射 PDF 卡片（powder diffraction file)，即粉末衍射文档，用于研究 X 衍射相分析，利用计算机进行检索、处理 PDF 卡片。由美国、英国、法国和加拿大等国家开发的 PC-PDF 可在相关网站下载该软件的演示版 Demo。

(2) 二元相图数据库系统　合金相图可以了解合金中各种组织的形成及变化规律，从而研究合金组织与性能之间的关系。合金相图是用图解的方法表示合金系中合金状态、温度和成分之间的关系。利用相图就可知道各种成分的合金在不同温度下有哪些相，各相的相对含量、成分及温度变化时可能发生的变化。现在已有了通过各种方法测定得到的大量二元、三元相图，利用它们来为新材料的研究、新工艺的开发提供有效的工具。相图的量非常大，数据库技术为相图的管理提供了必要的条件。美国金属学会（ASM）和美国国家标准局（NIST）通过在世界上征集和其他各种渠道，收集了最完整的相图资料，开发出相图数据库，包含二元和三元合金相图数据库系统。其二元合金相图数据库系统现有 4700 余幅二元合金相图。

（3）现代网络数据库及估算　随着国际互联网的发展，出现了网络化的数据库技术。FACT（facility for the analysis of chemical thermodynamics）由加拿大蒙特利尔多学科性工业大学计算热力学中心为主开发，它包括了物质和溶液两个数据库及一套热力学和相图等的优化计算软件。FACT 收集并整理了有关 Internet 网络无机热化学网络地址，形成了一个虚拟的无机热化学中心。在 FACT 的网站上用得最多的应用程序有：Compound-Web、Reaction-Web、Euilib-Web 和 Aqua-Web。它们是用 CGI，有人机交互功能。Internet 上的相图网络数据库提供了很多免费的相图，佐治亚州工学院（Georgia Institute of Technology）的网站和 SGTE 的网站都提供了相图网络数据库。中国科学院工程研究所提供了一个工程化学数据库（http：//www. ipe. ac. cn），中国科学院科学数据库上也有多个数据库。

4.2 专家系统

4.2.1 专家系统基本知识

（1）专家系统的历史与发展　专家系统（expert system）源于人类专家的知识，应用人工智能技术将一个或多个人类专家提供的特殊领域的知识、经验进行推理和判断，模拟人类专家做出决断的过程，解决那些原来只有工业专家才能解决的各种各样的复杂问题。专家系统实际上是一种计算机程序，在某一特定领域内，能够利用知识和推理来解决人类专家才能解决的问题。

（2）专家系统的定义　专家系统又称基于知识的系统，是人工智能科学走向实用化研究中最引人注目的成就之一。专家系统产生于 20 世纪 60 年代中期，经过五十余年的发展，其理论和技术日臻完善，应用领域也越来越宽阔，并取得了巨大的经济效益。

专家系统实质上就是一个具有智能特点的计算机程序系统，能够在某特定领域内，模仿人类专家思维求解复杂问题的过程。它具有启发性、灵活性、透明性的特点，开发工具大致可分为程序设计语言（主要采用 Lisp 语言及 Prolog 语言）和专家系统外壳。

在各种专家系统外壳中，尤以 CLIPS 和 NEXPERT 在铸造中的应用最为广泛。一般专家系统由知识库、推理机、数据库、知识获取机制、解释机制以及人机界面组成，其相互间的关系如图 4-1 所示。

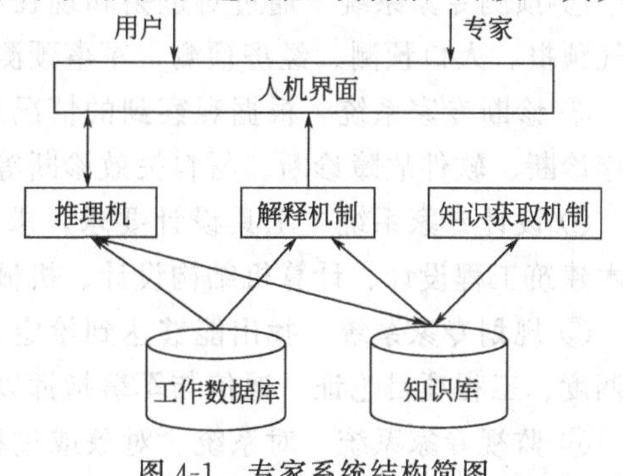

图 4-1　专家系统结构简图

（3）专家系统的工作原理　从图 4-1 可知，完整的专家系统由六个部分组成。

① 知识库　用于存放领域专家提供的专门知识，它有知识的数量和质量之分，要选择合适的知识表达方式和数据结构，把专家的知识形式化并存入知识库中。

② 工作数据库　包含问题的有关初始数据和求解过程的中间信息组成。

③ 推理机　它要解决如何选择和使用知识库中的知识，并运用适当的控制策略进行推理来实现问题的求解。推理机的推理方式主要有以下三种：正向推理，是由原始数据出发，按一定策略，运用知识库的知识，推断出结论的方法；逆向推理，是先提出结论（假设），然后去找支持这个结论的证据，其优点是可提高系统的运行效率；正反向混合推理，是根据数据库中的原始数据，通过正向推理帮助系统提出假设，然后用逆向推理寻找支持假设的证据，如此反复这个过程。

④ 知识获取机制　实现专家系统的自我学习，在系统使用过程中能自动获取知识，不断完善、扩大现有系统功能。

⑤ 解释机制　专家系统在与用户的交互过程中，回答用户提出的各种问题，包括与系统运行有关的求解过程和与运行无关的关于系统自身的一些问题。

⑥ 人机界面　实现系统与用户之间的双向信息转换，即系统将用户的输入信息翻译成系统可以接受的内部形式，或把系统向用户输出的信息转换成人类所熟悉的信息表达方式。

知识库用以存放专家提供的专门知识。专家系统的问题求解是运用专家提供的专门知识来模拟专家的思维方式进行的，所以知识库是决定一个专家系统是否优越的关键因素，专家系统的性能水平取决于知识库中所拥有知识的数量和质量。知识表示采用产生式、框架和语意网络等几种形式，其中以产生式规则表示应用最普遍，其模式为：IF（条件/前提）、THEN（动作/结论）。

数据库用于存放系统运行过程中所需要和产生的所有信息。推理机是针对当前问题的信息，识别、选取、匹配知识库中规则，以得到问题求解结果的一种机制。目前应用较为广泛的两种推理方法分别为正向推理和反向推理。一般的铸造问题多为诊断性问题，较多采用反向推理。知识获取是专家系统的关键，也是专家系统设计的“瓶颈”问题，通过知识获取机制可以扩充和修改知识库，实现专家系统的自我学习。解释机制能够根据用户的提问，对结论、求解过程以及系统当前的求解状态提供说明。用户界面则为人机间相互交换信息提供了必要的手段。

（4）专家系统的类型　按照工程中求解问题的不同性质，将专家系统分为下列几类。

① 解释专家系统　通过对已知信息和数据的分析与解释，确定它们的含义，如图像分析、化学结构分析和信号解释等。

② 预测专家系统　通过对过去和现在已知状况的分析，推断未来可能发生的情况，如天气预报、人口预测、经济预测、军事预测。

③ 诊断专家系统　根据观察到的情况来推断某个对象机能失常（即故障）的原因，如医疗诊断、软件故障诊断、材料失效诊断等。

④ 设计专家系统　工具设计要求，求出满足设计问题约束的目标配置，如电路设计、土木建筑工程设计、计算机结构设计、机械产品设计和生产工艺设计等。

⑤ 规划专家系统　找出能够达到给定目标的动作序列或步骤，如机器人规划、交通运输调度、工程项目论证、通信与军事指挥以及农作物施肥方案等。

⑥ 监视专家系统　对系统、对象或过程的行为进行不断观察，并把观察到的行为与其应当具有的行为进行比较，以便发现异常情况，发出警报，如核电站的安全监视等。

⑦ 控制专家系统　自适应地管理一个受控对象的全面行为，使之满足预期的要求，如空中交通管制、商业管理、作战管理、自主机器人控制、生产过程控制等。

4.2.2 材料科学与工程中专家系统举例

4.2.2.1 铸造工艺专家系统

铸造生产中影响铸件质量的因素错综复杂，专家的丰富经验和具体指导对获得优质铸件起到重要的作用，因此在铸造中应用专家系统技术是非常有必要的，甚至有人指出专家系统将成为未来铸造业的一个重要决定因素。

铸造工艺历史悠久，长期以来一直是一种手工经验的积累。虽然近年来铸造工艺CAD取得了很大进展，但由于铸造工艺设计涉及多学科知识，各种影响因素众多且关系复杂，在实际生产中，即便较为成熟的工艺也可能出现问题，因此经验显得极为重要。这些经验和规律往往又是对多种影响因素综合作用的归纳，难以用一种理论或模型加以描述。而具有人工智能的专家系统能够模拟铸造专家的决策过程，对复杂情况加以推理和判断，使工艺设计更为合理。

(1) 铸造方法选择中的专家系统　选择适当的铸造方法是铸造工艺设计的前提和基础。由于各种决定因素错综复杂，采用专家系统可将各种因素间的关系规范化，给出统一的思考顺序，全面、合理、迅速地选择铸造方法。在铸造方法选择的过程中，主要是对规则的管理和运算的匹配，所以铸造方法选择专家系统多基于产生式规则的知识表达。

英国沃里克大学的A.Er等采用模块化设计方法，反向推理策略进行了铸造方法选择的研究。知识库由四个相互独立而又关联的子库组成，分别为合金种类、形状复杂程序、铸造精度和产量。根据用户提供的以上信息，系统能够自动推理出最恰当的铸造方法。在伯明翰大学研制的用于铸件设计和加工过程的CADcast软件中构造了一个用于选择合金和铸造方法的知识库。根据已选合金初步选择与之匹配的铸造方法，还可由零件结构进一步加以确定。但系统要求用户对所选择合金的成分及性能具有一定的了解。专家系统PCPSES可从铸件的设计、生产、加工和成本分析特性出发，由砂型（手工或机器）、压铸、壳型、塑料模、熔模精铸、金属型和离心铸造中选出适宜的铸造方法。国内在这方面的研究和开发不多，典型的有西北工业大学采用C语言构建的铸造工艺CAD产生式专家系统开发工具。它能提供近七种铸造方法，其中知识库与数据库采用两种耦合方式，实现了经验与标准相结合的设计模式。

随着并行工程技术在铸造应用中的不断深入，产品设计人员与铸造工艺设计专家之间适时交流显得更加重要。把专家知识融于铸造方法选择之中帮助选择最佳的铸造方法正日益引起人们的兴趣。

(2) 专家系统在浇冒系统中的研究和应用状况　铸件质量在很大程度上取决于浇冒系统的设计。传统的浇冒系统设计主要依据流动和传热的一些基本概念及经验，经验知识在设计中发挥着重要作用，因此在浇冒系统设计中引入专家系统可行、实用，且具有许多优点：将铸造工艺设计者及专家长期积累的丰富经验储存到知识库中，以利于今后借鉴；普通工艺设计人员也可借助专家系统进行新铸件的浇冒系统设计；采用专家系统能够减少浇冒系统设计的校核时间，从而降低成本，缩短开发周期；经专家系统初步设计的浇冒系统可用于数值模拟过程。

近年来，一些研究者对专家系统在浇冒系统设计中的应用进行了不懈的努力，开展了许多卓有成效的工作。例如美国亚拉巴马大学的 J. L. Hill 等采用 CLIPS 开发了一个用于砂型铸造轻金属铸件浇冒系统设计的专家系统 RDEX。利用商业化 CATIA 和 CAEDS 软件包获取边界面表示（B-rep）信息，并在此基础上确定分型方向和分型面。同时采用启发式方法识别厚壁区域，确定冒口、自然流道和浇口位置，最后由 CAEDS 绘出三维浇冒系统。但该专家系统目前仅能处理一些简单形状铸件，且要求安放冒口的顶平面与分型面平行。之后，J. L. Hill 及其合作者又将工作进一步扩展到基于知识的熔模铸造浇冒系统 DIREX 软件的研制中。设计中可根据铸件的加工和几何特征为其分配成组技术（GT）编码，从而自动选取相应规则，用于浇冒系统设计。但铸件的特征提取算法和浇冒系统设计功能使其仅能处理带毂的圆形轴对称结构铸件，且知识库所含规则只适用于钛合金铸件，令其应用范围受到一定限制。

在意识到包括以上专家系统在内的现有设计软件多未形成完整的集成系统，即不仅能够进行浇冒系统设计，而且将设计与包括流场、传热耦合和凝固动力学在内的模拟计算直接联系起来。美国宾夕法尼亚州并行技术公司的 G. Upadhya 等尝试采用基于启发性知识和几何分析的集成方法进行浇冒系统的自动、优化设计。在几何分析的基础上，提出了适于复杂形状铸件的点模数模型，可用于三维铸件的壁厚分布计算。这较 Hill 等在相似研究中采用的二维方法更为精确。他们针对推理过程中出现的规则冲突问题，采用权系数予以解决。设计中并未采用专门的专家系统外壳，而代以 FORTRAN 语言。其不足之处在于最终设计结果采用有限差分网格而非实体形式。除此之外，美国密苏里大学研制了倾斜浇注金属型浇冒系统设计的专家系统。该系统运行在 AutoCAD 的 Lisp 环境下，采用 AutoCAD 进行铸件的实体造型，以 NEXPERT OBJECT 作为专家系统外壳。通过 Lisp 程序获取拓扑信息和几何信息，允许用户以交互或自动方式确定分型方向和分型线。由专家系统给出浇注系统的最佳结构设计，Lisp 加以实现。最后还可将设计结果传给 ProCAST 软件，进行凝固模拟，以分析浇冒系统设计的合理性。

现有的浇冒系统设计基本都由铸件实体造型开始，然后划分网格。在专家系统中，采用经验和启发性规则进行浇注系统设计，并在几何分析基础上确定自然流道。冒口设计依据经验准则，诸如 Chvorinov 准则计算铸件凝固时间，最后确定冒口的尺寸和位置。具体设计过程如图 4-2 所示。

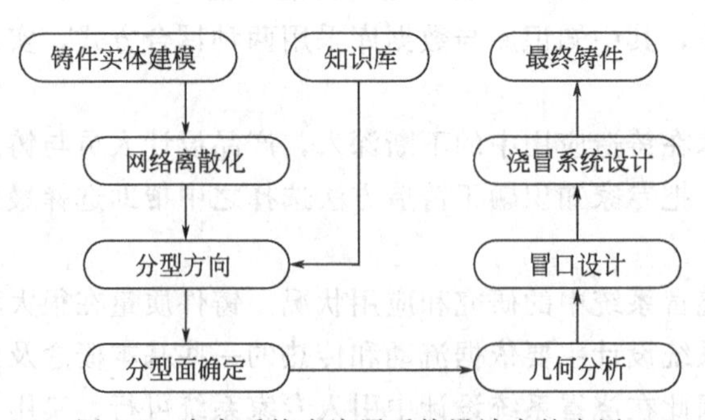

图 4-2　专家系统在浇冒系统设计中的应用

由此可见，铸件的几何特征，诸如铸件边界、砂芯位置、厚壁区域和流道等对浇冒系统的设计至关重要。系统中应重视铸件几何特征提取功能，合理选择分型面，从而简化工艺，提高设计准确性和效率。近年来有人对轻合金、铸钢和球墨铸铁铸件的浇冒系统设计规则进行了系统的归纳和研究。关键的分型设计也有详细的分析和总结。

目前国内在这方面的研究还刚刚起步，见诸报道的有华南理工大学采用 Turbo-Prolog 语言编制的压铸工艺参数设计及缺陷判断专家系统。文中提出了压铸工艺参数和缺陷判断的参数设计多途径设计方法，即按人工设计思路和计算机自动搜索差别的辅助设计法。在基础工艺参数设计部分，以速度、温度、压力和时间为主导，确定充填时间、内浇口速度及尺寸，慢压射速度和快压射位置及速度。沈阳工业大学在轧钢机机架铸造工艺 CAD 中用专家系统拟订工艺方案，建立了相应的知识层次结构模型，不同层次上的知识采用不同的表示方法和推理策略。在此基础上进行了造型、制芯方法、铸造种类选择、浇注位置、分型面选择以及浇冒系统设计。

虽然目前专家系统技术在铸造的许多领域中已广为展开，但在铸造方法选择和浇冒系统设计中的专家系统还刚刚起步。浇冒系统设计中所涉及的铸件一般较为简单，在实用性方面尚需不断加以完善。在今后的工作中应建立更加友好的用户界面，同时注重铸件几何特征提取功能的提高，合理选择分型面，从而简化工艺，提高设计的准确性和效率。由于铸造工艺设计中知识形式的多样化，如何有效管理和处理不同类型知识及其之间的相互关系，仍是铸造工艺专家系统设计中急需解决的问题。

4.2.2.2 热处理专家系统及性能预报

专家系统作为一项崭新的技术，还处在不断发展的时期，因此，专家系统的结构也没有一个固定不变的模式。根据现有的发展状况，一般认为，专家系统的核心主要包括知识表示和推理机制两个方面，热处理专家系统也不例外。

由于材料和热处理领域的特殊性，热处理专家系统有其自身特点。在知识表示方面，热处理使用的常规数据，包括材料牌号、零件及产品名称、工件类型及尺寸、工艺规范、化学成分、抗拉强度、冲击韧度、硬度、淬透性、相变动力学数据等，一般以数值形式表示，所以热处理专家系统通常采用关系型数据库系统保存知识，利用数据库技术实现数据的处理和控制。在此基础上，插入热处理领域知识和热处理专家知识，实现专家系统的知识表示。

在推理和决策方面，以经验和理论公式的计算为主要线索，辅以逻辑推理，实现决策功能。在决策过程中，根据用户输入的数据和已知的事实得到中间结果这一环节是至关重要的，也是整个系统的“心脏”。在热处理专家系统中，这一部分称为数据导出系统。纵观目前的热处理专家系统，其数据导出机制不外乎以下两种方式：一种是以相变动力学计算为基础，这方面比较典型的有 STAMP 系统和 PPS 系统；另一种是以淬透性计算为基础，这方面比较典型的有 AC3 系统和 SSH 系统。以下对数据导出系统做进一步的介绍。

以相变动力学计算为基础的专家系统，其数据导出系统所使用的基础方程有三个。

① 热传导微分方程　使用二维瞬态热传导方程，其形式如下。

$$\lambda\frac{\partial T}{\partial r}+\beta\frac{\lambda}{r}\times\frac{\partial T}{\partial r}+q_v d=\rho c_p\frac{\partial T}{\partial r} \tag{4-1}$$

式中，T 为温度；r 为位置坐标；$q_v d$ 为相变潜热；ρ 为密度；c_p 为比热容；λ 为热导率；β 为调节参数，对平板 $\beta=0$，对圆柱 $\beta=1$。

在具体计算时，针对平板和圆柱类等简单形状，采用差分数值方法近似求解。

② 转变动力学微分方程组　计算组织转变量，一般采用 Avrami 方程，这里给出 Avrami 方程的一种变化形式。

$$\frac{dy}{dt}=Ky^{b_1}\ (1-y)^{b_2}\left[\ln\frac{1}{1-y}\right]^{b_3} \tag{4-2}$$

式中，y 为转变量；K，b_1，b_2，b_3分别为与温度、成分和晶粒度有关的参数。

描述组织和性能关系的方程组，采用广义线性混合率计算性能，即，钢的某种性能 P_j 是各组成相性能的积分和。

$$P_j=\int x[T(r,t),y_j]dy_j(t) \tag{4-3}$$

式中，$x[T(r,t),y_j]$为权重函数；y_j为组成相的体积分数。

③ 以淬透性计算为基础的专家系统　其数据导出系统所使用的基础方程如下。

a. 淬透性计算含硼钢和非硼钢的淬透性计算公式是不一样的，其表达式分别如下。

对非硼钢

$$D_i=AF\times CF \tag{4-4}$$

对含硼钢

$$D_i=AF\times CF\times F \tag{4-5}$$

$$AF=f_{Mn}f_{Si}f_{Ni}f_{Cr}f_{Mo}f_{Cu}f_{V} \tag{4-6}$$

式中，D_i为理想临界直径；AF 为合金乘子，即除碳和硼之外的其他合金元素的乘子乘积；CF 为碳及晶粒度的乘子；f_{Mn}为锰元素的乘子；f_{Si}为硅元素的乘子，其余类同。

b. 组织转变计算首先根据下述公式按钢的化学成分和奥氏体化参数计算各种组织的临界冷速 v_{ci}。

$$v_{ci}=g(P\alpha,C,Si,Mn,\cdots) \tag{4-7}$$

式中，v_{ci}为获得各种组织的临界冷速，$i=1$ 对应获得马氏体的体积分数 100%的临界冷速，$i=2$ 对应获得马氏体的体积分数 90%＋贝氏体的体积分数 10%的临界冷速等；

$P\alpha$ 为奥氏体化参数；C 为碳的质量分数；Si 为硅的质量分数，余同。

由工件的实际冷速 v 计算各种组织的体积分数，如 $v_{ci}<v<v_{ci}+1$，则

$$f_M=\frac{AM}{(v_{ci}+1-v_{ci})(v-v_{ci})+BM} \tag{4-8}$$

$$f_B=\frac{AB}{(v_{ci}+1-v_{ci})(v-v_{ci})+BB} \tag{4-9}$$

$$f_{FP}=\frac{AP}{(v_{ci}+1-v_{ci})(v-v_{ci})+BP} \tag{4-10}$$

式中，f_M，f_B，f_{FP}分别为马氏体、贝氏体和铁素体-珠光体的体积分数；AM，AB，AP，BM，BB，BP 分别为与临界冷速有关的常数。

c. 描述组织和性能关系的方程组采用现行混合率计算性能，即钢的某种性能是各组成相性能的加权平均。

$$P_j=f_M P_j^M+f_B P_j^B+f_{FP}P_j^{FP}\ i=2 \tag{4-11}$$

式中，P_j^M为马氏体的性能；P_j^B为贝氏体的性能；P_j^{FP}为铁素体-珠光体的性能。

需要指出的是，以相变动力学计算为基础的专家系统和以淬透性计算为基础的专家系统并不是截然不同的，在技术上很多方面互相渗透，功能也是类似的。以数据导出系统作为核心的专家系统，其功能包括下列一些方面。

a. 组织和性能预测根据钢的化学成分和热处理参数计算预测工件热处理后的组织和性能。

b. 工艺过程变更分析和优化分析工艺参数变化对热处理结果的影响，进而进行热处理缺陷分析和对工艺参数进行优化。

c. 热处理工艺辅助设计利用专家系统的决策功能进行热处理工艺计算机辅助设计。

d. 过程的在线实时监控渗碳过程的多时碳势控制、优化控制渗层深度和碳浓度分布。

e. 根据零件，结合尺寸和性能要求选择材料为待热处理的工件选择适当的牌号，该牌号的淬透性足以保证在给定条件下淬火时，工件截面上指定点处的性能满足使用要求。

下面以一个例子来说明热处理专家系统的功能。

假定工程上要为直径45mm的国产轴承选择最优的钢材。出于生产考虑，使用淬火油（流速1m/s，淬火烈度$H=0.4cm^{-1}$）作为冷却介质。工件经调质处理，为使工件具有较好的疲劳性能，在工件截面3/4半径处回火后的硬度要求为35HRC。将上述目标和约束条件输入后，系统首先经计算将约束条件（工件截面3/4半径处回火硬度35HRC）进行变换，最后确定此要求等价于在端淬试样上距水冷端11mm处的硬度为45.3HRC。以此作为约束条件进行决策搜索，初步得到GB 40CrNi，GB 40MnVB，GB 42CrMo三个牌号的钢种。进一步比较三个钢种的淬透性带，系统确定GB 42CrMo能够很好地满足上述的设计要求。

除北京机电研究所的SSH结构钢淬透性选材和工艺优化系统外，国内一些大学和工厂也进行了很多有关热处理专家系统方面的研究和开发工作。例如，上海交通大学研制的渗碳过程控制系统，以描述渗碳过程的数学模型为知识表示方式，以计算机计算结果作为判断的依据，实现了渗层浓度分布和硬度分布的预测；并提出一种新的碳势控制方法，使整个工艺过程始终保持在最优化状态。北京航空航天大学开发了航空材料热处理工艺辅助决策系统，将零件CAD与热处理理论相结合，以材料、工艺和标准数据库作为知识表示，以此为基础进行推理和决策，实现工艺流程制定和专业知识咨询。此外，一些工厂也在进行计算机辅助热处理工艺的研究与开发工作，包括工艺卡片的生成与管理、特殊零件的热处理工艺制定等。

目前，专家系统在工业生产上获得了实际应用。例如有的汽车公司，在生产上广泛使用热处理专家系统进行工艺分析和制定、现有的生产周期优化、辅助材料选择、构件设计等工作，取得了良好效果，渗碳过程在线控制系统在我国的很多工厂也得到使用。可以说，专家系统技术已得到工程技术人员的普遍认可。热处理专家系统对于降低生产成本、缩短生产周期、提高产品质量有着重要的作用，在这一点已达成共识。

不过，同时也应该看到，专家系统在设计和工业部门的使用率还不是很高。这有两方面的原因，一方面需要加强推进专家系统的使用方面的工作；另一方面，需要发展新的和更优的方法以使专家系统能更直接和更有效地帮助完成工艺设计等任务。

在技术上，目前的热处理专家系统以统计数据和经验知识为基础，其结果的精度和可靠性需要进一步提高。从使用上看，专家系统应用于工业过程和设计工作时，还在不同程度上包含传统的试错法（trial-and-error）的成分。另外，对于工业生产上关于国民经济发展的重大关键件以及工业上大量使用的基础件，热处理过程产生的内应力和残余变形不仅影响性能和质量，而且影响后续的装配精度和加工成本，而在目前的热处理专家系统中，还没有考虑这一因素，这不能说不是目前的专家系统的一个缺憾。

目前，热处理专家系统主要应用于碳钢和低合金钢的热处理过程及相关的设计活动中，所以需要拓宽专家系统的应用范围。此外，目前的专家系统的决策过程需要大量人工干预，在决策结果处理和人机界面方面还需要进一步的工作，以使专家系统更方便工程技术人员使用。

4.3 人工神经网络技术及其应用

4.3.1 人工神经网络

4.3.1.1 人工神经网络定义及特点

近代神经生理学和神经解剖学的研究结果表明，人脑是由约1千亿个（大脑皮层约140亿个，小脑皮层约1000亿个）神经元交织在一起的、极其复杂的网状结构，能完成智能、思维、情绪等高级精神活动，无论是脑科学还是智能科学的发展都促使人们对人脑（神经网络）的模拟展开了大量的工作，从而产生了人工神经网络这个全新的研究领域。

人工神经网络（ANNS）常简称为神经网络（NNS），是以计算机网络系统模拟生物神经网络的智能计算系统，是对人脑或自然神经网络的若干基本特性的抽象和模拟。网络上的每个节点相当于一个神经元，可以记忆（存储）、处理一定的信息，并与其他节点并行工作。

神经网络的研究最早要追溯到20世纪40年代，心理学家Mcculloch和数学家Pitts合作提出的兴奋与抑制型神经元模型及Hebb提出的神经元连接强度的修改规则，其成果至今仍是许多神经网络模型研究的基础。50～60年代的代表性工作主要有Rosenblatt的感知器模型、Widrow的自适应网络元件Adaline。然而在1969年Minsky和Papert合作出版的《Perceptron》一书中阐述了一种消极悲观的论点，在当时产生了极大的消极影响，加之数字计算机正处于全盛时期并在人工智能领域取得显著成就，这导致了70年代人工神经网络的研究处于空前的低潮阶段。80年代以后，传统的Von Neumann数字计算机在模拟视听觉的人工智能方面遇到了物理上不可逾越的障碍。与此同时，Rumelhart、Mcclelland和Hopfield等在神经网络领域取得了突破性进展，神经网络的热潮再次掀起。目前较为流行的研究工作主要有：前馈网络模型、反馈网络模型、自组织网络模型等方面的理论。人工神经网络是在现代神经科学的基础上提出来的。它虽然反映了人脑功能的基本特征，但远不是自然神经网络的逼真描写，而只是它的某种简化抽象和模拟。

求解一个问题是向人工神经网络的某些节点输入信息，各节点处理后向其他节点输出，其他节点接受并处理后再输出，直到整个神经网工作完毕，输出最后结果。如同生物的神经网络，并非所有神经元每次都一样地工作。如视、听、触、思不同的事件（输入不同），各神经元参与工作的程度不同。当有声音时，处理声音的听觉神经元就要全力工作，视觉、触觉神经元基本不工作，主管思维的神经元部分参与工作；阅读时，听觉神经元基本不工作。在人工神经网络中以加权值控制节点参与工作的程度。正权值相当于神经元突触受到刺激而兴奋，负权值相当于受到抑制而使神经元麻痹直到完全不工作。

如果通过一个样板问题“教会”人工神经网络处理这个问题，即通过“学习”而使各节点的加权值得到肯定，那么，这一类的问题它都可以解决。好的学习算法会使它不断积累知识，根据不同的问题自动调整一组加权值，使它具有良好的自适应性。此外，它本来就是一部分节点参与工作。当某节点出故障时，它就让功能相近的其他节点顶替有故障节点参与工作，使系统不致中断。所以，它有很强的容错能力。

人工神经网络通过样板的“学习和培训”，可记忆客观事物在空间、时间方面比较复杂的关系，适合解决各类预测、分类、评估匹配、识别等问题。例如，将人工神经网络上的各个节点模拟各地气象站，根据某一时刻的采样参数（压强、湿度、风速、温度），同时计算后将结果输出到下一个气象站，则可模拟出未来气候参数的变化，做出准确预报。即使有突变参数（如风暴、寒流）也能正确计算。所以，人工神经网络在经济分析、市场预测、金融趋势、化工最优过程、航空航天器的飞行控制、医学、环境保护等领域都有应用的前景。人工神经网络的特点和优越性使它近年来引起人们的极大关注，主要表现在三个方面。

第一，具有自学习功能。例如实现图像识别时，只需把许多不同的图像样板和对应的应识别的结果输入人工神经网络，网络就会通过自学习功能，慢慢学会识别类似的图像。自学习功能对于预测有特别重要的意义。人工神经网络计算机将为人类提供经济预测、市场预测、效益预测，其前途是很远大的。

第二，具有联想存储功能。人的大脑是具有联想功能的。用人工神经网络的反馈网络就可以实现这种联想。

第三，具有高速寻找最优解的能力。寻找一个复杂问题的最优解，往往需要很大的计算量，利用一个针对某问题而设计的人工神经网络，发挥计算机的高速运算能力，可能很快找到最优解。

人工神经网络是未来微电子技术应用的新领域，智能计算机的构成就是作为主机的冯·诺依曼计算机与作为智能外围机的人工神经网络的结合。

神经元是脑组织的基本单元，其结构如图4-3所示，神经元由三部分构成：细胞体，树突和轴突。每一部分虽具有各自的功能，但相互之间是互补的。

树突是细胞的输入端，通过细胞体间联结的节点“突触”接收四周细胞传出的神经冲动；轴突相当于细胞的输出端，其端部的众多神经末梢为信号的输出端子，用于传出神经冲动。神经元具有兴奋和抑制的两种工作状态。当传入的神经冲动使细胞膜电位升高到阈值（约为40mV）时，细胞进入兴奋状态，产生神经冲动，由轴突输出。相反，若传入的神经冲动使细胞膜电位下降到低于阈值时，细胞进入抑制状态，没有神经冲动输出。

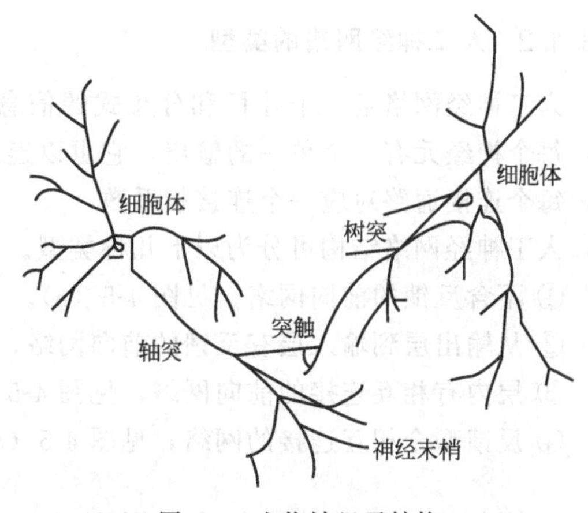

图4-3 生物神经元结构

人工神经元模型是以大脑神经细胞的活动规律为原理的，反映了大脑神经细胞的某些基本特征，但不是也不可能是人脑细胞的真实再现，从数学的角度而言，它是对人脑细胞的高度抽象和简化的结构模型。虽然人工神经网络有许多种类型，但其基本单元——人工神经元是基本相同的。图4-4所示是一个典型的人工神经元模型。

神经元模型相当于一个多输入单输出的非线性阀值元件，x_1，x_2，…，x_n表示神经元的n个输入，W_1，W_2，…，W_n表示神经元之间的连接强度，称为连接权，$\sum W_i x_i$称为神经元的激活值，O表示这个神经元的输出，每个神经元有一个阈值θ，如果神经元输入信号的加权和超过θ，神经元就处于兴奋状态。以数学表达式描述为：

$$O=f\left(\sum W_i x_i-\theta\right) \tag{4-12}$$

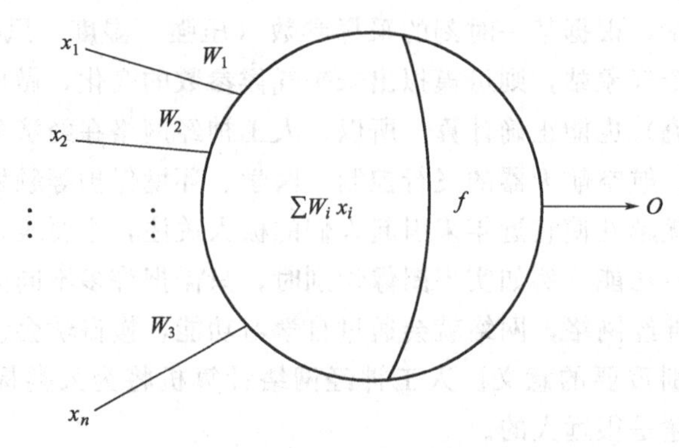

图 4-4　人工神经元模型

作为 NNS 的基本单元的神经元模型，它有三个基本要素：一组连接（对应于生物神经元的突触），连接强度有个连接上的权值表示，权值为正表示激活，权值为负表示抑制；一个求和单元，用于求取各输入信号的加权和（线性组合）；一个激活函数 f，起映射作用，并将神经元输出幅度限制在一定范围内。激活函数 f 决定神经元的输出，它通常有以下几种形式：阈值函数；分段线性函数，它类似于一个放大系数为 1 的非线性放大器；双曲函数；Sigmoid 函数。

4.3.1.2　人工神经网络的类型

人工神经网络是一个并行和分布式的信息处理网络结构，该结构一般由多个神经元组成，每个神经元有一个单一的输出，它可以连接到很多其他的神经元，其输入有多个连接通路，每个连接通路对应一个连接权系数。

人工神经网络结构可分为以下几种类型。

① 不含反馈的前向网络，见图 4-5（a）。

② 从输出层到输入层有反馈的前向网络，见图 4-5（b）。

③ 层内有相互连接的前向网络，见图 4-5（c）。

④ 反馈型全相互连接的网络，见图 4-5（d）。

4.3.2　神经网络的学习方法与规则

学习规则是修正神经元之间连接强度或加权系数的算法，使获得知识结构适用周围环境的变换。

（1）无监督 Hebb 学习规则　Hebb 学习是一类相关学习，它的基本思想是：如果有两个神经元同时兴奋，则它们之间的连接强度的增强与它们的激励的乘积成正比。用 y_i 表示单元 i 的激活值（输出），y_i 表示单元 j 的激活值，w_{ij} 表示单元 j 到单元 i 的连接加权系数，则 Hebb 学习规则可表示成如下形式。

$$\Delta w_{ij}(k) = \eta y_i(k)\, y_i(k) \tag{4-13}$$

式中　η——学习速率。

（2）有监督 δ 学习规则或 Widow-Hoff 学习规则　在 Hebb 学习规则中引入教师信号，将上式中的 y_i 换成网络期望目标输出必与实际输出 y_i 之差，即为有监督 δ 学习规则：

$$\Delta w_{ij}(k) = \eta[d_i(k) - y_i(k)]y_i(k) = \eta\delta y_i(k) \tag{4-14}$$

$$\delta = d_i(k) - y_i(k) \tag{4-15}$$

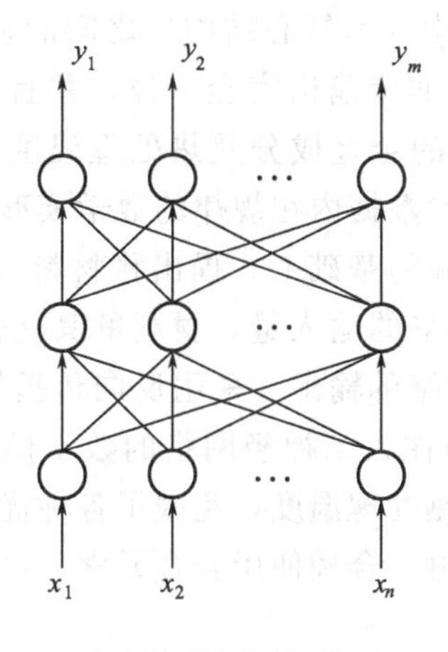

(a) 不含反馈的前向网络

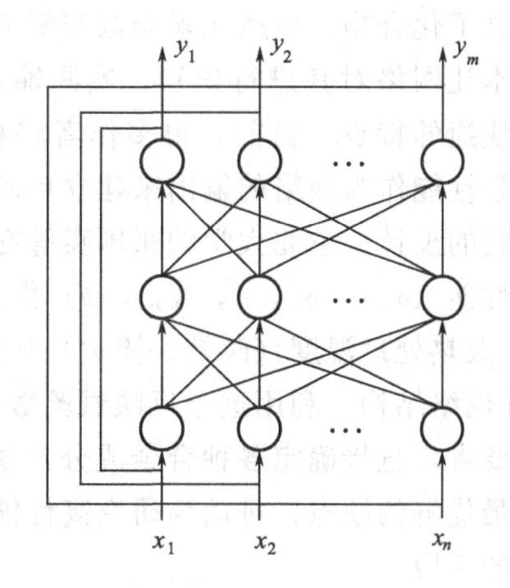

(b) 从输出层到输入层有反馈的前向网络

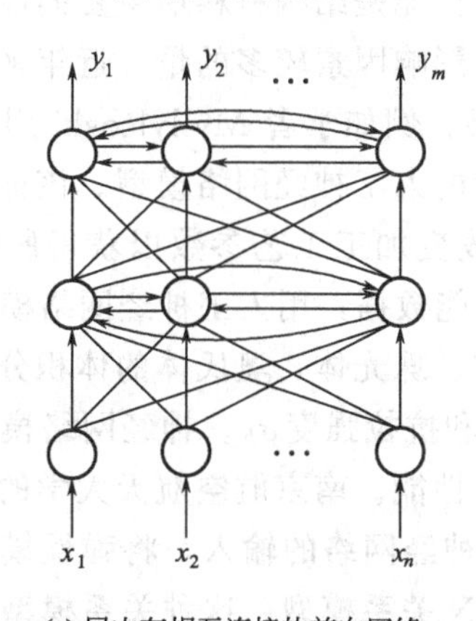

(c) 层内有相互连接的前向网络

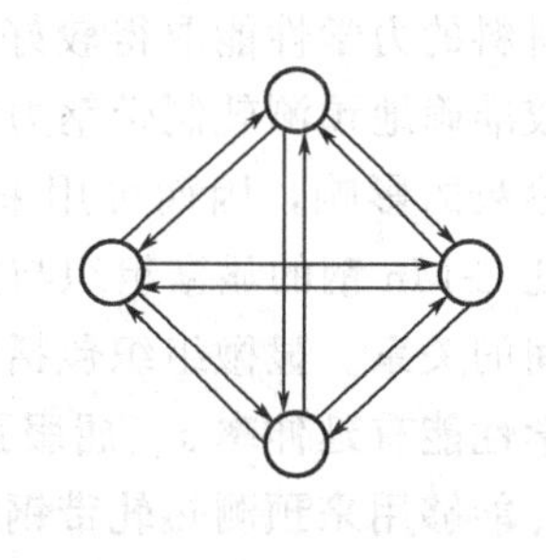

(d) 反馈型全相互连接的网络

图 4-5 人工神经网络结构几种类型

上式表明，两神经元之间的连接强度的变化量与教师信号 d_i （k） 和网络实际输出 y_i 之差成正比。

(3) 有监督 Hebb 学习规则　将无监督 Hebb 学习规则和有监督学习规则两者结合起来，组成有监督 Hebb 学习规则，即：

$$\Delta w_{ij}(k)=\eta[d_i(k)-y_i(k)]y_i(k)y_j(k) \tag{4-16}$$

这种学习规则使神经元通过关联搜索对未知的外界作出反应，即在教师信号 $d_i(k)-y_i(k)$的指导下，对环境信息进行相关学习和自组织，使相应的输出增强或削弱。

4.3.3 神经网络在材料科学与工程中的应用

(1) 在材料设计和成分优化中的应用　在材料科学与工程领域影响材料的性能和使用的因素多而复杂，特别是新材料，其组分、工艺、性能和使用之间的关系、内在规律复杂，尚不清楚，材料的设计都涉及这些关系。人工神经网络能从已有的试验数据中自动归纳出规律，并可以利用经训练后的人工神经网络直接进行推理，适用于对材料结构和成分的优化设计。国内学者蔡煜东等采用人工神经网络 BP 模型对过渡金属元素选取有代表性的 54 个样本，构成模式空间，并选取两类样本：具有氧心结构的三核簇合物及不具有氧心结构的三核簇合物，选取其中 46 个样本作为神经网络的学习教材，经过学习，网络能完全正确地识别这些样本，建立了化合物、金属元素参数与氧心结构（非氧心结构）之间的复杂对应关系，将8个未知样本让网络对其进行识别，实际输出和期望输出完全一样，并且具有容错能力强、识别速度快捷的特点。目前，很多作者将材料的合金成分及热处理温度作为网络的输入，材料的力学性能作为网络的输出来建立反映试验数据内在规律的数学模型，利用各种优化方法实现材料的设计。东北大学的张国英等在试验的基础上，提出将材料（Co-Ni二次硬化钢）的力学性能（$\sigma_{0.2}$，σ_s，δ，K_{IC}，ψ）作为网络的输入量，材料的其他合金成分（C，Ni，Cr，Mo）及热处理温度（时效、淬火）作为网络的输出，采用反向传播算法（BP）建立了8×16×6网络结构，利用这个反映试验数据内在人工神经网络的数学模型，根据对材料的力学性能要求，直接确定各种合金成分含量和热处理温度，克服了各种优化方法计算量大、难于寻找最优解的缺点，进而为研究高性能钢材，合理使用合金元素，尽量降低试验成本提供了有效的手段。

（2）在材料力学性能预测中的应用　材料力学性能是结构材料最主要的性能。力学性能受材料组织结构、成分、加工过程的影响，是一个影响因素较多的量。近年来，采用人工神经网络的方法预测材料的力学性能取得较好的效果。例如学者Myllylcoski用生产线上获得的数据，建立了能较准确地预测轧制带钢力学性能的人工神经网络模型。该神经网络模型能用来评价加工工艺参数的影响，因而可用来指导改变加工工艺参数以获得所要求的力学性能。有学者根据控轧C-Mn钢的显微组织与力学性能数据，用人工神经网络模型建立了显微组织和力学性能之间的关系。显微组织包括铁素体、珠光体、奥氏体的体积分数和铁素体晶粒尺寸，预测的力学性能有延伸率s、屈服强度σ和抗拉强度σ_b。神经网络模型具有较好的学习精度和概括性，能够用来预测热轧带钢的力学性能。南京航空航天大学的李水乡等采用人工神经网络BP算法，将编织工艺参数作为人工神经网络的输入，将弹性模量及强度性能作为输出，建立了编织工艺参数与力学性能的ANN关系模型。这种关系模型对于三维编织复合材料的试验、生产和应用、工艺参数的选取以及理论模型的研究都有重要的参考价值。通过对比显示，其实际试验结果与ANN预测结果的模拟效果令人满意。西北工业大学的刘马宝等人以铝合金LY12CZ为例，在试验数据的基础上，利用人工神经网络首次建立了预测经超塑变形后的材料的室温性能指标，并且充分反映超塑变形工艺参数对其室温机械性能变化的影响规律。

4.3.3.1　在相变特性预报中的应用

相图特性、等温转变曲线、连续冷却转变曲线等是选择材料热加工工艺的重要依据，它们与热材料的化学成分、加热温度、冷却速度等多种因素有关。多年来，人们通过研究建立了许多经验回归公式。经验回归公式一般精确度低，使用时还有严格的限制，人工神经网络在这些方面已有应用。与热力学和动力学方法预测相变相比，人工神经网络方法不需要知道相变的具体过程和热力学参数，而是以已有的实验数据为基础，经训练后进行推理，适用于已有大量数据积累的场合。

（1）TTT和CCT曲线的预测　过冷奥氏体等温转变曲线（TTT曲线）一般通过试验测定。有学者采用多层BP网络也实现了TTT曲线的预测网络是4层BP网络，合金元素C、Mn、Ni、Cr、Mo的含量和奥氏体化温度作为网络的输入，奥氏体转变开始和终了时间作为网络的输出，中间隐层的单元数分为10和20。在550～770℃之间以25℃为间隔建立了7个网络，训练后的网络分别用来预测7个温度的奥氏体转变开始和终了时间，将这些点连接起来就是TTT曲线。一般来说，合金元素含量增加和奥氏体晶粒尺寸增大总是推迟转变时间。所建立的神经网络还能用来研究单个合金元素含量变化对TTT曲线的形状和位置的影响。

由于连续冷却转变比较复杂和测试上的困难，还有许多钢的CCT图没有测定。Wang Jianjun等用人工神经网络方法建立了CCT图，研究了含碳量和冷却速率对CCT曲线的影响，所用的神经网络有12个输入单元，分别输入奥氏体化温度，C、Si、Mn、Cr、Cu、P、S、Mo、V、B和Ni的含量。一个具有12个神经元的隐层，输出层输出128个数据，选择了151个CCT图训练神经网络。试验钢材料成分为0.4%Si、0.8%Mn、1.0%CR、0.003%P、0.002%S，含碳量在0.1%～0.6%之间变化。用训练好的网络预测了试验钢材的CCT曲线。结果表明，随着含碳量增加，铁素体、贝氏体和马氏体转变开始的温度降低，但含碳量对珠光体转变结束温度的影响小。含碳量延长了铁素体形成孕育期，但加速了珠光体生长。预测的结果与热力学模型结果相符，说明人工神经网络方法是可靠和有效的。

(2) Ms点的预测　马氏体转变开始点Ms是钢热处理中的重要相变点。Ms点的高低主要受合金元素的影响，奥氏体温度和晶粒大小的影响较小，可以忽略。已经建立了许多Ms点的计算公式，但这些公式只反映了合金元素对Ms点的线性影响，没有考虑合金元素的相互作用。Vermeulen建立了预测含钒钢Ms点的人工神经网络。网络的输入是C、Si、Mn、P、S、Cr、Mo、Al、Cu、N、Ni和V12个元素的含量，共12个输入单元，网络输出是Ms点。为确定中间层的单元数，选择了几个不同的单元数。从164种含钒钢中取144个作为训练数据，20个用来进行检验，判定网络的有效性，最终确定12×6×1网络最好。使用相同的数据，将最好的网络预测结果与一些线性回归公式和偏最小二乘法回归公式进行了比较。结果表明神经网络的预测精度比线性回归公式高3倍，比偏最小二乘法回归公式高2.5倍。神经网络还可以用来分析元素交互作用的影响。

(3) 氧化物系相图若干特性的预报　氧化物系相图是陶瓷、水泥、炉渣和矿物岩石学研究的基础，其中包含众多的中间化合物。若能预报氧化物相图中的若干特征，则对相图的测量和有关材料的设计大有益处。国内有学者对45种MO和M_2O_3（M代表金属元素）间1∶1配比形成化合物及21种不形成1∶1中间化合物的氧化物系作为人工神经网络的训练集进行训练。结果预报了一批未列入训练集的1∶1复氧化物，并由一些新发现的化合物证实了预报结果正确，还预报了一批未列入训练集的不形成1：1中间化合物的氧化物系，其中也有一些新测量的相图证实了预报结果。

4.3.3.2 人工神经网络用于材料的检测

(1) 超声无损检测缺陷定征方法　定量化检测是无损检测的发展方向，近年来，神经网络理论的发展及其在模式识别领域中的成功应用，为超声无损检测的定量化开辟了新的途径。刘伟军等以焊缝中裂纹、夹杂及气孔3类缺陷的分类为例，给出了一种以径向基函数神经网络（RBFN）为基础的缺陷特征分类方法。RBFN网络可利用简单核函数形成的重叠区域产生任意形状的复杂决策域，学习能力强、速度快，是一种性能优越的非线性预测器和分类器。进行脆性材料临界断裂的声发射预报岩石、混凝土类脆性材料在整个断裂过程中都伴有声发射产生，并且在断裂的临界状态下，不同的声发射特征都表现出相应的异常模式。纪洪广等以混凝土为研究对象建立了用于实现材料临界断裂声发射识别的多层前馈反向传播神经网络模型，为神经网络在声发射领域里的应用和材料断裂的声发射诊断技术探索了一条新的途径。

（2）光纤智能复合材料自诊断系统　现有的各种无损检测方法在研究复合材料结构时不能实现实时监测，而在光纤智能材料与结构中，光纤阵列的选择及阵列输出信号的分析处理是非常重要且困难的。杨建良等根据模体积失配效应与微弯原理，提出城墙型式光纤应变传感器阵列，并结合人工神经网络处理阵列输出的传感信号，研制出适用于复合材料结构状态监测与损伤估计用的光纤智能复合材料自诊断系统。

（3）结构缺损的识别　在工程中正确、快速地识别结构缺损，对保证结构的安全运行，预防事故的发生都有着重要的意义。张悦华等用小波分析与人工神经网络相结合的方法，对结构缺损进行了识别。敲击缺损试件后产生的振动信号由传感器获取，经数据采集系统采集，适当处理后进行小波变换，形成人工神经网络的训练样本，并对所建网络进行训练，利用在训练样本中加入随机噪声的方法对网络的识别精度进行了讨论，证明以小波分析为基础的人工神经网络方法是结构缺损识别的一种很有前途的方法。

（4）材料疲劳的预测　Y AI-Assaf 等利用人工神经网络研究了在张力和压力下单取向的玻璃纤维复合物薄片的疲劳行为，利用前馈网络，建立了输入数据和至疲劳时的循环数之间的模型。虽然仅使用了很少的试验数据进行学习，但结果可与当前使用的其他材料疲劳寿命的预测方法相当。Pidaparti 等用人工神经网络的方法研究在不同加载频率下材料的疲劳裂纹发展与加载周期之间的关系。用所得到的试验数据对人工神经网络进行培训，经过培训后的神经网络可以预测具有裂纹的 7075 铝合金样品板的加载周期和裂纹发展之间的关系。神经网络可以概括不同加载频率下裂纹发展和加载周期之间的关系，而且此模型可以预言任意负载下材料的裂纹发展行为。

思考题与上机操作题

4.1　材料工程数据库的概念、组成及功能是什么？

4.2　建立一个简单的材料成分数据库。

4.3　简述专家系统的组成及功能、分类。

4.4　请用所学的专家系统原理，结合具体实例，构建一个专家系统基本模型。

第 5 章 材料科学与工程中的数据处理与分析

5.1 数据处理的基本理论

5.1.1 曲线拟合和最小二乘法

5.1.1.1 曲线拟合

设在某种材料的热膨胀系数试验中测得一批数据，如表 5-1 所列。希望用一简单公式表示这些点间的关系。

表 5-1 热膨胀系数试验数据

K 点	1	2	3	4	5	6
T/K	405	420	436	452	471	495
$\Delta L/\times 0.01\text{mm}$	0	0.6	1.1	1.8	2.4	3.1

由数据之间的关系知，这些点大体上分布在一条直线上，因此可用线性式表示为：

$$\Delta L = a + bt$$

式中，$t = T - 273$。把表 5-1 所述 6 组数据代入上式，得：

$$a + 132b = 0;\ a + 147b = 0.6;\ a + 163b = 1.1$$

$$a + 179b = 1.8;\ a + 198b = 2.4;\ a + 222b = 3.1$$

现在，问题简化为如何确定参数 a、b。

确定 a、b 的最简单方法是“选点法”，即由上述 6 个点中任选两点，连成一线。也即从上述 6 式中任选两式联立，便可解出 a、b。由于所给出的实验观测数据往往带有误差，因此用选点法确定的直线一般不会通过全部给定点，亦即这种确定的 a、b 不会使上述 6 个式子同时成立。随着选取的点的不同，a、b 的值也有差异。例如，选取第 1、2 两点，得：

$$\begin{cases}a+132b=0\\a+147b=0.6\end{cases}$$

解得：

$$\begin{cases}a=-5.28\\b=0.04\end{cases}$$

选取第 2、3 两点，得：

$$\begin{cases}a+147b=0.6\\a+163b=1.1\end{cases}$$

解得：

$$\begin{cases}a=-3.99375\\b=0.031125\end{cases}$$

为了减少解的变化，可用“平均法”，即把上述 6 式分成两组，分别求平均，最后从这两个平均式中解出 a、b。例如，把前 3 式分在一组，后 3 式分在另一组，得：

$$\begin{cases}a+147.33b=0.5667\\a+199.67b=2.4333\end{cases}$$

解得：

$$\begin{cases}a=-4.688566\\b=0.035669\end{cases}$$

总之，只要给定的试验观测点数大于待定参数的个数，列出的方程组就会出现上述互相矛盾的现象。这反映了试验中复杂的人为因素、环境条件等影响引起的测量误差，这就需要采用某种方法从这些矛盾方程中确定参数，进而确定一条直线或曲线，最好逼近给定的试验观测数据，这就是曲线拟合问题。曲线拟合问题中的参数确定，实质上就是解矛盾方程组。选点法和平均法只是解矛盾方程组的初等方法，它们的解都不是唯一的，因此，这两个方法仅作粗略估值之用，不作为正式算法。常用的算法是最小二乘法，最小二乘法能从矛盾方程组中求得最佳的唯一解。

曲线拟合问题的特点在于：被确定的直线（或曲线）原则上并不特别要求真正通过给定的各点，而只要求该直线（或曲线）尽可能从给定点的附近通过（而插值法所确定的直线或曲线必须通过所给定的各点）。对于含有测试误差的试验数据来说，这种处理方法显然是合适的，因为它能部分地抵消数据中含有的误差。

需要指出的是，确定表达式的参数不是曲线拟合问题的全部。曲线拟合中，首先碰到的问题是表达式形式的确定，它是参数估值的基础，并与客观实际密切相联系。例如，材料膨胀系数与温度的关系，在一定温度范围内呈线性关系。而某些材料化学稳定性试验中的侵蚀量与时间之间一般呈抛物线关系。

5.1.1.2 线性拟合

(1) 一元线性拟合　对于表 5-1 所列试验数据，根据经验判定，它满足直线关系，可用下式逼近。

$$y=a+bx \tag{5-1}$$

对于试验数据$(x_i, y_i)i=1,2,3,\cdots,m$，有 $y_i(x)=a+b_i$。

把 $y(x_i)-y_i(x)=y(x_i)-(a+bx_i)$称为残差。显然，残差仅仅依赖于参数 a、b 之取值。因此，残差的大小就是衡量所选参数好坏的标志。

确定参数最常用的准则是最小二乘法，即令：

$$Q=\sum_{i=1}^{M}[y(x_i)-y_i]^2=\sum_{i=1}^{M}(a+bx_i-y_i)^2$$

极小。为此，必须令：

$$\frac{\partial Q}{\partial a}=2\sum_{i=1}^{M}(a+bx_i-y_i)=0$$

$$\frac{\partial Q}{\partial b}=2\sum_{i=1}^{M}(a+bx_i-y_i)x_i=0$$

即

$$Ma+b\sum_{i=1}^{M}x_i=\sum_{i=1}^{M}y_i$$

$$a\sum_{i=1}^{M}x_i+b\sum_{i=1}^{M}x_i^2=\sum_{i=1}^{M}x_iy_i$$

令

$$S_{00}=M$$

$$S_{01}=S_{10}=\sum_{i=1}^{M}x_i$$

$$S_{11}=\sum_{i=1}^{M}x_i^2$$

$$d_0=\sum_{i=1}^{M}y_i$$

$$d_1=\sum_{i=1}^{M}x_iy_i$$

则有

$$\begin{cases}S_{00}a+S_{01}b=d_0\\S_{10}a+S_{11}b=d_1\end{cases}$$

由此解得：

$$a=\frac{d_0S_{11}-d_1S_{01}}{S_{00}S_{11}-S_{10}S_{01}}$$

$$b=\frac{d_1S_{00}-d_0S_{10}}{S_{00}S_{11}-S_{10}S_{01}}$$

对于表5-1中给定的材料热膨胀系数试验数据，利用上述关系可以求得：

$$a=-4.52494,\ b=0.034726$$

该种材料的热膨胀规律可线性近似为：

$$\Delta L=-4.52494+0.034726x$$

(2) 多元线性拟合　从上面的一元线性拟合，很容易推广到二元以上的情况。设某批试验数据：

$$(x_{1i},x_{2i},\cdots,x_{Ni};y_i)\ i=1,2,\cdots M$$

满足多元线性关系

$$y=a+b_1x_1+b_2x_2+\cdots+b_Nx_N \tag{5-2}$$

这时有：

$$Q=\sum_{i=1}^{M}[y(x_{1i},x_{2i},\cdots)-y_i]^2=\sum_{i=1}^{M}(a+b_1x_{1i}+b_2x_{2i}+\cdots+b_Nx_{Ni}-y_i)^2$$

$$\frac{\partial Q}{\partial a}=2\sum_{i=1}^{M}(a+b_1x_{1i}+b_2x_{2i}+\cdots+b_Nx_{Ni}-y_i)=0$$

即　$$\frac{\partial Q}{\partial b_k}=2\sum_{i=1}^{M}(a+b_1x_{1i}+b_2x_{2i}+\cdots+b_Nx_{Ni}-y_i)x_{ki}=0(k=1,\ 2,\ \cdots,\ N)$$

$$Ma+b_1\sum_{i=1}^{M}x_{1i}+b_2\sum_{i=1}^{M}x_{2i}+\cdots+b_N\sum_{i=1}^{M}x_{Ni}=\sum_{i=1}^{M}y_i$$

$$a\sum_{i=1}^{M}x_{ki}+b_1\sum_{i=1}^{M}x_{1i}x_{ki}+b_2\sum_{i=1}^{M}x_{2i}x_{ki}+\cdots+b_N\sum_{i=1}^{M}x_{Ni}x_{ki}=\sum_{i=1}^{M}y_ix_{ki}$$

令　$$S_{00}=M,\ S_{01}=\sum_{i=1}^{M}x_{1i},\ \cdots,\ S_{0j}=\sum_{i=1}^{M}x_{ji}$$

$$S_{k0}=\sum_{i=1}^{M}x_{ki},\ \cdots,\ S_{kj}=\sum_{i=1}^{M}x_{ki}x_{ji}(j=1,\ 2,\ \cdots,\ N)$$

$$d_0=\sum_{i=1}^{M}y_i,\ \cdots,\ d_k=\sum_{i=1}^{M}x_{ki}y_i$$

则可简化为：
$$\begin{cases}S_{00}a+S_{01}b_1+S_{02}b_2+\cdots+S_{0N}b_N=d_0\\S_{10}a+S_{11}b_1+S_{12}b_2+\cdots+S_{1N}b_N=d_1\\\qquad\vdots\\S_{N0}a+S_{N1}b_1+S_{N2}b_2+\cdots+S_{NN}b_N=d_1\end{cases}$$

这一方程组常称为法方程或正规方程，它是 a，b_1，…，b_N 的 $N+1$ 个联立方程。在 $M>N$ 的情况下，正规方程一般有唯一解。由试验数据计算出系数 S_{kj} 及 d_i 后，就可以用诸如消去法等经典方法解出 a_1，b_1，b_2，…，b_N。在计算过程中，如果注意到系数的对称性 $S_{kj}=S_{jk}$，可以大大减少计算量。因上述方程组常用高斯消去法求解，且具有现成的计算程序，只要将高斯消去法计算程序中的数组 A（i，j）和 B（i）分别用系数 $|S_{ij}|$、d_i 代替，即可求出相应的值。

【例 5-1】 在一定条件下，测得某种生物活性材料的显气孔率（V_P）与晶化时间（t）和晶化温度（T）关系的试验数据如表 5-2 所列。求该活性材料的气孔率表达式。

表 5-2 生物活性材料气孔率

编号	晶化温度/K	晶化时间/h	显气孔率/%	编号	晶化温度/K	晶化时间/h	显气孔率/%
1	923	1	34.70	4	953	2	31.18
2	923	2	33.35	5	973	2	28.86
3	923	4	31.19				

【解】 可以认为，它们之间存在线性关系：

$$V_p = a + b_1 T' + b_2 t$$

作变换 $T' = T - 273$，即得：

$$34.70 = a + 650b_1 + b_2$$
$$33.35 = a + 650b_1 + 2b_2$$
$$31.19 = a + 650b_1 + 4b_2$$
$$31.18 = a + 680b_1 + 2b_2$$
$$28.86 = a + 700b_1 + 2b_2$$
$$M = 5,\ N = 2$$

由上述方法求得：$a = 93.718387$，$b_1 = -0.089032$，$b_2 = -1.166774$，所以，该种材料的气孔率可线性近似为：

$$V_p = 93.718387 - 0.089032T - 1.166774t$$

（3）多项式拟合　材料学科中的许多试验数据，往往不能用线性拟合来近似。

【例 5-2】 某种生物材料，在一定温度下，放在模拟液体中处理，测得一批试验数据如表 5-3 所列。

表 5-3 模拟液体处理数据

t/h	1	2	4	6	8	10	12	17	24	32	40	52	63
$\Delta G/G$/%	0.015	0.461	0.917	1.413	1.787	2.405	2.251	2.664	2.903	3.085	3.165	3.235	3.290

【解】 由数据之间的关系可知，它们可用一个二次多项式

$$y = b_0 + b_1 x + b_2 x^2 \tag{5-3}$$

来近似表示。同线性拟合时一样，作误差平方和：

$$Q = \sum_{i=1}^{M} [y(x_i) - y_i]^2 = \sum_{i=1}^{M} (b_0 + b_1 x + b_2 x^2 - y_1)^2$$

令

$$\frac{\partial Q}{\partial b_j} = 2\sum_{i=1}^{M} (b_0 + b_1 x + b_2 x^2 - y_i) x^j = 0 (j = 0,\ 1,\ 2)$$

或 $$b_0\sum_{i=1}^{M}x_i^j+b_1\sum_{i=1}^{M}x_i^{j+1}+b_2\sum_{i=1}^{M}x_i{}^{j+2}=\sum_{i=1}^{M}x_i{}^jy_i$$

令 $$\sum_{i=1}^{M}x_i{}^k=S_k,\ \sum_{i=1}^{M}(x_i{}^ky_i)=d_k$$

则化为：

$$\sum_{i=0}^{2}b_iS_{i+j}=d_j(j=0,\ 1,\ 2)$$

这是3个未知参数 b_0、b_1、b_2 的三个方程。若其系数行列式不等于零，则可唯一解出 b_0、b_1、b_2，即可确定近似多项式(5-3)。

一般，设用一 n 次多项式

$$y(x)=b_0+b_1x+b_2x^2+\cdots+b_nx^n \tag{5-4}$$

作为未知函数的近似表达式，作误差平方和：

$$Q=\sum_{i=1}^{M}[y(x_i)-y_i]^2=\sum_{i=1}^{M}(b_0+b_1x+b_2x^2+\cdots+b_nx^n-y_i)^2$$

$$\frac{\partial Q}{\partial b_j}=2\sum_{i=1}^{M}[y(x_i)-y_i]x^j=0(j=1,\ 2,\ \cdots,\ n)$$

或 $$b_0\sum_{i=1}^{M}x_i^j+b_1\sum_{i=1}^{M}x_i^{j+1}+\cdots+b_n\sum_{i=1}^{M}x_i^{j+n}=\sum_{i=1}^{M}x_i^jy_i(j=1,\ 2,\ \cdots,\ n)$$

同理，令：

$$\sum_{i=1}^{M}x_i^k=S_k\sum_{i=1}^{M}x_i^ky_i=d_k$$

则化成具有 $n+1$ 个待定参数的 $n+1$ 个方程。

$$\sum_{i=1}^{M}b_iS_{i+j}=d_j(j=0,\ 1,\ \cdots,\ n)$$

只要系数行列式不为零，即可唯一解出 b_0，b_1，…，b_n，从而唯一地确定式(5-4)。上述算法中存在着大量指数运算，在程序设计时必须采用一些技巧以加速运算过程。对于任意一对 j、1，只要 $j_1+l_1=j_2+l_2=\cdots=k$，则必有：

$$\sum_{i=1}^{M}x_i^{j_1+l_1}=\sum_{i=1}^{M}x_i^{j_2+l_2}=\cdots=\sum_{i=1}^{M}x_i^k=S_k$$

因此，对于上述方程组，只要计算 S_0，S，…，S_{n+n} 等 $2N+1$ 个值，可大幅度减少指数运算项目的数目。

其次，利用

$$x^{j+2}=x^{j+1}\cdot x=(x^j\cdot x)\cdot x$$

可把指数运算化为乘法，加快运算速度。

5.1.2 线性插值法

插值法和回归分析都是用一种近似的函数来逼近原函数，前者往往仅需要给出指定的内插值，而后者往往需要给出某种函数形式。本章主要介绍线性插值法。

如果物理量之间的函数关系的解析形式不知道，或者虽然知道但过于复杂而不便计算时，常将函数关系列成如下表格形式。

x	x_1	x_2	x_3	…	x_n
y	y_1	y_2	y_3	…	y_n

其中，$x_i<x_{i-1}$（$i=1$，2，3，…，n）。

有时，我们需要知道任意给定 x 值时的 y 值。因此，希望根据观测的试验数据找到 x 和 y 的一个函数表达式，这样不仅可以了解数据之间的变化关系，而且还可以计算出任意 x 值时所对应的 y 值。但有时得到的试验数据函数关系可能很复杂，很难用表达式表示，因此只有用插值法找一个近似的函数表达式，所谓“插值”就是给函数表中再插进一些所需要的中间数值。

插值法的定义如下。

设 g_n（x）在区间$[a,b]$上连续，且 $Y_i=f(x_i)(i=1,2,\cdots,n)$，如果找到一个多项式 g_n（x）也满足下式：

$$Y_i=g_n(x_i)(i=1,2,\cdots,\mathrm{n}) \tag{5-5}$$

则称 $g_n(x)$为 $f(x_i)$的插值多项式。$x_i(i=1,2,\cdots,\mathrm{n})$为插值节点，$[a,b]$为插值区间，插值方法的目的就是求出满足上述条件的插值多项式 g_n（x）。

上述插值问题的几何意义很明显，就是通过给定的 n 点(x_1,y_1)，(x_2,y_2)，…，(x_n,y_n)，作一条 n 次代数曲线 $y=g_n$（x），近似地表示曲线 $y=f$（x）。

很容易证明插值问题的解的唯一性。事实上，如果两个多项式 $y=g_n$（x）与 $y=h_n$（x）均满足式（5-5）的条件，那么对于 $r(x)=g_n(x)-h_n(x)$有 r（x_i）$=0$（$i=1$，2，…，n），即不超过 n 次多项式 r（x）有 n 个零点，由此可断定 r（x）$\equiv 0$，唯一性得证。

（1）方法原理　首先研究最简单的两点线性插值方法，线性插值又称两点插值，设有两点(x_1,y_1)、(x_2,y_2)，通过这两点作直线来近似表达函数

$$\frac{y-y_1}{x-x_1}=\frac{y_2-y_1}{x_2-x_1}$$

可改写为：

$$y=y_1+\frac{y_2-y_1}{x_2-x_1}(x-x_1)$$

$$g_1(x)=y_1+\frac{y_2-y_1}{x_2-x_1}(x-x_1)$$

g_1（x）就是 $y=f$（x）的近似插值多项式。

由图5-1可见，函数 $y=f$（x）越接近直线，或者两个插值之间越接近，则线性插值越精确。

当试验点的个数为 a 时，求插值节点 z 的函数值。首先要确定 x 在哪两个点之间：x_i

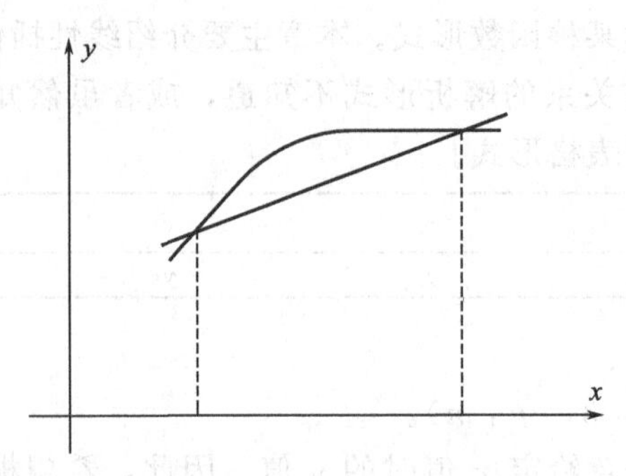

图 5-1　线性插值几何意义

$<x<x_{i+1}$，这种插值称作分段线性插值法。

$$y(x)=y_j+\frac{x-x_j}{x_{j+1}-x_j}(y_{j+1}-y_i)j=\begin{cases}1,x\leqslant x_2\\ i,x_i<x\leqslant x_{i+1}(j=2,3,\cdots,n-1)\\ n-1,x>x_{n-1}\end{cases} \tag{5-6}$$

设 $x_1<x_2<\cdots<x_n$，对应节点函数值 $y_1,y_2,\cdots,y_n$，求 x 插值时需找出与插值点 x 相邻两个插值节点，$x<x_1$ 或 $x>x_n$ 时，称为外插值，$x_1<x<x_n$ 时，称为内插值。

程序框图及源程序分段线性插值的子程序框图如图 5-2 所示。

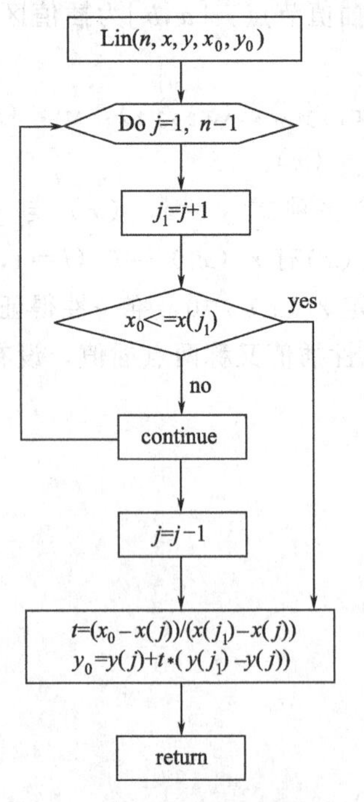

图 5-2　程序框图及源程序分段线性插值的子程序框图

```
SUBROUTINE LINE(N,X,Y,X0,Y0)
IMPLICIT REAL * 8(A—H,O—Z)
DIMENSION X(N),Y(N)
DO 10J = 1,N - 1
J1 = J + 1
IF(X0. LE. X(J1))GOTO 20
10 CONTINUE
J = J - 1
20T = (X0 - X(J))/(X(J1) - X(J))
Y0 = Y(J) + T * (Y(J1) - Y(J))
RETURN
END
```

子程序说明：

N 为插值节点的个数；$X(N)$ 为 n 个插值节点的 x 值；$Y0$ 为插值结果。

该程序使用输入输出数据文件。输入文件格式如下。

第一行：N 为插值节点的个数；M 为插值点的个数。

第二行：插值节点 X（I），$I=1$，N。

第三行：插值节点函数值 Y（I），$I=1$，N。

第四行：插值点 XH（I），$I=1$，M。

（2）应用示例

【例 5-3】 721 分光光度计测得某试样的吸收值如表 5-4 所列。

表5-4 某试样的吸收值

λ/nm	430	440	450	460	470	480
A	0.410	0.375	0.325	0.280	0.240	0.205

求在435nm、445nm、455nm、465nm和475nm处的吸收值。

【解】 在输入数据文件名为SP.DAT，内容如下。

```
6,      5
430,    440,    450,    460,    470,    480,
0.410,  0.375,  0.325,  0.280,  0.240,  0.205
435,    445,    445,    465,    475
```

执行命令如下：C>LIN SP.DATSP.OUT

输出数据文件SP.OUT内容如下。

Input data：

X=430.0000	440.0000	450.0000	460.0000	470.0000	480.0000
Y=0.4100	0.3750	0.3250	0.2800	0.2400	0.2050
XH=435.0000	445.0000	455.0000	465.0000	475.0000	
Linear interpolation					

X=435.0000　　Y=0.392500

X=445.0000　　Y=0.350000

X=455.0000　　Y=0.302500

X=465.0000　　Y=0.260000

X=475.0000　　Y=0.222500

5.2 Origin软件在数据处理中的应用

5.2.1 Origin软件介绍

计算机结合专用软件包为主体的方法不仅可以进行原始数据采集，更为重要的是它可以对所采集数据进行更符合现实要求的处理，并以较为直观的可视化图形表示。但在实际过程中这一操作往往会遇到数据多、处理步骤繁杂、人为作图误差较大等困难。

目前，可用于数据管理、计算、绘图、解析或拟合分析的软件很多，有些功能非常强大，有的则相对简单、专业化。经实践证明Origin软件包是一种较为理想的选择，尤其是在图形绘制过程中可以避免用手工操作会产生较大的误差，而采用软件包进行复杂试验数据的处理，也能够在很大程度上降低人为因素所引起的误差。Origin为人们提供了强大的数学计算功能，可以进行非常复杂的数学计算，以满足人们在材料研究中的计算需要。这里以OriginLab公司的OriginPro2017软件为对象，结合材料科学研究中的一些具体实例，介绍计算机在数据处理方面的应用。

数据信息的处理与图形表示在材料科学与技术领域有重要地位，Origin软件可以对科学数据进行一般处理与绘图。其主要功能和用途为：对试验数据进行常规处理和一般的统计分析，如记数、排序、求均值和标准差、t-检验、快速傅里叶变换、比较两列均值的差异、回归分析；用数据作图（用图形显示数据之间的关系）；用多种函数拟合曲线等。

Origin 是在 Windows 平台下用于数据分析、项目绘图的软件，目前最高版本为 2017。它的功能强大，在学术研究界有很广的应用范围。其特点有使用简单，采用直观的、图形化的面向对象的窗口菜单和工具栏操作，全面支持鼠标右键、拉拖方式绘图等。它的两大类功能是数据分析和绘图。数据分析包括数据的排序、调整、计算、统计、频谱变换、曲线拟合等各种完善的数学分析功能。准备好数据后，进行数据分析时，只需选择所要分析的数据，然后再选择相应的菜单命令即可。Origin 的绘图是基于模板的，Origin 本身提供了几十种二维和三维绘图模板而且允许用户自己定制模板。绘图时，只要选择所需要的模板即可。用户可以自定义数学函数、图形样式和绘图模板；可以和各种数据库软件、办公软件、图像处理软件等方便地连接；可以用 C 语言等高级语言编写数据分析程序；还可以用内置的 Lab Talk 语言编程等。

5.2.2 Origin 软件的基本功能和使用方法

5.2.2.1 Origin 的主要菜单及功能对照

在 Origin2017 中界面与之前的 Origin8.0 版本相比进行了较大的改动，菜单的中各功能的路径也发生了调整，表 5-5～表 5-7 中主要进行了最常用的 Worksheet 菜单、Analysis 菜单和 Statistics 菜单的部分经典功能描述。

表 5-5 Origin 的工作表（Worksheet）子菜单

一级子菜单	二级子菜单	功能
Sort Range		对指定范围排序
	Ascending	升序排序
	Descending	降序排序
	Custom	自定义排序
Sort Columns		对整列排序
Sort Worksheet		对整个工作表排序
Clear Worksheet		清空工作表
Worksheet Script		工作表脚本
Worksheet Query		工作表
Copy Columns to		复制列到
Split Columns		拆分列
Split Worksheet		拆分工作表
Split Workbooks		拆分工作簿
Pivot Table		数据透视表
Stack Columns		堆叠列
Unstack Columns		分组拆分列
Remove/Combine Duplicated Rows		删除/合并重复行
Transpose		转置
Convertto Matrix		转换为矩阵

表 5-6 Origin 的工作表（Analysis）子菜单

一级子菜单	二级子菜单	功能
Mathematics		数学运算
	Interpolate/Extrapolate Y from X	插值/外推求 Y 值
	Trace Interpolation	趋势插值
	Interpolate/Extrapolate	插值/外推
	Interpolate Z from XY	插值求 Z 值
	3D Interpolation	三维插值
	XYZ Trace Interpolation	XYZ 趋势插值
	Set Column Values	设置列值
	Simple Curve Math	简单曲线数学运算
	Normalize Columns	规范化/常态化列
	Simple Column Math	简单列数学运算
	Differentiate	微分
	Integrate	积分
	Average Multiple Curves	平均多条曲线
Data manipulation		数据处理
Fitting		拟合
	Linear Fit	线性拟合
	Polynomial Fit	一元多项式拟合
	Multiple Linear Regression	多元线性回归
	Nonlinear Curve Fit	非线性曲线拟合
	Nonlinear Implicit Curve Fit	非线性隐式曲线拟合
	Nonlinear Surface Fit	非线性曲面拟合
	Simulate Curve	查看曲线
	Simulate Surface	查看曲面
	Exponential Fit	指数拟合
	Single Peak Fit	单峰拟合
	Sigmoidal Fit	S 型曲线拟合
Signal processing		信号处理
	Smooth	平滑处理
	FFT Filters	FFT 滤波器
	IIR Filter	IIR 滤波器
	STFT	短时傅里叶变换
	FFT	快速傅里叶变换
	IFFT	反向快速傅里叶变换
	Wavelet	小波变换
	Convolution	卷积
	Coherence	相干性
	Correlation	相关性
	Hilbert Transform	希尔伯特变换
Peaks and baseline		峰与基线
	Multiple Peaks Fit	多峰拟合
	Peak Analyzer	谱线分析

表 5-7 **Origin 的数理统计（Statistics）子菜单**

一级子菜单	二级子菜单	功能
Descriptive		描述统计
	Statistics on Columns	对列进行统计
	Statistics on Row	对行进行统计
	Frequency Count	频率统计
	Correlationcoefficient	相关系数统计
	Discrete frequency	离散频率计数
	2D frequency count/binning	二维频率统计分布
	NormalityTest	正态测试
Hypothesis Testing		假设检验
	One Sample t-Test	单样本 t 检验
	Two Sample t-Test	双样本 t 检验
ANOVA		方差分析
	One-way ANOVA	单因素方差分析
	One-way repeated measures ANOVA	单因素重测数据的方差分析
	Two-way ANOVA	两因素方差分析
	One-way repeated measures ANOVA	两因素重测数据的方差分析
Multiple Regression		多元回归
Survival Analysis		生存分析
	Kaplan-Meier Estimator	Kaplan-Meier 估计模型
	Cox Proportional Hazards Model	Cox 比例风险模型
	Weibull fit	威布尔拟合模型
Nonparametric test		非参数统计

5.2.2.2 Origin 的图表功能

在 Origin 主窗口的中下部有一组图表按钮，其功能与 Excel 的图表功能相似。在 Origin 的 Datal 中选定数据列或数据范围之后，点击这些图表按钮，Origin 会自动作出图表，显示在 Graph1 中。Origin 的图表按钮及其功能如图 5-3 所示。

Line	Scatter	Line+Symbol	Column	Bar	Pie Chart	Area	Fill Area	Polar	Ternary	Smith Chart	High-Low-close	Vector XYAM	Vector XYXY	Template
线形图	点图	点+符号图	条形图	柱形图	饼图	面积图	填充面积图	极线图	三相图	史密斯圆图	股价图	矢量 XYAM	矢量 XYXY	图表模板

图 5-3 Origin 的图表按钮及其功能

点击“Template”（图表模板）后，会弹出一个“Select Template”（选择模板）对话框，左侧的“Category”（分类）项下有许多组模板，左下的“Template”（模板）项下是各分类组之中的一系列具体模板名称，右侧的“Preview”是图表示例。详见表 5-8。

表 5-8 Origin 的图表分类

Category（分类）	Template（模板名）	Preview（示例图）	Category（分类）	Template（模板名）	Preview（示例图）
Standard 2D（标准二维图形）	Line 线形图	B; 0 2 4 6 8 10; A; 0 2 4 6 8 10	Standard2D（标准二维图形）	Scatter 点图	B; 0 2 4 6 8 10; A; 0 2 4 6 8 10
	Line+Symb 点+符号图	B; 0 2 4 6 8 10; A; 0 2 4 6 8 10		Bar 条形图	B; 0 2 4 6 8 10; A; 0 2 4 6 8 10
	Column 柱形图	B; 0 2 4 6 8 10; A; 0 2 4 6 8 10		Pie 饼图	1 2 3; 50%; 36.36%; 13.64%
	Area 面积图	B C; 0 2 4 6 8 10 12 14 16; B; 1 2 3 4 5 6 7 8 9 10; A		Fill Area 填充面积图	B C; 0 2 4 6 8 10 12; B; 0 2 4 6 8 10; A
	Polar 横线图	A B; 20 15 10 5 0 5 10 15 20; 90° 120° 60° 150° 30° 180° 0° 210° 330° 240° 300° 270°		Ternary 三相图	C; 0.00 0.25 0.50 0.75 1.00; A B C
	SmithCht 史密斯圆图	1.0 0.5 2.0 0.2 5.0 0 0.2 5.0 0.5 2.0 1.0; Click to close image, click and drag t previous.; S_{21} 20; S_{12}−20; S_{11}; S_{22}		HLClose 股价图	Ford Motor Company(NYSE:F),2013; Price(US dollar); 16.4 16.8 17.2 17.6 18.0; sep30 Oct7 Oct14 Oct21 Oct28 Nov4
	Vector 矢量图	B; 0 2 4 6 8 10; A; 0 2 4 6 8 10		Vector XYXY 矢量	Arnold's Cat Map; XYXY Vector plot; Original plot; Twisted plot; −2 −1 0 1 2; −3 −2 −1 0 1 2 3

续表

Category （分类）	Template （模板名）	Preview（示例图）	Category （分类）	Template （模板名）	Preview（示例图）
Special Line （特殊线形图）	Dropline 垂线图		Special Line （特殊线形图）	DoubleY 双 Y 轴图	sm(Co,Fe,Cu,Zr)Alloy Powders Magnetic Field,H(kOe)
	Zoom1 局部放大图			Errbar 误差线图	
Special Line （特殊线柱图）	Float Bar 浮条图				
3D XYY （三维 XYY）	Bar3D 三维条形图	Sales Report	3D XYY （三维 XYY）	Ribbon 绶带图	
	Walls 条形图			Water3D 三维瀑布图	Time(sec)
Statistical （统计图）	Box 方框图	Youth Height and Weight by Gender	Statistical （统计图）	Hist 柱状图	Histogram with Normal Uistribution Overlay Curve

续表

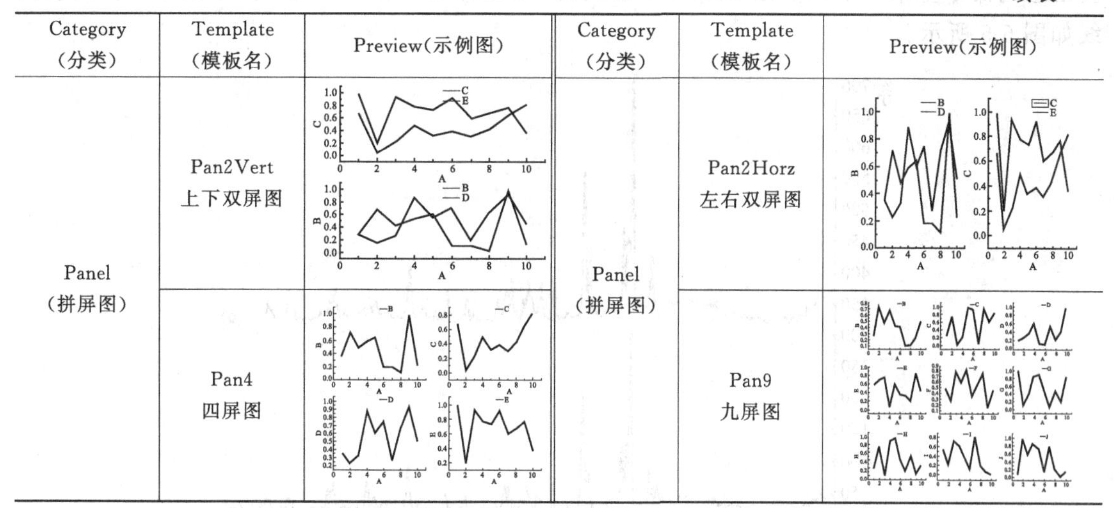

Category (分类)	Template (模板名)	Preview(示例图)	Category (分类)	Template (模板名)	Preview(示例图)
Panel (拼屏图)	Pan2Vert 上下双屏图		Panel (拼屏图)	Pan2Horz 左右双屏图	
	Pan4 四屏图			Pan9 九屏图	

5.2.2.3 Origin 的绘图功能

在 Origin 的左侧有一列“Tools”绘图工具按钮，主要功能包括屏幕控制、数据读取和绘图等，如图 5-4 所示。

Point	指针
Scale out	局部放大
Scale out	恢复显示
Screen Reader	屏幕读取
Data Reader	数据读取
Data Selector	数据选取
Selection on Active Plot	选取曲线数据点
Mask Points on Active Plot	标识数据点
Draw Data	画数据点
Text Tool	文本标注
Annotation	画箭头
Arrow Tool	曲杆箭头
Line Tool	画线
Rectangle Tool	画矩形
Zoom-Panning Tool	平移
Insert Equation	插入方程
Insert Graph	插入图片
Scale Zoom-Panning Tool	平移坐标系
Rotate Tool	旋转

图 5-4 Origin 的绘图工具按钮

5.2.3 Origin 在数据处理中的应用实例

【例 5-4】 材料科学与工程中的谱线处理。

材料科学研究离不开各种谱图。虽然谱线原始数据中包含了所有有价值的信息，但信息质量有时并不高。用数据作图后，无法借助人的眼和脑判断数据之间的内在逻辑联系，往往还需要进一步对数据图形进行处理，提取有用的信息。这就涉及谱线处理的一些内容。谱线和曲线的处理包括以下几个部分：数据曲线的平滑（去噪声）、数据谱的微分和积分、谱的基线校正或去除数据背景、求回归函数与多函数拟合达到分解和分辨数据谱的目的。进行这些处理的命令基本上都包括在 Origin 图形页的“Analysis”和“Tool”两个菜单中。绘制谱线如图 5-5 所示。

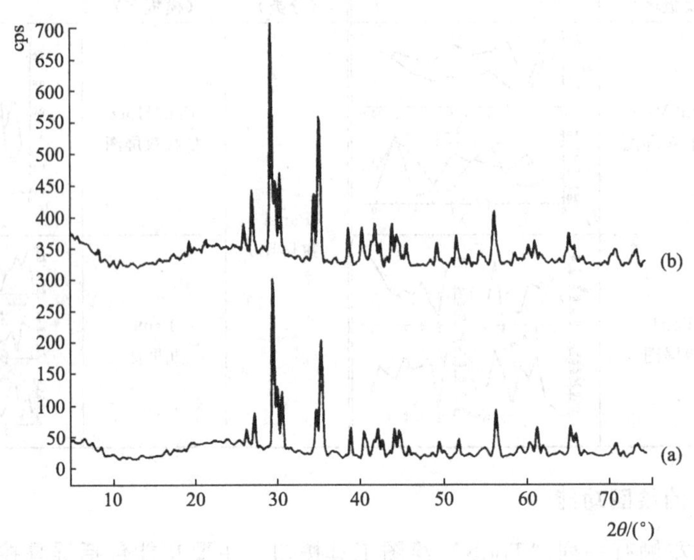

图 5-5　绘制谱线

(1) 曲线平滑　试验谱或试验数据常有一定的噪声背景，在高分辨谱中更为常见。打开图形页中的“Analysis”菜单，其中的“Signal Processing＞Smooth…”中的“Savitzky-Golay”或“Adjacent Averaging”或“FFT Filter Smoothing”命令分别是 Savitzky-Golay 法、窗口平均法和快速傅里叶过滤器，选择其中之一。根据软件提供的平滑参数范围，选择适当参数后确认。

(2) 谱的基线与数据背景校正　许多谱的测量都有一定的吸收背景，在进一步谱处理前必须先去基线或进行背景校正。

已知谱的基线或数据背景测量时受到仪器本身因素或者外界干扰信号的影响，图谱基线不总是在曲线图 $y=0$ 位置，即基线出现漂移。那么 Baseline 功能可以自动产生基线或者按照人为定义产生基线，对这两种方式产生的基线还可以根据需要进行局部修改，Origin 软件可以扣除基线漂移，重新绘制一张基线在 $y=0$ 或人为定义位置的图谱。

把谱线的基线或数据背景安排在数据页的一个 Y 数据列中。在图形页的“Analysis”菜单中选择“Data Manipulation＞Reference Data”命令。对话框显示了可用的数据列，扣除数据背景按照 $Y=Y_1-Y_2$，Y_1为原始谐数据列，Y_2为数据背景。因此，把左边可用数据列中的相应列选入 Y_1和 Y_2，运算符号栏中选用“□—□”，确认后，图形页自动进行背景扣除并更新。

在当前显示图形中去基线（直线基线）在当前图形页的“Analysis”菜单中选择“Data Manipulation＞Subtract Straight Line”命令。当前鼠标为“＋”，在双击谱的两端要去的基线处（基线的起始与终点部位），图形页自动去除基线并更新，参见图 5-6。

(3) 谱的微分和积分

① 作原谱的微分谱。选定作微分谱的数据列，在图形页的“Analysis”菜单下，选择“Mathematics＞Differentiale”，微分谱显示在另一个“Deriv”窗口中。

② 求谱的积分。在图形页的“Data”菜单中选定求积分的谱数据列，在图形页的“Analysis”菜单下，选择“Mathematics＞Intedrate”命令，曲线下方面积的积分结果显示

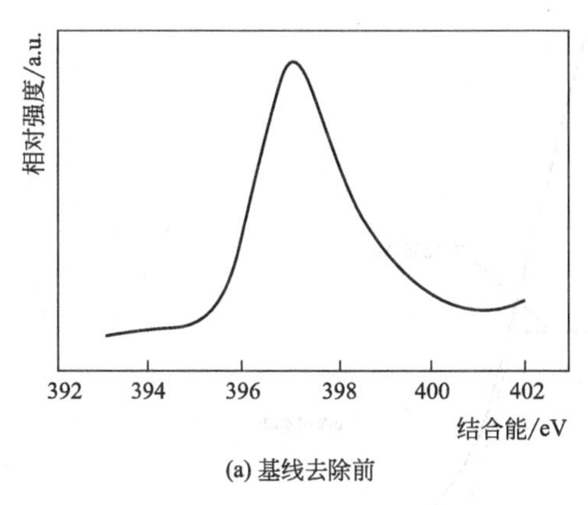

(a) 基线去除前

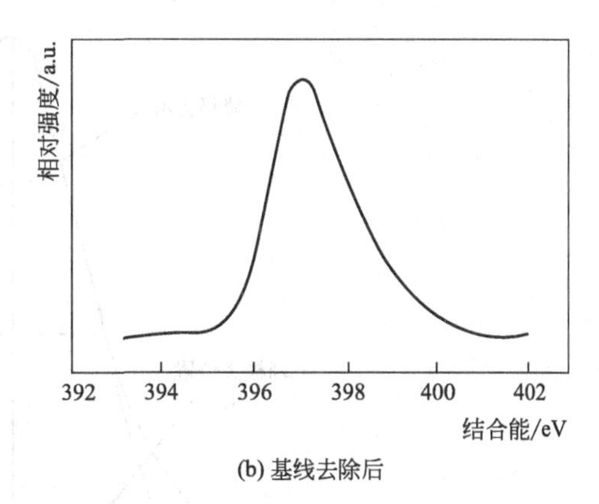

(b) 基线去除后

图 5-6 基线去除前后的谱线对比

在“Result Log”中。

(4) 曲线拟合与谱图分辨 在科学研究中，仪器记录一个物理量（因变量）随另一个物理量（自变量）的变化而得到谱图，谱图由若干谱带（峰）组成，每一谱带都有三个主要特征。

① 位置如振动光谱中的波数（频率），可见-紫外光谱小的波长，X 射线衍射中的 2θ，示差扫描量热法（DSC）的温度等，位置主要反映样品中存在的物质种类。

② 峰的极大值（峰高）在光谱中表现为强度，与物质浓度直接相关。

③ 峰宽（波形）通常用半高宽表示，即用峰高一半位置处峰的宽度表示，它与样品的物理状态有关。

谱线的解析拟合就是将谱图分解为各个谱带，给出它们的准确位置、峰极大值和峰宽。对于不同种类的仪器，影响谱带形状的物理因素不同，谱图也很不一样。如 X 射线衍射和 Raman 光谱峰较多和峰较窄，可见-紫外光谱峰较少和峰较宽。此外，Raman 光谱信号较弱，分辨率和信噪比都不如可见-紫外光谱。现已有许多谱线拟合的解析式，综合考虑各种因素，从而得到正确的谱带信息。

谱线解析拟合最常用的函数是 Gaussian 函数和 Lorentzian 函数，它们关联对称谱带的三个主要参数：峰极大值、峰极大的位置以及半高峰宽。在三个参数均相同的情况下，半高峰宽以上部分 Gaussian 函数和 Lorentzian 函数拟合的谱形状基本重合，但在半高峰宽以下部分 Gaussian 函数拟合的峰较窄，收缩较快，如图 5-7 所示。

Origin 提供了许多拟合函数，如线性拟合（Linear Regression)、多项式拟合（Polynomial Regression)、单个和多个 e 指数方式衰减（Exponential Decay）及 e 指数方式递增（Exponential Growth)、S 形函数（Sigmoidal)、单个和多个 Gauss 函数（Gaussian）及 Lorentz 函数（Lorentzian)。

此外用户还可以自定义拟合函数。实现这部分功能的命令都在图形页的“Analysis”菜单里。在非线性函数的拟合过程中，需要配合选择合适的初始值。曲线拟合及谱图解析往往不会一次成功，需要反复试验才能得到较好的结果。

① 曲线拟合在图形页的“Data”菜单中选定拟合曲线的数据列，根据需要，在图形页的“Analysis”菜单中选择相应的命令，按要求选择给出拟合参数。拟合结果的参数部分显示在“Script Window”窗口中，同时在图形页中显示拟合的曲线（选加在原来的曲线上，以便比较）。现将测量仪器自动采集的某个峰的数据导入到 Origin 数据表中，绘制出来的图

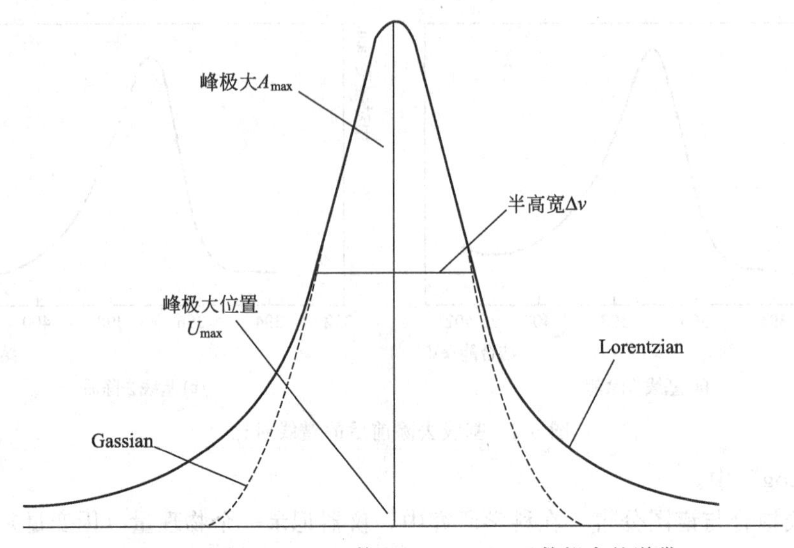

图 5-7　用 Gaussian 函数和 Lorentzian 函数拟合的谱带

形如图 5-8 所示。

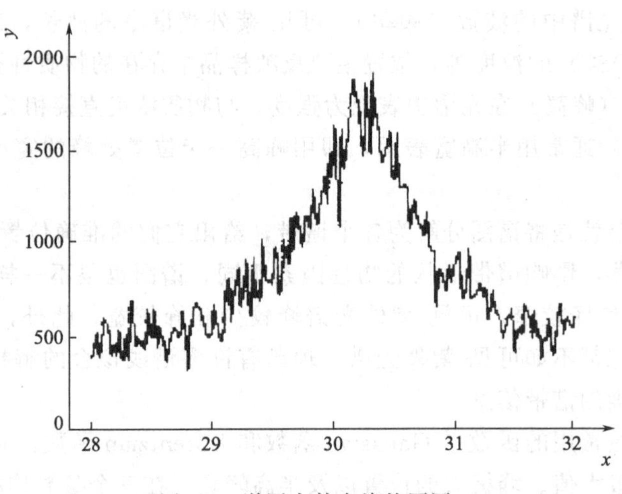

图 5-8　谱图中某个峰的原因

对于这个图形，需要确定峰的最大值及其位置、半高宽，如果这条曲线不做任何处理是很难确定的。采用 Origin 软件 Gaussian 函数和 Lorentzian 函数拟合，并自动提供相关拟合结果，非常便利。Gaussian 函数的拟合过程：下拉“Analysis”菜单选“Fitting＞Nonlinear Curve Fit”，在弹出的对话框中“Function”列表下选择“Gauss”，将立刻得到拟合结果。按同样过程可以得到 Lorentzian 函数拟合结果。

当采用 X 射线衍射法由 Scherrer 公式测定晶体晶格常数时，需要准确测量衍射峰高度及其对应角度、半高宽。将图形打印出来进行人为测量，会对这些参数引入很大误差，特别是偶然误差。当采用上述介绍的方法进行处理时，既减少了工作量，又提高了准确度，所存在的误差最多也就是系统误差。对于峰高，可以从 Origin 窗口最下部的拟合数据文件中得到。双击该文件，A（x）栏是独立的横坐标，B（y）栏数据就是拟合值，参考 A 可迅速查到峰高为 261.84（Gaussian 拟合）或 276.33（Lorentzian 拟合），如图 5-9 所示。

② 谱线分辨。N 原子 1s 的 XPS 谱有两个峰（两种不同局域环境的 N 原子，一个氨是

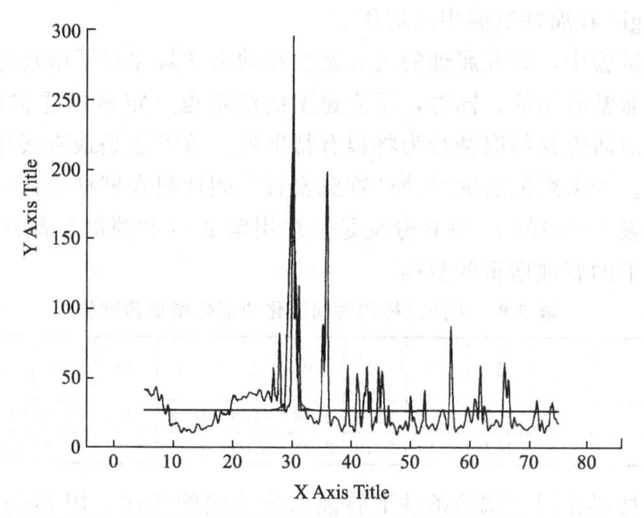

Gauss fit to A3203_B:					Lorentz fit to A3203_B:				
Chi^2	359.1714				Chi^2	340.21699			
R^2	0.43234				R^2	0.4623			
Area	Center	Width	Offset	Height	Area	Center	Width	Offset	Height
103.81	30.047	0.31633	27.782	261.84	149.93	30.049	0.34540	27.131	276.33

图 5-9　Gaussian 拟合和 Lorentzian 拟合比较

N 相两个芳环上的 N)，且两个峰的面积比为 1∶2（等于两种 N 原子个数比），试确定这两个峰的位置（eV，电子伏）。

按题意拟用两个 Gaussian 函数的叠加拟合，先去除基线，经过多次试算，所得结果如图 5-10 所示。两个峰的位置分别为 397.01eV 和 398.44eV，峰面积比为 2∶1，两个峰的合成能与实验谱很好地重合。

对于更复杂的谱线，可以采用非线性拟合进行解析拟合，根据初始条件以及所研究问题的实际情况，设置相关参数，将复杂谱线解析为多条简单曲线的叠加，并将这些曲线的峰位、半宽高、峰下面积等信息给出，以便再做定量处理。Origin 软件和 Excel 软件都具备这项功能，当然实际操作会非常烦琐而费时。需要耐心反复试验，才能得到满意结果。需要指出，根据初始条件及实际情况的不同，解析结果不唯一，需要优化条件或参数设置，得到合理的解析结果。图 5-11 示意了非线性拟合解析谱线的一个实例。

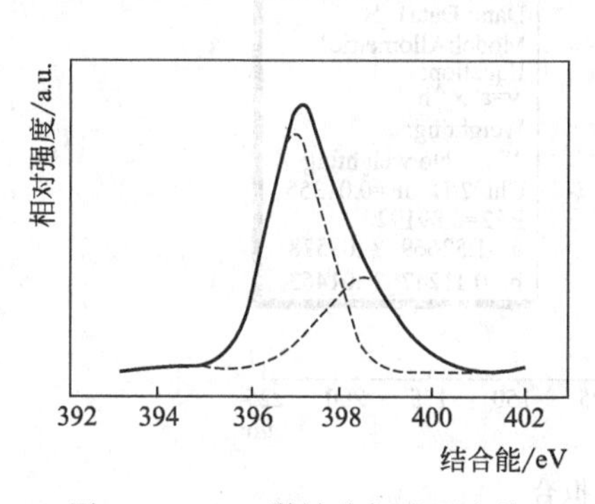

图 5-10　XPS 谱被分解成两个峰

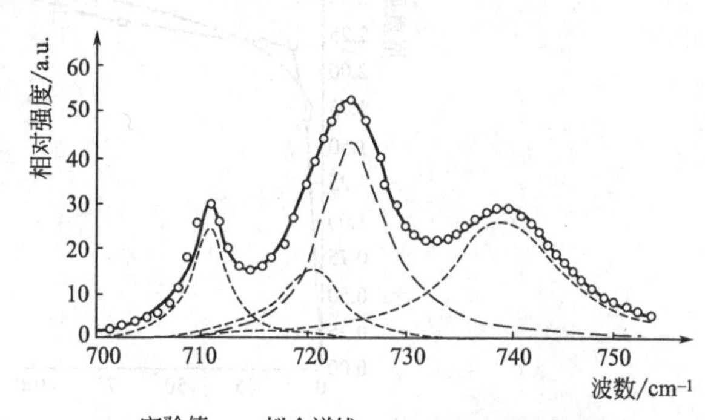

图 5-11　非线性拟合 Raman 光谱

【例 5-5】 Origin 在腐蚀试验中的应用。

在材料的腐蚀试验中，研究腐蚀的反应速度和动力学规律对了解反应机理及整个反应的速度控制步骤都是非常有用的。同时，反应速度的测定也是定量描述材料腐蚀程度的基础，与理论模型相结合对研究材料腐蚀行为将很有帮助的。重量法是最直接也是最方便的测定高温腐蚀速度的方法。如果腐蚀后的腐蚀产物致密且牢固地附在试样表面且质量增加时，可以用增重法来计算。表 5-9 中的 A 和 B 分别是锅炉用钢 20G 和喷涂有高镍铬涂层 20G 的在相同的高温氧化条件下的腐蚀增重的数据。

表 5-9 不同试样随时间变化的氧化增重量试样

试样氧化时间/h	0	5	10	20	30	50	70	90	110	130	150	175	200
A/(mg/cm²)	0	2.2	13.4	22.3	30.8	41.8	48.8	59.6	66.6	71.97	78.84	85.66	92.20
B/(mg/cm²)	0	1.7	2.18	2.19	2.23	6.09	2.34	2.42	2.53	2.64	2.75	2.84	2.96

为了得出不同材料在同一试验条件下腐蚀增重曲线的规律，用 Origin 软件中的 Plot 菜单的 Scatter 得出散点图，并拟合方程。无涂层拟合结果如图 5-12 所示，有涂层拟合结果如图 5-13 所示。

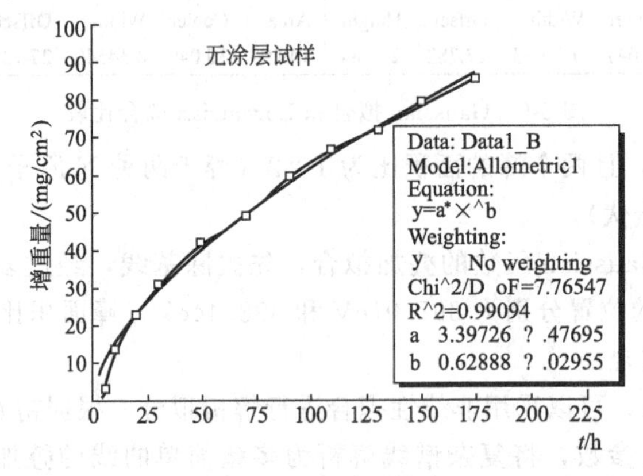

图 5-12 无涂层拟合

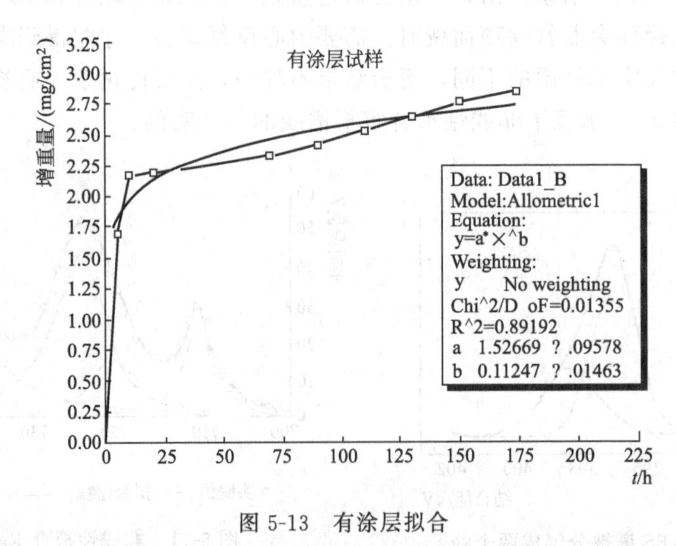

图 5-13 有涂层拟合

可以得出有涂层、无涂层 20G 氧化增重的动力学方程的拟合结果分别为：

$$y=3.397x^{0.629}$$
$$y=1.527x^{0.112}$$

可见涂层具有很好的抗氧化性能。由此可以看出使用 Origin 软件不仅可以很容易地作出漂亮的曲线，直观地看出其变化趋势，而且能得出其曲线方程的表达式，从而能准确地进行定量分析。

【例 5-6】 Origin 在热力学计算和相图绘制中应用。

（1）线性拟合　表 5-10 为苯-乙醇溶液折射率测定数据。

表 5-10　苯-乙醇溶液折射率测定数据

苯的摩尔分数/%	折射率	苯的摩尔分数/%	折射率
10	1.3734	70	1.4570
20	1.3875	90	1.4850
50	1.4290		

将数据输入 Origin 数据表中，作苯组分-折射率的散点图，再选择“Analysis”菜单中的“Fit lineal”，对该数点图进行线性拟合。得到曲线类的为 $y=B+Ax$，$B=-9.75602$，$A=7.17622$，R（相关系数）$=1$，SD（标准偏差）$=9.95047\times10^{-4}$，P（$R=0$ 的概率）<0.0001 表明拟合效果最佳，拟合函数式为 $y=7.17622x-9.75602$。苯组分 -折射率散点图如图 5-14 所示。

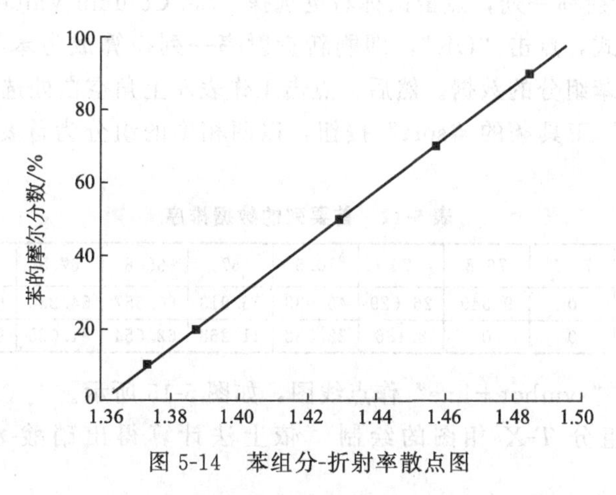

图 5-14　苯组分-折射率散点图

（2）对数据换算并作图　表 5-11 是苯-乙醇溶液沸点-组成测定的原始数据，并点击鼠标右键选择“SetColumn Values”将折射率的平均值求出。

表 5-11　苯-乙醇溶液沸点-组成测定的原始数据

沸点/℃	液相冷凝液分析			气相冷凝液分析		
	折射率			折射率		
	测量值		平均	测量值		平均
78.0	1	1.4760	1.4767	1	1.4760	1.4767
	2	1.4770		2	1.4772	
	3	1.4772		3	1.4770	
70.5	1	1.4562	1.4570	1	1.4562	1.4570
	2	1.4570		2	1.4570	
	3	1.4577		3	1.4577	

续表

沸点/℃	液相冷凝液分析			气相冷凝液分析		
	折射率			折射率		
	测量值		平均	测量值		平均
67.8	1	1.4490	1.4490	1	1.4490	1.4490
	2	1.4490		2	1.4490	
	3	1.4491		3	1.4491	
66.8	1	1.4437	1.4436	1	1.4437	1.4436
	2	1.4435		2	1.4435	
	3	1.4437		3	1.4437	
67.0	1	1.4391	1.4388	1	1.4391	1.4388
	2	1.4380		2	1.4380	
	3	1.4392		3	1.4392	
76.8	1	1.3731	1.3728	1	1.3731	1.3728
	2	1.2725		2	1.2725	
	3	1.3728		3	1.3728	
74.0	1	1.3970	1.3966	1	1.3970	1.3966
	2	1.3962		2	1.3962	
	3	1.3965		3	1.3965	
70.5	1	1.4253	1.4249	1	1.4253	1.4249
	2	1.4250		2	1.4250	
	3	1.4245		3	1.4245	

选中表 5-11 中折射率一列，点击鼠标右键选择“Set Column Values”，在文本框中输入标准曲线的拟合函数式，点击“OK”，即刷新折射率一列换算成为苯组分的数据，同理将另一列折射率换算为苯组分的数据。然后，点击工作表左上角空白处选中整个工作表，再点击“Worksheet Date”工具条的“sort”按钮，以两相中的组分为首要列对数据进行排序，见表 5-12。

表 5-12　首要列的数据排序

沸点/℃		77.1	76.8	74	70.5	67	66.8	67.8	70.5	78	78.9
苯/%	气相	0	9.549	26.629	46.938	56.913	60.357	64.232	69.973	84.11	100
	液相	0	0	8.186	22.538	41.268	62.654	81.025	90.713	94.229	100

排序完毕，点击“symbot＋line”作点线图，如图 5-15 所示。

(3) 硝酸-水二组分 *T*-*X* 相图的绘制　依上法计算得出硝酸-水二组分的组成表，见表 5-13。

表 5-13　硝酸-水二组分的组成

T/℃	$X(HNO_3)_{液}$	$Y(HNO_3)_{气}$	T/℃	$X(HNO_3)_{液}$	$Y(HNO_3)_{气}$
85.5	1.00	1.00	105	0.055	0.005
93	0.825	0.99	105	0.67	0.97
100	0.00	0.00	110	0.00	0.01
100	0.75	0.98	110	0.60	0.96
112.5	0.56	0.93	120	0.27	0.17
115	0.19	0.09	121	0.33	0.27
115	0.52	0.9	121	0.415	0.54
117.5	0.485	0.800	122	0.38	0.38

将数据输入 Origin 的数据表中，然后作温度-组分的点线图，如图 5-16 所示。

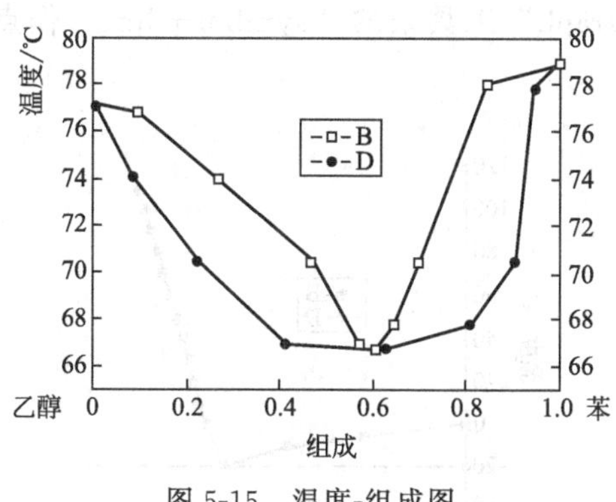

图 5-15 温度-组成图

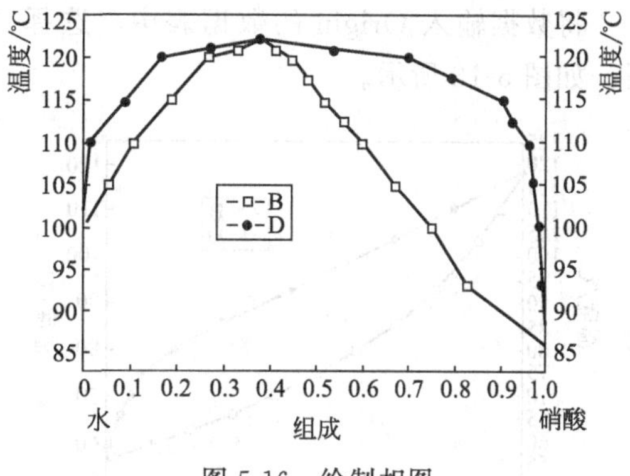

图 5-16 绘制相图

(4) 乙酸-丙酮气液平衡 T-X 相图的绘制 表 5-14 列出气液平衡试验的数据。

表 5-14 气液平衡试验的数据

T/℃	X_B	Y_B	T/℃	X_B	Y_B
118.1	0	0	74.6	0.5	0.912
110	0.05	0.1	70.2	0.6	0.947
103.8	0.1	0.306	66.1	0.7	0.969
93.19	0.2	0.557	62.6	0.8	0.984
85.8	0.3	0.725	59.2	0.9	0.993
79.7	0.4	0.84	56.1	1	1

将数据输入 Origin 的数据表中，选择“2D graph Extended”工具条的“double Y Axis”按钮作双 Y 轴图，如图 5-17 所示。

(5) 水-硫酸铵体系的固液 T-X 相图表 5-15 列出水-硫酸铵体系的固液相图试验的数据。

表 5-15 水-硫酸铵体系的固液相图试验的数据

$(NH_4)_2SO_4$(质量分数)/%	温度/℃	$(NH_4)_2SO_4$(质量分数)/%	温度/℃
0	0	44.8	40
16.7	−5.55	45.8	50
28.6	−11	46.8	60
37.5	−18	47.8	70
38.4	−19.1	48.8	80
41	0	49.8	90
42	10	50.8	100
43	20	51.8	108.9
43.8	30		

将数据输入 Origin 的数据表中，选择“2D graph”工具条的“symbol+line”作点线图，如图 5-18 所示。

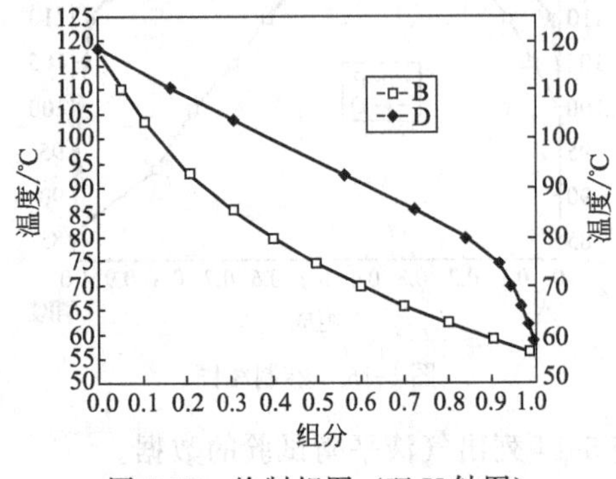

图 5-17 绘制相图（双 Y 轴图）

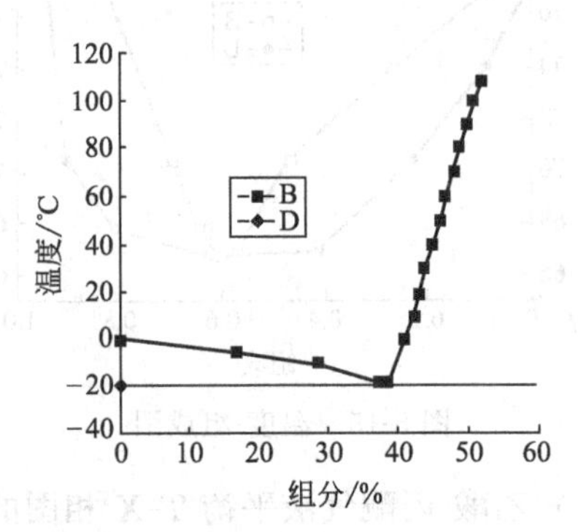

图 5-18 绘制相图（点线图）

（6）苯-乙醇-水三组分相图的绘制 表 5-16 列出三组分试验的数据。

表 5-16 三组分试验的数据

项目	编号							
	1	2	3	4	5	6	7	8
苯/mL	0.09	0.19	1	1.5	2.5	3	3.5	4
水/mL	3.5	2.5	2.51	1.36	0.76	0.45	0.18	0.11
乙醇/mL	1.5	2.5	5	4	3.5	2.5	1.5	1

将数据输入 Origin 的数据表中，用 Set Column 功能将体积换算为质量，选择“2D graph”工具条的“Ternary”作三角点线图，如图 5-19 所示。

用 Origin 求三角图含量的功能可将图中各点的含量求出，再分别在数据的起始和末尾加上组分为苯 100%和水 100%的两点，见表 5-17。

表 5-17 加上组分为苯 100%和水 100%的两点后的数据

水/%	1	73.482	53.876	34.217	23.305	13.287	8.893	4.054	2.491	0
乙醇/%	0	24.857	42.525	53.8	54.101	48.296	38.995	26.663	17.876	0
苯/%	0	1.661	3.599	11.983	22.594	38.417	52.112	69.284	79.632	1

用此数据刷新原图则可完成作图，如图 5-20 所示。

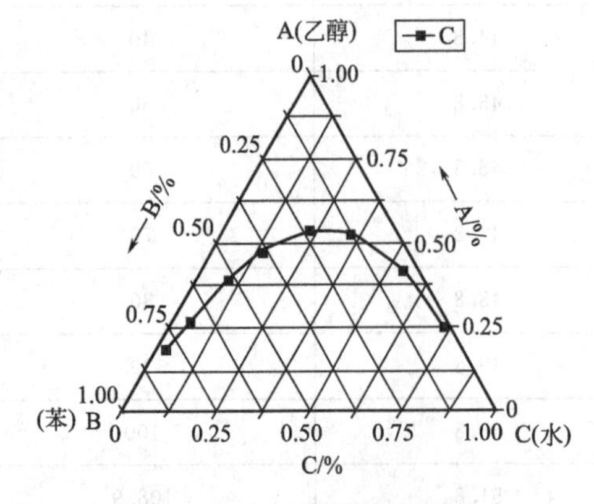

图 5-19 三元制相图（原图）

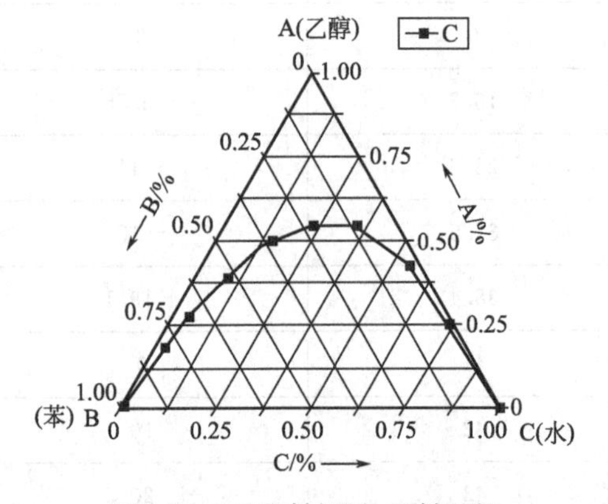

图 5-20 三元制相图（刷新后）

（7）HCl 滴定 NaOH 电导率测定 表 5-18 为 HCl 滴定 NaOH 的 κ-V 的数据（C_{HCl}＝0.0914mol/L）。

表 5-18 HCl 滴定 NaOH 的 κ-V 的数据

V_{HCl}/mL	κ/(μs·cm^{-1})	V_{HCl}/mL	κ/(μs·cm^{-1})	V_{HCl}/mL	κ/(μs·cm^{-1})
2.00	2.33	16.00	1.58	25.50	1.15
4.00	2.22	18.00	1.48	26.00	1.15
6.00	2.11	20.00	1.38	26.50	1.20
8.00	2.00	22.00	1.28	27.00	1.27
10.00	1.89	24.00	1.18	29.00	1.56
12.00	1.78	24.50	1.17	31.00	1.83
14.00	1.68	25.00	1.15		

将数据输入 Origin 中作图，如图 5-21 所示。

用 1～12 点和 17～20 点分别做线性拟合，得两拟合直线相交。线性拟合结果为 Y＝2.41717－0.05176X，R＝－0.9996 和 Y＝－2.52148＋0.14049Z，R＝0.99986。由 R 值可以看出拟合效果较好。解两直线方程组成的方程组求得两直线的交点即为滴定终点，V＝25.7mL，κ＝1.09μs·cm^{-1}。

（8）$BaCl_2$ 滴定 Na_2SO_4 电导率测定 表 5-19 为 $BaCl_2$ 滴定 Na_2SO_4 的 κ-V 的数据（c_{BaCl_2}＝0.0914mol/L）。

表 5-19 $BaCl_2$ 滴定 Na_2SO_4 的 κ-V 的数据

V_{BaCl_2}/mL	κ/(μs·cm^{-1})	V_{BaCl_2}/mL	κ/(μs·cm^{-1})	V_{BaCl_2}/mL	κ/(μs·cm^{-1})
2.00	1.19	16.00	1.17	26.00	1.23
4.00	1.19	18.00	1.16	26.50	1.24
6.00	1.18	20.00	1.16	27.00	1.26
8.00	1.18	22.00	1.16	29.00	1.34
10.00	1.18	24.00	1.16	31.00	1.42
12.00	1.17	25.00	1.19	33.00	1.50
14.00	1.17	25.50	1.20		

将数据输入 Origin 中作图，如图 5-22 所示。

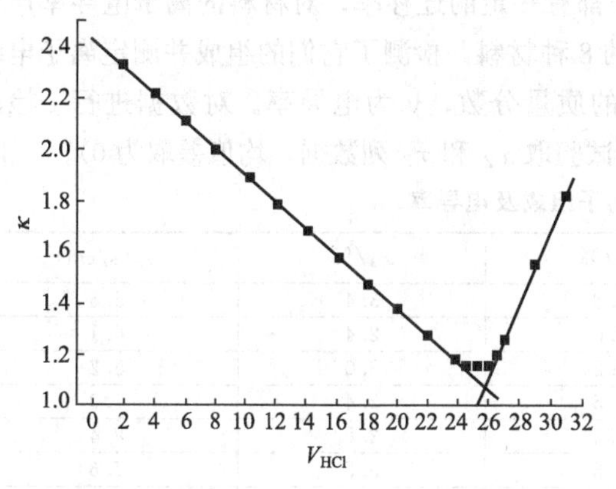

图 5-21 HCl 滴定 NaOH 的 κ-V 线性拟合

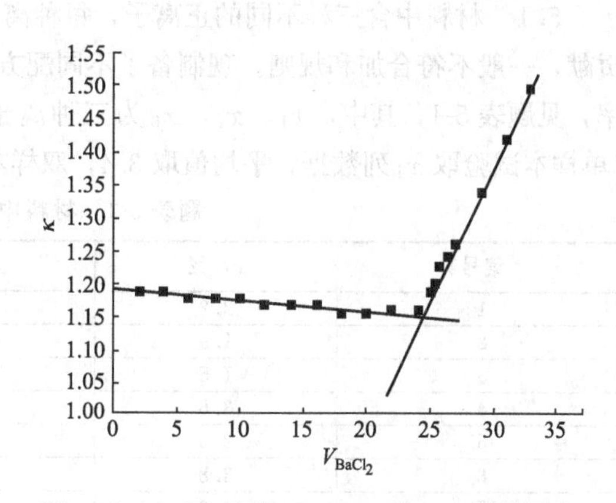

图 5-22 $BaCl_2$ 滴定 Na_2SO_4 的 κ-V 线性拟合

如上法，得拟合结果为 Y＝0.18＋0.04X，R＝1 和 Y＝1.19327－0.00164X，R＝－0.96909。由 R 值可以看出拟合效果较好，解得 V＝33.0mL，κ＝1.5μs·cm^{-1}。

（9）溶液表面张力的测定 表 5-20 为最大泡压法测定表面张力的数据，室温为 25℃，大气压为 98963.44Pa。

表 5-20　最大泡压法测定表面张力的数据

$c/(\mathrm{mol\cdot L^{-1}})$	0.000	0.020	0.060	0.100	0.140	0.180	0.220
Δp_{max}	0.463	0.421	0.369	0.329	0.298	0.274	0.254
$\Gamma/\times 10^6$	0	2.50	4.70	6.15	6.61	6.67	6.76

将数据输入 Origin 中作图，如图 5-23 所示。

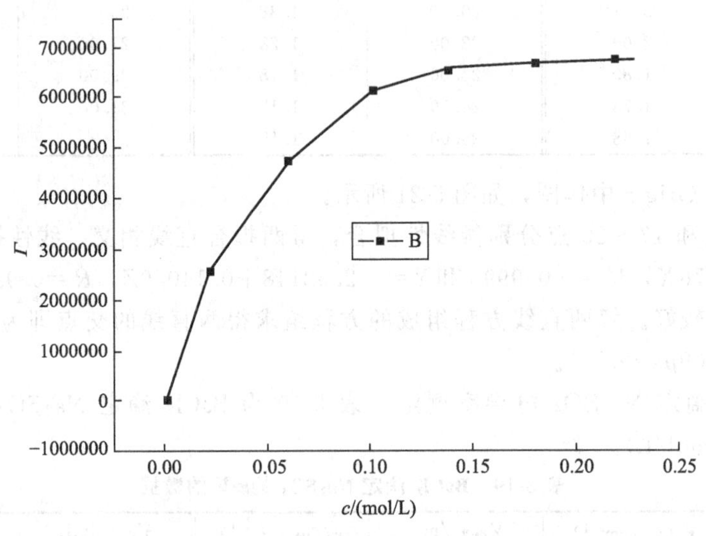

图 5-23　溶液表面张力的测定

由 c 值较大的若干个点作直线外推，与纵轴相交即为 Γ_∞。在图 5-23 中取最后三个点作散点图，选择“Analysis”菜单中的“Fit Linear”，对该散点图进行线性拟合。

线性拟合的结果为 $Y=6.3425E6+1.875E6X$，$R=0.9934$。由 R 值可以看出拟合效果较好。拟合直线截距的值即 Γ_∞，为 6.3425×10^6。

思考题与上机操作题

5.1　材料中含三种不同的正离子，每种离子都有一定的迁移率，对材料的离子电导率产生贡献，一般不符合加和规则。现制备了不同配方的 8 种材料，检测了它们的组成并测定离子电导率，见题表 5-1，其中，x_1、x_2、x_3 为三种离子的质量分数，y 为电导率。对数据进行 t-检验(单样本试验取 x_1 列数据，平均值取 3.4，双样本试验取 x_2 和 x_3 列数据，均值差取为 0)。

题表 5-1　材料中离子组成及电导率

编号	$x_1/\%$	$x_2/\%$	$x_3/\%$	$y/(\mathrm{s/cm})$
1	2.2	1.8	3.4	5.6
2	1.9	2.0	2.4	6.1
3	1.5	2.2	3.0	5.2
4	3.6	2.5	2.4	7.9
5	2.0	1.6	2.8	8.4
6	2.8	2.5	3.5	7.6
7	4.0	2.5	3.5	8.1
8	4.5	4.0	5.0	7.4
9	3.0	1.6	2.4	6.5
10	3.5	2.2	3.7	7.6
11	4.0	3.2	4.2	8.2

5.2 数据与上题相同，求出 y 对于 x_1、x_2、x_3 的回归方程。

5.3 新建 Worksheet 文件，选中 A 列，右击："Fill Column with：Row Numbers" 选中 B 列和 C 列，右击："Fill Column with：Uniform Random Numbers"，新建 D 列，将 D 列赋值 col（A）* n1＋col（B）；新建 E 列，将 E 列赋值 col（A）* n2＋col（C）（注：n1，n2 在 1～10 之间，两者值相差 2 以上）。将 D、E 列对 A 列作图（Plot：Scatter），并对其进行线性拟合。

5.4 某液相反应实验测定的反应速率与反应物浓度关系见题表 5-2，求该反应的反应速率常数，并求出反应物浓度和反应速率之间的线性方程。要求图形横坐标为反应物浓度，纵坐标为反应速率，并正确显示中文和单位，指明其相关系数。

题表 5-2 反应速率与反应物浓度

$C_A/(\mathrm{kmol/m^3})$	0.1000	0.2000	0.3000	0.4000	0.5000
$(-r_A)/[\mathrm{kmol/(m^3 \cdot min)}]$	0.0054	0.0081	0.0139	0.0179	0.0235
$C_A/(\mathrm{kmol/m^3})$	0.6000	0.7000	0.8000	0.9000	1.0000
$(-r_A)/[\mathrm{kmol/(m^3 \cdot min)}]$	0.0277	0.0320	0.0353	0.0399	0.0444

第 6 章 材料科学与工程中的图像处理

随着材料科学研究的深入和发展，计算机图像分析系统逐渐成为辅助研究材料结构与性能之间定量关系的一种重要手段。仅以图像保存和输出为例，用户可以不再需要胶片、有毒的冲洗液，也不再需要在伸手不见五指的暗房内漫长且乏味地冲洗底片和印相片，只需一个热升华或彩色激光打印机，用户可立即得到一张可与传统相片质量相当的图像输出。数字化的图像还可以通过日益发展的互联网瞬间传到世界各地，大大方便了世界各地的科学家们的交流与合作。如果采用传统照片这是无法想象的。

在目前全球竞争日益激烈的环境下，在材料的生产领域贯彻严密的质量控制标准正成为维持一个企业健康发展的重要保证。为达到 ISO、ASTM、GB 等标准，许多企业投入大量的人力和物力进行质量检测，实行统计过程控制（SPC）及质量控制的文件化管理。大量重复的、高密度的检测正是图像分析系统（特别是自动分析系统）发挥重要作用的地方。实行质量控制管理，要求文件更具可追溯性、统一性，这对质量文件提出更高的要求，图像分析系统成为提供高质量的质量控制文件（包括图像及文字数字资料）不可或缺的重要工具。据美国 Yencharis Consulting Group 公司估计，全球图像分析系统（包括软硬件）每年约有 25 亿美元的市场，其中仅在显微镜应用方面（包括材料金相、生命及生物科学）就约有 4 亿美元的市场，市场前景十分广阔。

本章从计算机图像处理的基本原理入手，介绍如何用常规软件进行材料光学显微镜或电子显微镜图像的分析与处理，使读者了解材料科学研究中利用进行计算机图形和图像分析与处理的基本方法，并力求在常规条件下实现对材料图像的处理与分析。

6.1 图像与图像处理

图像简单来说就是任一二维或三维景物呈现在人们心目中的影像。确切地说，图像是一种代表客观世界中某一物体的、生动的图形表达，包含了描述其所代表物体的信息。例如，一幅猴子的照片，就包含了人眼所看到的猴子的全部形象化的信息。就本课程来说，图像是指由各种材料表征手段（如光学或电子显微镜、光谱等）所获得的有关材料结构的各种影像。

图像处理就是按特定的目标，用一系列特定的操作来“改造”图像。所谓特定的目标，可以是使图像更清晰、更美丽动人，也可以是从图像中提取某些特定的信息。本章所涉及的图像处理，主要是对各种表征手段获得的影像进行“加工”，从中提取有关材料结构的信息。

6.2 数字图像的获得途径

一般的图像（即模拟图像）不能直接用数字计算机来处理。为使图像能在计算机内进行处理，首先必须将各类图像（如照片、图形、调光照片等）转化为数字图像。这种转化过程是由一套硬件系统来完成的。一般很多材料检测仪器带有配套的专用图像采集系统。常规的可自主实施的方法包括CCD摄像头（摄像机）、扫描仪、数码相机、图像采集卡和计算机。

CCD图像采集系统由CCD摄像头、图像监视器、图像卡和计算机硬件系统和图像采集与处理软件系统组成（图6-1）。图像卡上的图像存储单元可由512×512×8位、1024×1024×8位或更高分辨率的通道组成，所以图像卡的常用分辨率是512×512或1024×1024。通道的个数、CCD摄像头与图像监视器的性能决定了色彩输入能力、色彩显示能力和图像处理能力。图像卡有黑白图像卡、伪彩色图像卡和真彩色图像卡之分。其工作过程是用摄像头对景物进行实时或准实时采集，经A/D变换后，图像存放在图像存储单元的一个或三个通道中，D/A变换电路自动将图像实时显示在图像监视器上。通过主机发出指令，将某一帧图像静止在图像存储通道中，即采集或捕获一帧图像，然后对图像进行处理或存盘。

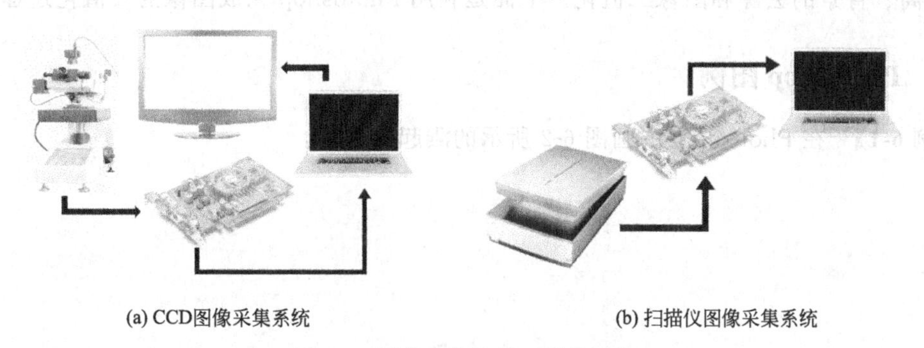

(a) CCD图像采集系统　　(b) 扫描仪图像采集系统

图6-1 图像采集与处理硬件系统

图6-1（b）为扫描仪图像采集系统，系统组成包括平板式扫描仪。平板式扫描仪像一台复印机，扫描范围一般为A4幅面，扫描分辨率一般在300～1200dpi（Dots Per Inch）之间，可以生成二值图像、4位或8位灰度图或24位RGB真彩色图像。扫描仪通过一块主机插槽的接口卡与主机相连，一般可得到*.BMP、*.PCX、*.JPG、*.TIF等格式。

6.3 Photoshop软件进行图像处理与分析举例

下面以常用的Photoshop软件为例，帮助大家了解材料图像分析与处理的基本方法。Photoshop是Adobe公司出品的用于平面设计领域的优秀软件，功能非常强大，有很多图像处理功能，如图层、路径、通道、滤镜等。

6.3.1 Photoshop 六大基本功能

（1）绘图功能　具有多种绘图工具，如喷枪、铅笔、笔刷等，可以自由设定图片的形状、大小等；具有渐变工具，实现图像的渐变效果；具有修补功能，可以对图片进行修饰。

（2）选取功能　具有强大的图像选取能力，可以将复杂背景下的物体取出进行修改。常用工具包括套索、魔术棒等。

（3）编辑功能　可以将图像进行任意旋转、扭曲、拉伸和制作透视效果。

（4）色彩调整功能　可以快捷方便地控制调整图像的颜色和色调。

（5）图层、通道、蒙版功能　图像可以由很多图层组成，并且支持透明图层。通道可以使用户任意选择修改区域。蒙版就是将不想修改的部分暂时挡住，从而方便修改。

（6）滤镜功能　Photoshop 提供了 100 多种滤镜，可以制作各种效果，如运动模糊、玻璃滤镜等。

在材料科学研究工作中，往往需要对材料表面状态变化进行对比研究。往往需要用到各种显微镜检测手段，如扫描电子显微镜、原子力显微镜等。检测后得到了材料表面状态图像，仪器自带的软件可以处理图像，材料科学工作者也可以利用 Photoshop 软件进行更深入的图像处理，从而得到更好的效果。

材料聚集态结构单元的测量是材料科学研究中图像处理的主要内容。基于此，其首要工作就是图像的二值化，这是一种常用的图像预处理技术，其目的是分离出目标对象，同时消除背景干扰。保证图像二值化质量的关键是阈值的选取。图像二值化的主要步骤包括目标对象的分离、背景的去除和图像二值化。下面是利用 Photoshop 完成图像的二值化过程。

6.3.2 Photoshop 图例

【例 6-1】 在 Photoshop 中画图 6-2 所示的溅起的水滴。

图 6-2　溅起的水滴

（1）新建文件，从水面开始，填充合适的浅蓝色，用钢笔工具勾出扩散的水波，如图 6-3 所示。

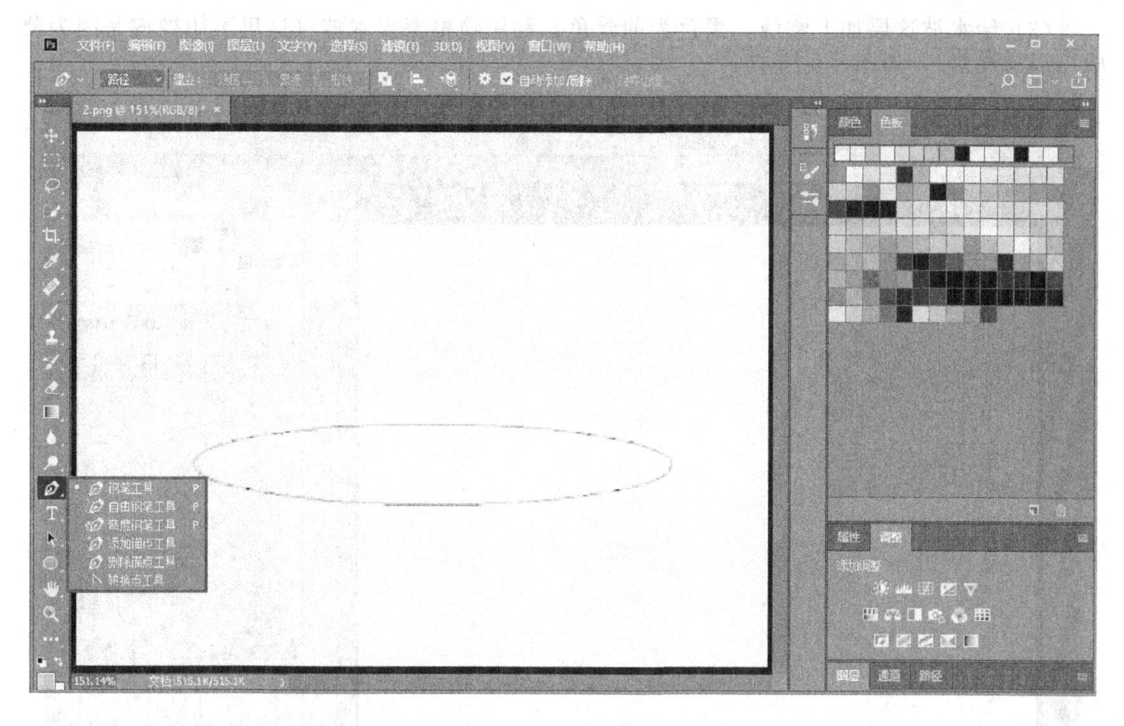

图 6-3 钢笔工具勾出扩散的水波

（2）选择合适的深蓝色作为前景色，毛笔笔刷选择合适大小和不透明度（大家可以根据实际情况来设置），如图 6-4 所示。

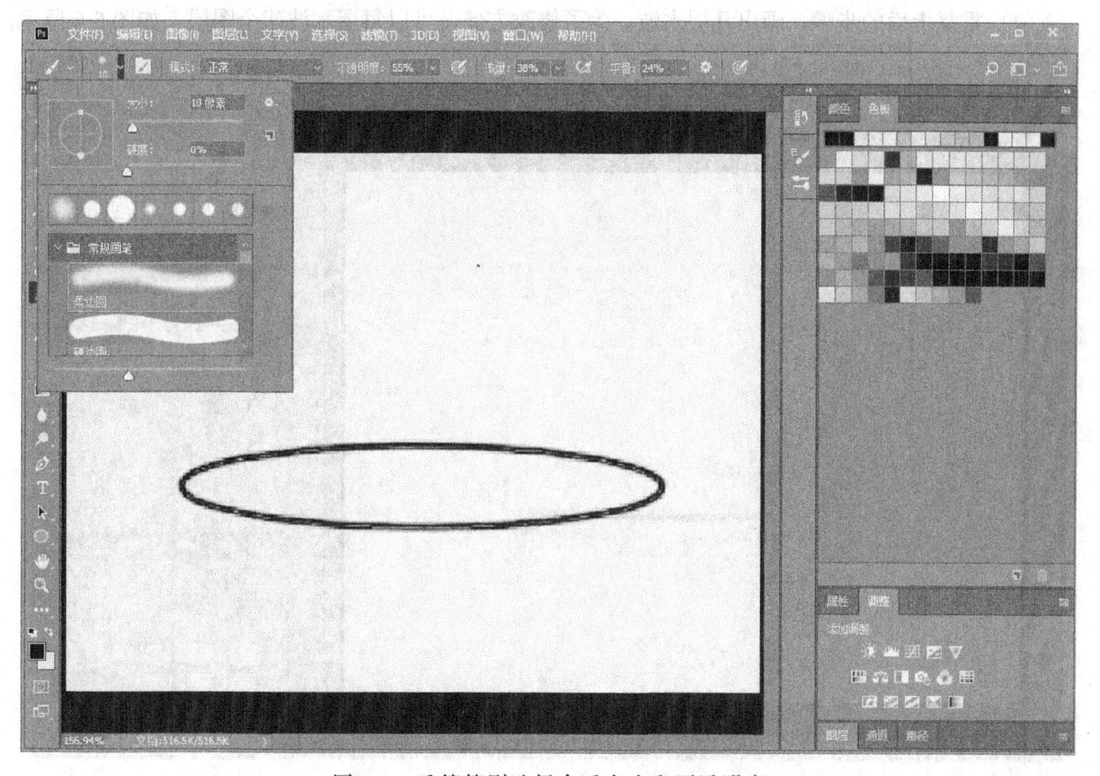

图 6-4 毛笔笔刷选择合适大小和不透明度

（3）给水波这层加上蒙版，黑色为前景色，利用喷枪擦出水波（这里不用橡皮是因为蒙版可以反复修），如图 6-5 所示。

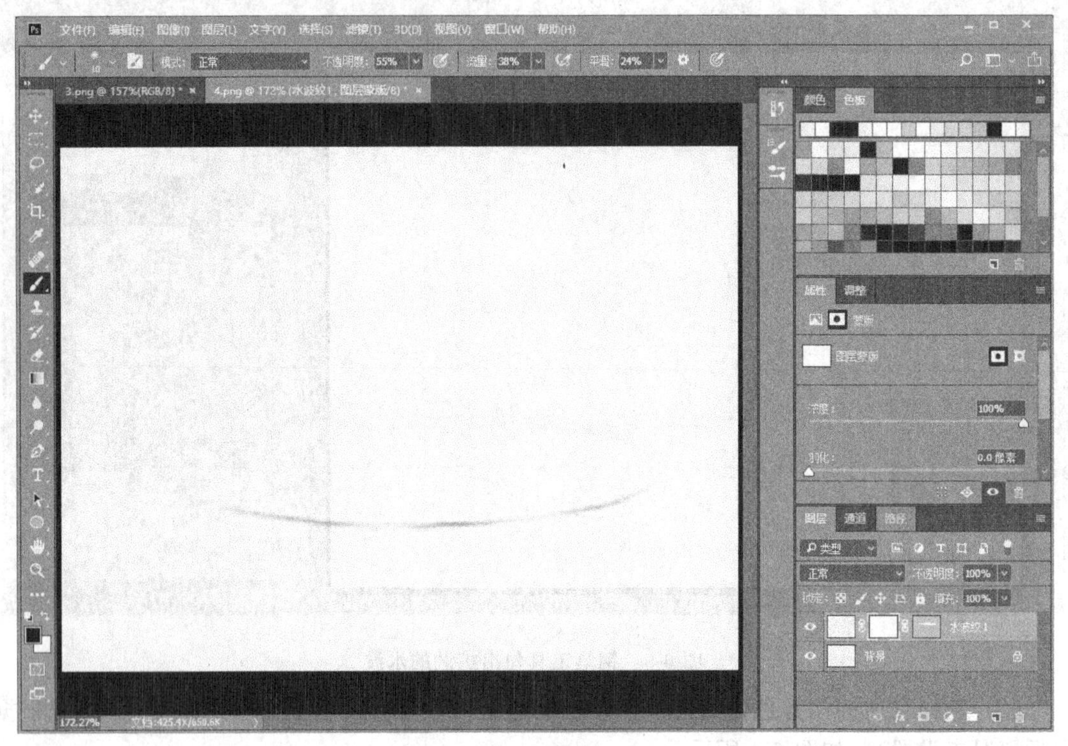

图 6-5　用喷枪擦出水波

（4）重复上面的步骤，画出几层水波，为了修改方便，可以每层水波建个图层，如图 6-6 所示。

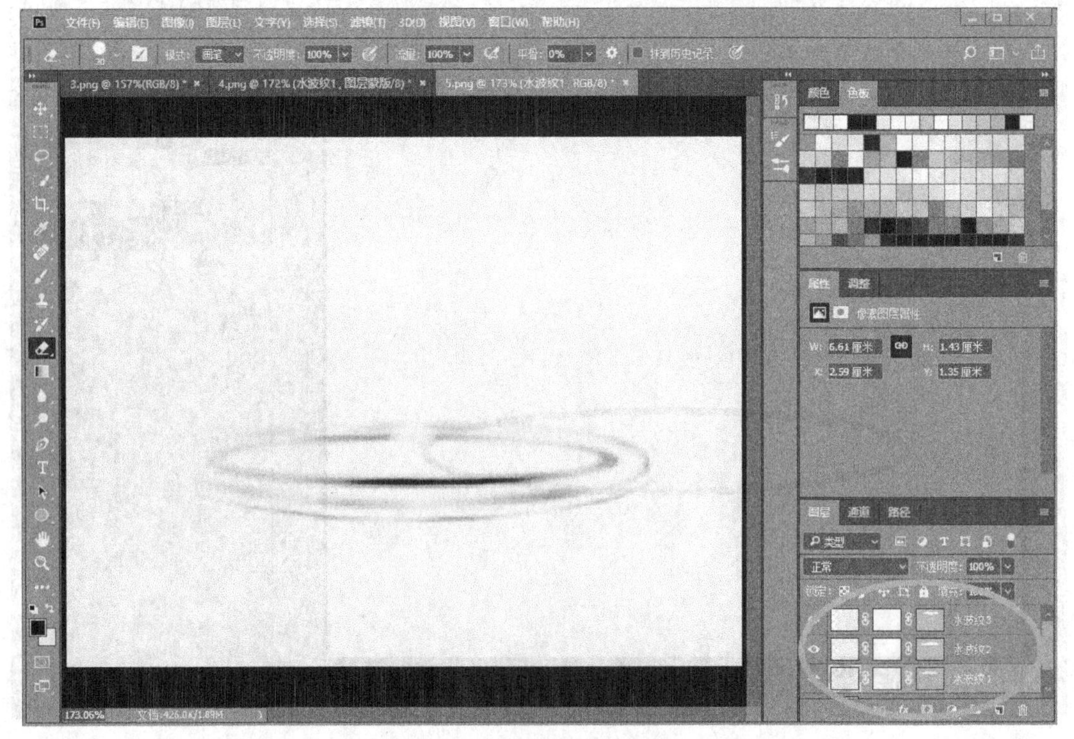

图 6-6　每层水波建立图层

（5）用喷枪画出最内层的水面，注意明暗关系，如图 6-7 所示。

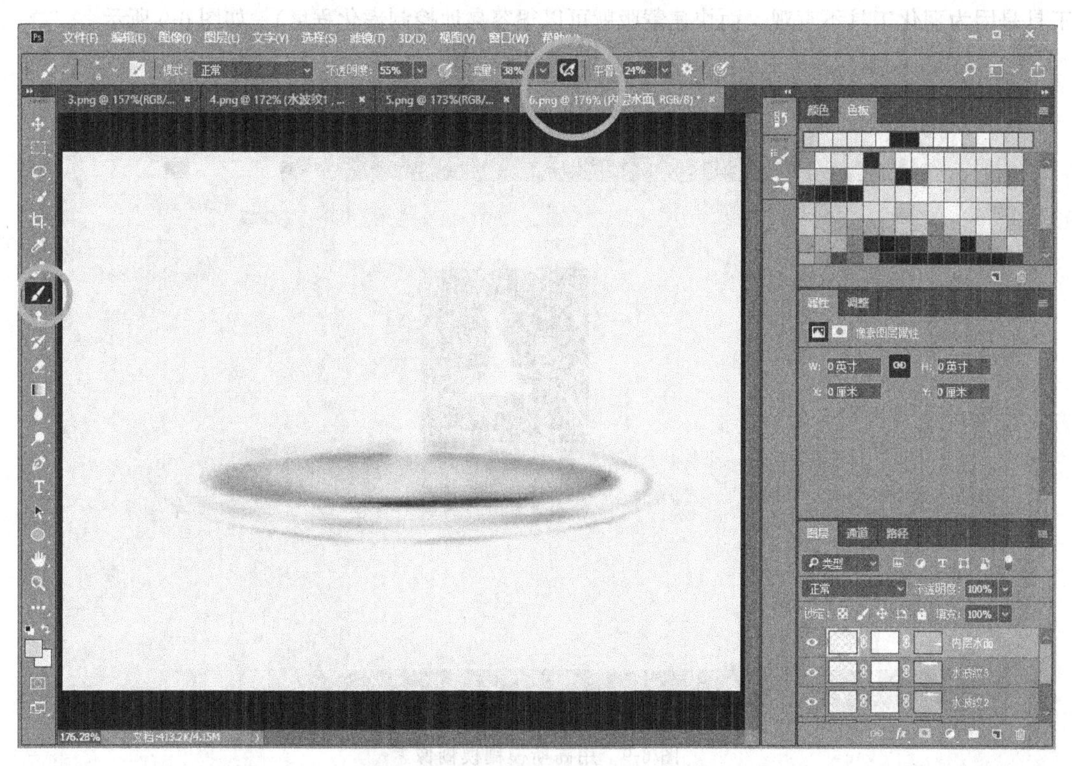

图 6-7　喷枪画出最内层的水面

（6）开始画溅起的水滴，建新层，用钢笔勾出水滴外形，做选区，如图 6-8 所示。

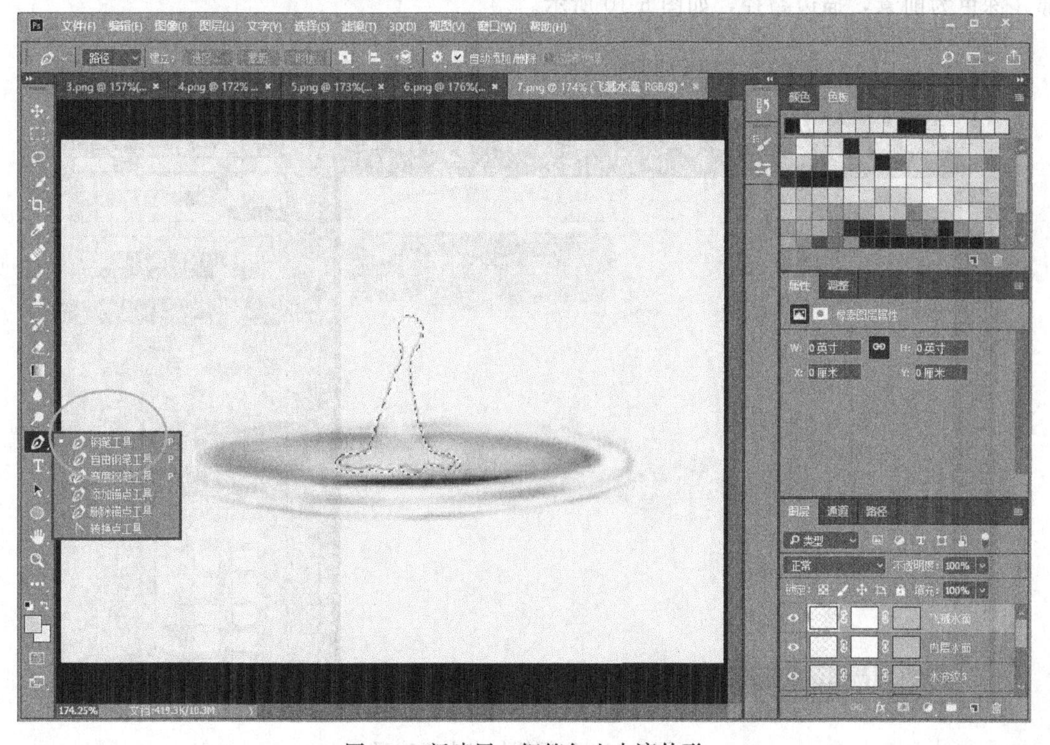

图 6-8　新建层，钢笔勾出水滴外形

（7）进入快速蒙版，用高斯模糊模糊两个像素，退出快速蒙版，填充浅蓝色（这里不用羽化工具是因为羽化工具不直观，而快速蒙版就可以很容易地控制虚化程度），如图 6-9 所示。

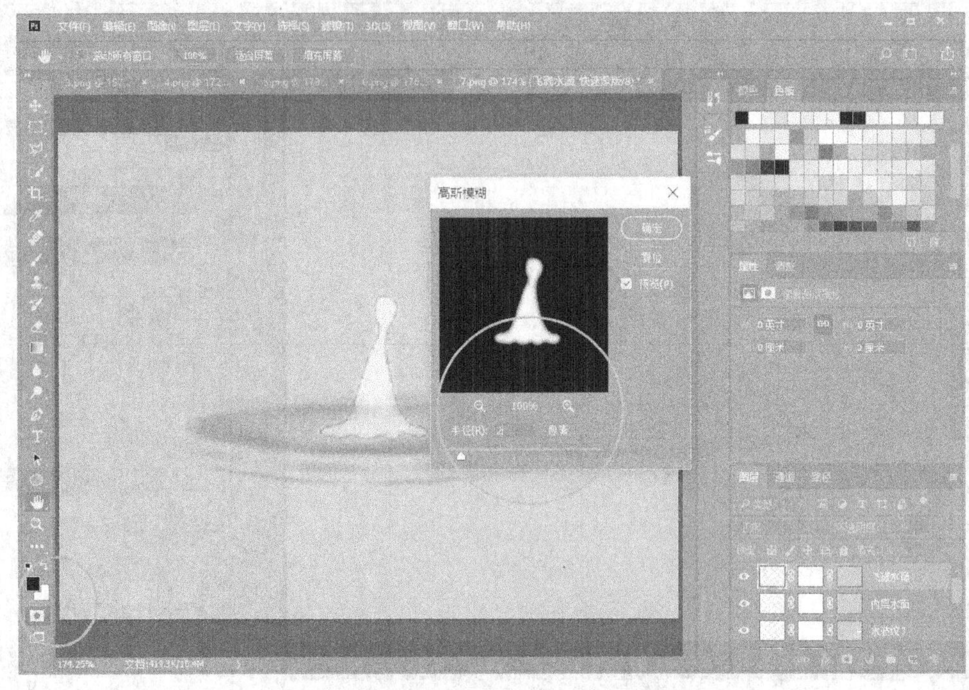

图 6-9　用高斯模糊模糊像素

（8）用喷枪给水滴上大致的明暗调子（注意和水面的过渡），然后用钢笔勾出水滴的暗部，深色为前景，描边路径，如图 6-10 所示。

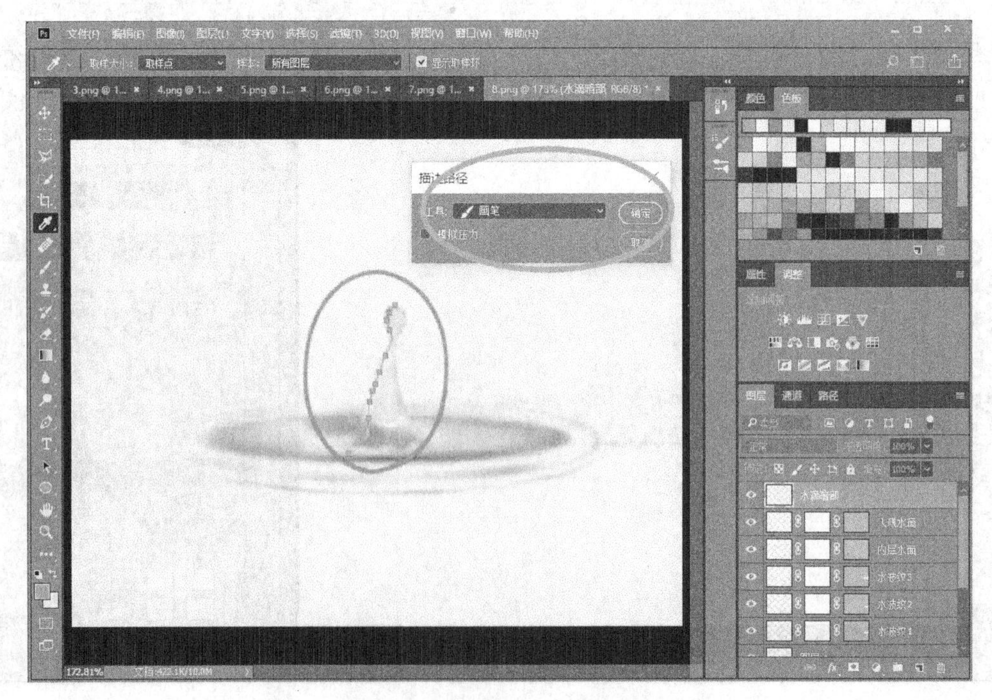

图 6-10　用钢笔勾出水滴暗部

（9）高斯模糊一下，然后像第二步一样用喷枪修出暗部来，如图 6-11 所示。

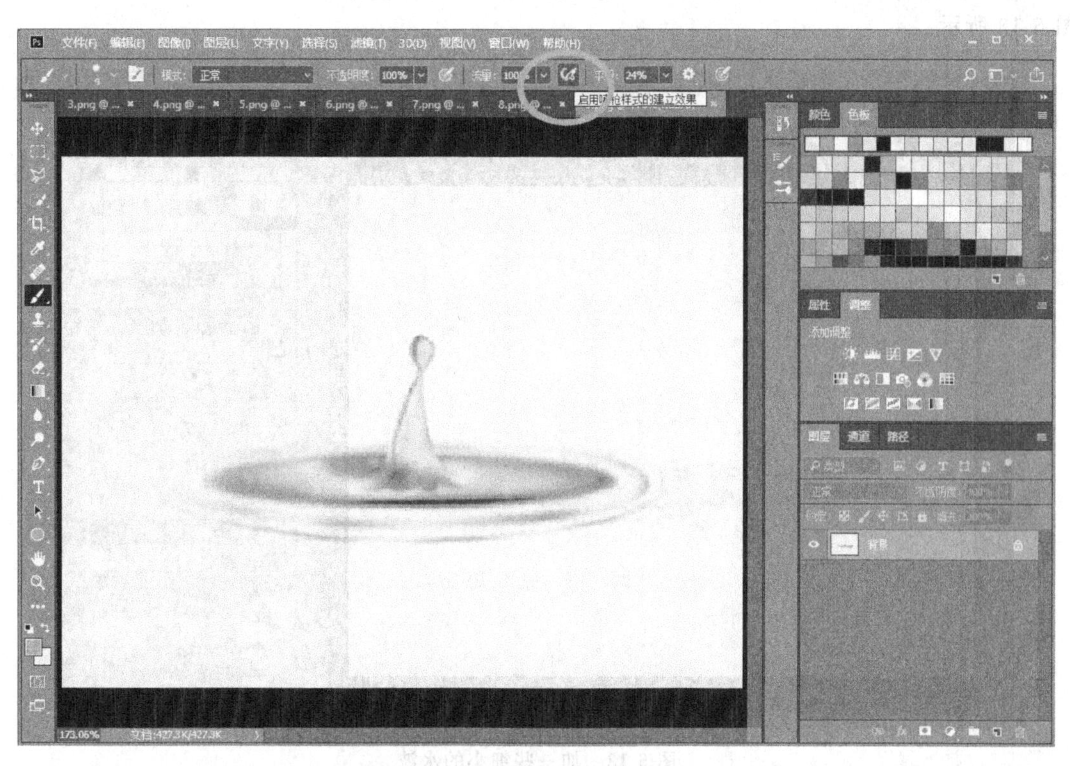

图 6-11　用喷枪修出暗部

（10）同样的方法画高光，如图 6-12 所示。

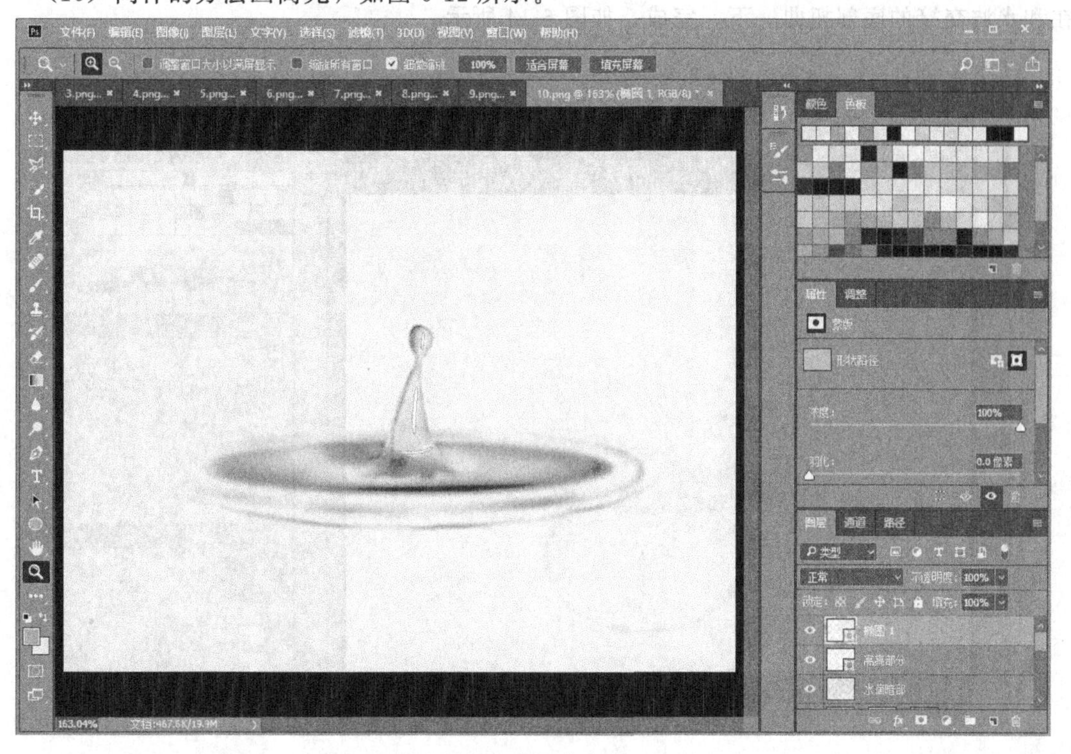

图 6-12　画出高光

（11）深入地画，加一些细小的水波，可以使画面更真实（扭曲可以使用液化工具），如图 6-13 所示。

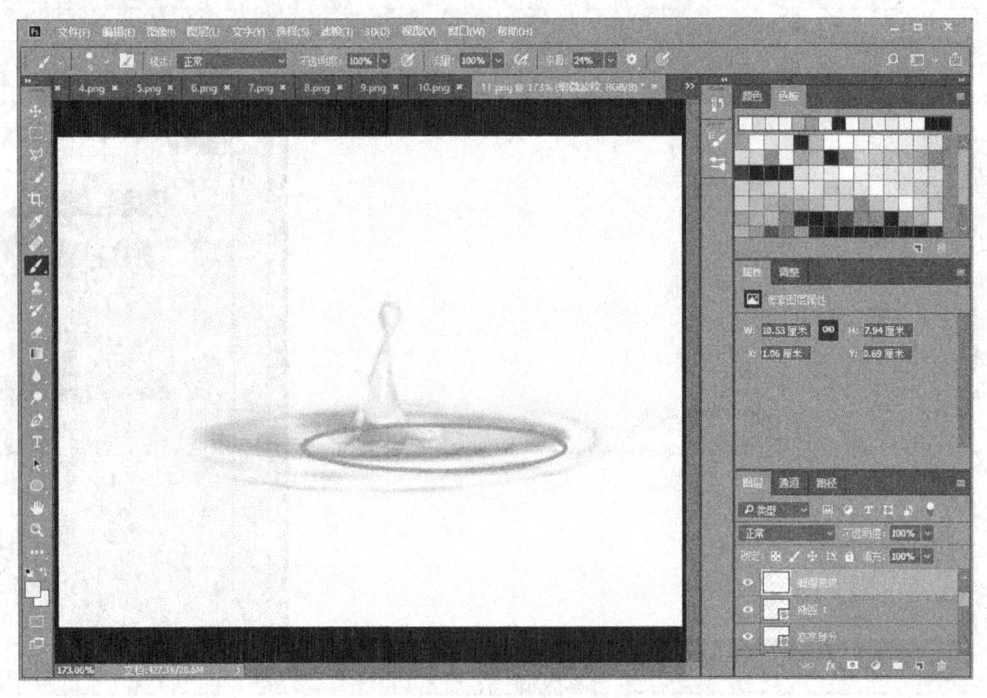

图 6-13　加一些细小的水波

（12）把完成的水滴合并成图层并复制一层，镜像一下，作为水面的倒影，修得浅一点，在和水波交接的底部扭曲一下，完成，如图 6-14 所示。

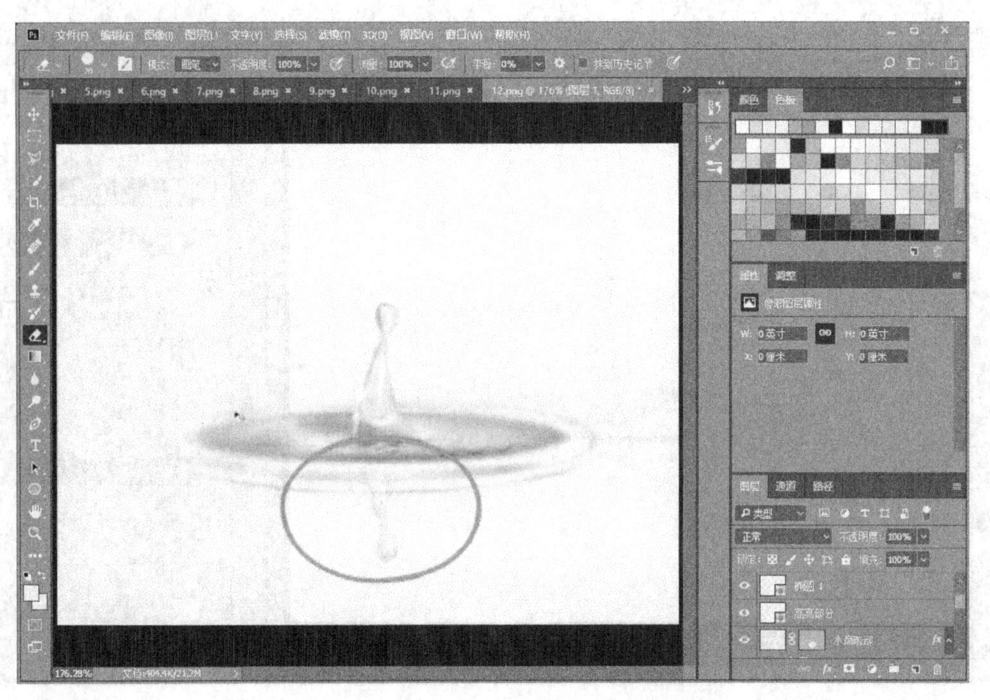

图 6-14　把完成的水滴进行镜像

6.4 MatLab软件进行图像处理与分析举例

MatLab是一门计算机编程语言，诞生于20世纪70年代，由MathWork公司推出，编写者是Cleve Moler博士和他的同事，取名来源于Matrix Laboratory，本意是专门以矩阵的方式来处理计算机数据，它把数值计算和可视化环境集成到一起，非常直观，而且提供了大量的函数，使其越来越受到人们的喜爱，工具箱越来越多，应用范围也越来越广泛。其内容涉及矩阵代数、微积分、应用数学、有限元法、科学计算、信号与系统、神经网络、小波分析及其应用、数字图像处理（DIP）、计算机图形学、电子线路、电机学、自动控制与通信技术、物理、力学和机械振动等方面。MatLab的特点是语法结构简单，数值计算高效，图形功能完备，特别受到以完成数据处理与图形图像生成为主要目的的科研人员的青睐。

6.4.1 MatLab的主要功能

（1）数值计算和符号计算功能　MatLab以矩阵作为数据操作的基本单位，还提供了十分丰富的数值计算函数。MatLab和著名的符号计算语言Maple相结合，使得Matlab具有符号计算功能，即用字符串进行数学分析，允许变量不赋值而参与运算，用于解代数方程、微积分、复合导数、积分、二重积分、有理函数、微分方程、泰勒级数展开、寻优等，可求得解析符号解。

（2）绘图功能　MatLab提供了两个层次的绘图操作：一是对图形句柄进行的低层绘图操作；二是建立在低层绘图操作之上的高层绘图操作——二维、三维绘图。使用plot函数可随时将计算结果可视化。

（3）图形化程序编制功能　MatLab具有程序结构控制、函数调用、数据结构、输入输出、面向对象等程序语言特征，而且简单易学、编程效率高。

（4）MatLab工具箱　MatLab包含两部分内容：基本部分和各种可选的工具箱。MatLab工具箱分为两大类：功能性工具箱和领域型工具箱。利用它们，可以实现不同的功能，主要有以下类型：

① MatLab主工具箱；
② 符号数学工具箱；
③ SIMULINK仿真工具箱；
④ 控制系统工具箱；
⑤ 信号处理工具箱；
⑥ 图像处理工具箱；
⑦ 通信工具箱；
⑧ 系统辨识工具箱；
⑨ 神经元网络工具箱；
⑩ 金融工具箱。

6.4.2 基本操作

第一次启动MatLab后，将进入MatLab 2017默认界面，如图6-15所示。

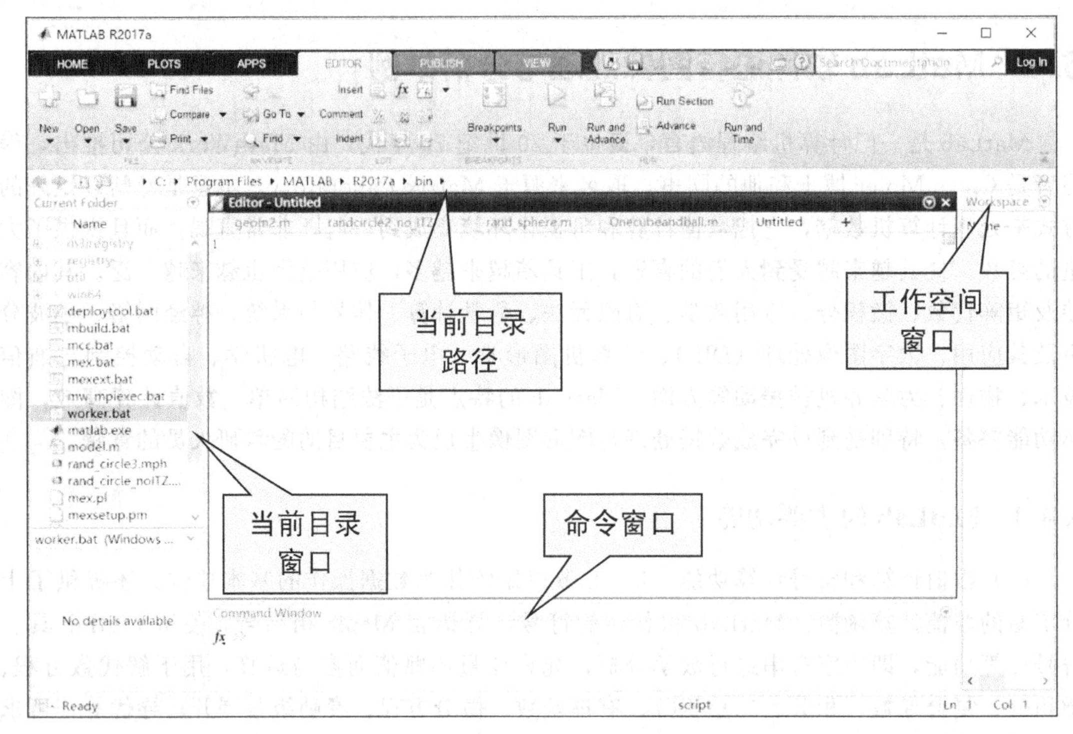

图 6-15　Matlab 的默认主界面（主窗口）

MatLab 集成环境包括 MatLab 主窗口、命令窗口、工作空间窗口和当前目录窗口，除此以外，还可以启动编辑窗口和帮助窗口，各窗口功能及相关操作简介如下。

（1）MatLab 主窗口　该窗口是 MatLab 的主要工作界面，如图 6-15 所示。主窗口除了嵌入一些子窗口外，还主要包括菜单栏、工具栏和搜索栏。通过主窗口右上角的搜索栏可以查阅 MatLab 包含的各种资源。

（2）命令窗口（Command Window）　该窗口是 MatLab 的主要交互窗口，用于输入命令并显示除图形以外的所有执行结果。在命令提示符后键入命令并按下回车键后，MatLab 就会解释执行所输入的命令，并在命令后面给出计算结果。在命令行窗口输入的 MatLab 命令，可以是一个单独的 MatLab 语句，也可以是一段利用 MatLab 编程功能实现的代码。

（3）工作空间窗口（Workspace）　此空间是 MatLab 用于存储各种变量和结果的内存空间。在该窗口中显示工作空间中所有变量的名称、大小、字节数和变量类型说明，可对变量进行观察、编辑、保存和删除。

（4）当前目录窗口（Current Folder）　该窗口是指 MatLab 运行文件时的工作目录，只有在当前目录或搜索路径下的文件、函数才可以被运行或调用。在当前目录窗口中可以显示或改变当前目录，还可以显示当前目录下的文件并提供搜索功能。

（5）编辑（Editor）窗口　该窗口用于 MatLab 编程设计。单击主窗口的“Home”→“New”→“Script”，即可弹出 Editor 窗口。

（6）帮助（Help）窗口　MatLab 提供了集成式的帮助系统，读者可以选择需要的帮助文档进行查看。进入帮助窗口可以通过以下 3 种方法：

① 单击 MatLab 主窗口工具栏中的“Help”按钮；

② 命令窗口中输入“helpwin”“helpdesk”或“doc”；

③ 直接在搜索栏中进行搜索。

(7) MatLab系统的退出 退出MatLab系统也有3种常见方法：

① MatLab主窗口File菜单中选择“Exit Matlab”命令；

② MatLab命令窗口输入“Exit”或“Quit”命令；

③ 单击MatLab主窗口的关闭按钮。

6.4.3 MatLab语言基础

(1) 变量、运算符、函数、表达式

① 变量 变量的名字必须以字母开头（不能超过19个字符），之后可以是任意字母数字或下划线，变量名称区分字母的大小写，变量中不能包含标点符号。

② 运算符

a. 算术运算符：+、-、*(乘)、/(左除)、\(右除)、^(幂)。

b. 关系运算符：<(小于)、>(大于)、<=(小于等于)、==(等于)、~=(不等于)。

c. 逻辑运算符：&(与)、|(或)、~(非)。

d. 赋值运算符：=。

③ 函数 MatLab有很多基本函数可用，还有很多涉及矩阵运算的函数可直接使用，使矩阵运算变得非常简单。在此不详细介绍，有兴趣的读者可参考相关文献。

(2) 命令基本形式 以“》”开头一行一条命令，超过一行可以用续行符“…”，基本形式如下：

①“》”控制命令或语句或程序段；

② 如果不要立即显示结果，可以在命令后加“;”如下所示：

》语句1；语句2；……；语句n。

(3) 语句（命令）

① 控制语句

a. for循环。for循环的一般形式为：

```
for 循环变量 = 表达式1：表达式2：表达式3
循环语句体
end
```

b. while循环。while循环的一般形式为：

```
while 表达式
循环语句体
end
```

c. if语句。if语句一般的形式为：

```
if 表达式1
语句体1
elseif 表达式2
语句体2
else
语句体3
```

```
end
```

d. switch-case 语句。switch 语句根据表达式的值来执行相应的语句，一般形式为：

```
switch 表达式（标量或字符串）
case 值 1，
语句体 1
case {值 2.1，值 2.2…}
语句体 2
……
otherwise，
语句体 n
end
```

② 绘图语句　在这里不详述，通过以下两命令可以得到相关的绘图语句：

a. help graph2d，可得到所有画二维图形的语句（命令）；

b. help graph3d，可得到所有画三维图形的语句（命令）。

6.4.4　MatLab 程序设计初步

用 MatLab 语言编写的程序称为 M 文件。M 文件分为 M 脚本文件和 M 函数文件。M 脚本文件可直接由 MatLab 解释执行，而 M 函数文件则必须通过调用执行。未加说明时，M 文件通常是指脚本文件。

(1) M 文件的建立　M 文件是一个文本文件，它可以用任何编辑程序来建立和编辑。而一般常用且最为方便的是使用 MatLab 提供的文本编辑器。

为建立新的 M 文件，有 3 种方法可以启动 MatLab 文本编辑器。

① 菜单操作。从 MatLab 主窗口的“File”→“New”→“M-File”命令，屏幕上将出现 MatLab 文本编辑器窗口。

② 命令操作。在 MatLab 命令窗口输入命令“edit”，启动 MatLab 文本编辑器后，输入 M 文件的内容并存盘。

③ 命令按钮操作。单击 MatLab 主窗口工具栏上的“New M-File”命令按钮，启动 MatLab 文本编辑器后，输入 M 文件的内容并存盘。

MatLab 程序（M 文件）的基本组成结构如下。

```
%说明
清除命令：清除 workspace 中的变量和图形（clear，close）
定义变量：包括全局变量的声明及参数值的设定
逐行执行命令：指 MatLab 提供的运算指令或工具箱提供的专用命令
……
控制循环：
逐行执行命令} 包含 for，if then，switch，while 等语句
    ……
end
绘图命令：将运算结果绘制出来
```

(2) 脚本文件的编写　脚本文件的编写相对简单，基本没有格式上的约束，整个文件分

为执行和注释两部分，所有注释内容以符号“%”开头，函数名、输入及输出参数均不用定义，其文件名即为文件调用时的命令名。

(3) 函数文件的编写　函数文件具有标准的基本结构，在调用时函数接受输入参数，然后执行并输出结果。用 help 命令可以显示函数文件的注释说明。其基本结构如下。

① 函数定义行（关键字 function)。形如

```
function [out1, out2, …] = filename (in1, in2…)
```

输入和输出（返回）的参数个数分别由 nargin 和 nargout 两个 MatLab 保留的变量来给出。

② 第一行帮助行，即 H1 行。以“%”开头，作为 lookfor 指令搜索的行。

③ 函数体说明及有关注解。以“%”开头，用以说明函数的作用及有关内容。

④ 函数体语句。包含函数的全部计算代码，由它来完成所设计的功能。

以上 4 部分中，第 1 和第 4 部分必不可少，其余两部分可以省略，但为了增强程序的可读性和便于以后修改，应养成良好的注释习惯。

【例 6-2】 求半径为 r 的圆的面积和周长的 M 函数文件。

```
function[s,p] = circle (r)
    % CIRCLE calculate the area and perimeter of a circle of radii r
    % r       radii of a circle
    % s       area of a circle
    % p       perimeter of a circle
    s = pi * r * r;
    p = 2 * pi * r;
```

(4) M 文件的运行　函数调用的一般格式是：[输出实参表]＝函数名(输入实参表)。

要注意的是，函数调用时各实参出现的顺序、个数应与函数定义时形参的顺序、个数一致，否则会出错。如运行[例 6.1]中，只需在命令窗口中输入[s,p]＝circle () 语句，其中括号内输入设定的半径数值，按回车键即可得到结果。函数调用时，先将实参传递给相应的形参，从而实现参数传递，然后再执行函数的功能。

【例 6-3】 分别建立命令文件和函数文件，将华氏温度 F 转换为摄氏温度℃。

程序 1：首先建立命令文件并以文件名 f2c. m 存盘。

```
clear; % 清除工作空间中的变量
f = input ('Input Fahrenheit temperature:');
c = 5 * (f-32) /9
```

然后在 MATLAB 的命令窗口中输入 f2c，将会执行该命令文件，执行

```
Input Fahrenheit temperature: 73
c = 22.7778
```

程序 2：首先建立函数文件 f2c. m。

```
function c = f2c (f)
c = 5 * (f-32) /9
```

然后在 MATLAB 的命令窗口调用该函数文件。

```
clear;
y = input ('Input Fahrenheit temperature:');
x = f2c (y)
```

输出情况为：

```
Input Fahrenheit temperature：70
c = 21.1111
x = 21.1111
```

【例 6-4】 求一元二次方程 $ax^2+bx+c=0$ 的根。

程序如下：

```
a = input ('a = ?');
b = input ('b = ?');
c = input ('c = ?');
d = b * b-4 * a * c;
x = [(-b + sqrt(d))/(2 * a), (-b-sqrt(d))/(2 * a)];
disp(['x1 = ',num2str(x(1)),', x2 = ', num2str(x(2))]);
```

6.5 Image J 软件进行图像处理与分析举例

Image J 是一个基于 java 的公共图像处理软件，可运行于 Microsoft Windows，Mac OS，Mac OS X，Linux 和 Sharp Zaurus PDA 等多种平台。其基于 Java 的特点，使得它编写的程序能以 applet 等方式分发。

Image J 能够显示、编辑、分析、处理、保存、打印 8 位、16 位、32 位的图片，支持 TIFF、PNG、GIF、JPEG、BMP、DICOM、FITS 等多种格式。Image J 可以支持图像栈（stack）功能，即在一个窗口里以多线程的形式层叠多个图像，并行处理。只要内存允许，Image J 能打开任意多的图像进行处理。除了基本的图像操作，比如缩放、旋转、扭曲、平滑处理外，Image J 还能进行图片的区域和像素统计，间距、角度计算，能创建柱状图和剖面图，进行傅里叶变换。

6.5.1 Image J 的界面

Image J 界面分为菜单栏、工具栏和状态栏，如图 6-16 所示。

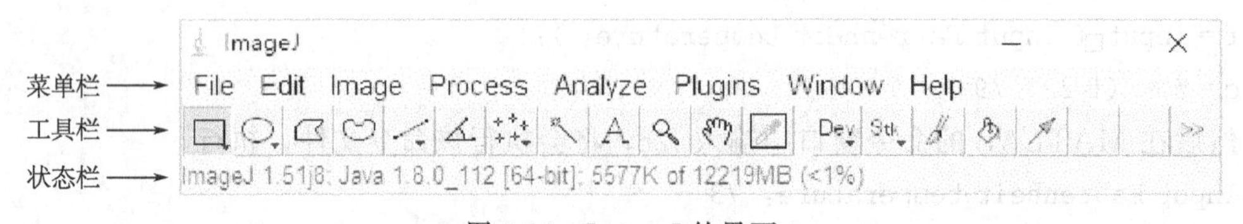

图 6-16 Image J 的界面

（1）菜单栏 菜单栏从左至右分别是：文件、编辑、图形、处理、分析、插件、窗口、帮助。文件（File）栏与 office word 等软件类似，主要有文件打开、关闭、保存等功能（图 6-17），比较特殊的一个功能是恢复功能（Revert），可以直接回到上次保存过的状态。由于编辑菜单里的取消功能（Undo）只能回退一步，所以"Revert"有时会很有帮助。

编辑（Edit）栏包括 Undo、Cut、Copy、Copy to System、Paste、Paste Control、Clear Outside、Fill、Draw、Invert、Selection、Options，如图 6-18 所示。

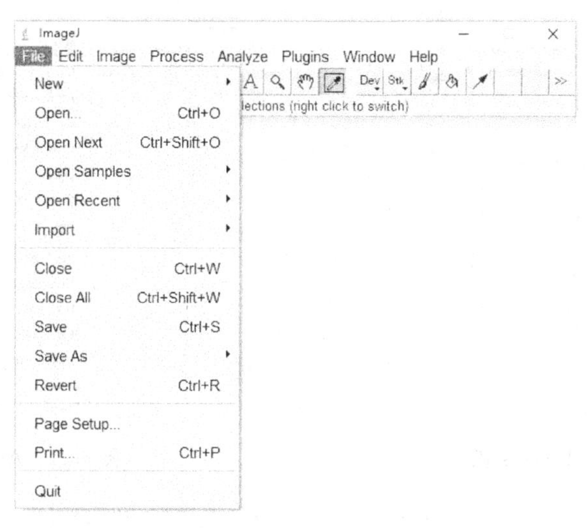

图 6-17　File 栏

图形（Image）栏包括 Type（可改变图片格式，如彩色变灰度）、Adjust、Show info、Properties、Color、Stacks、Hyperstacks、Crop、Duplicate、Rename、Scale、Transform、Zoom、Overlay、Lookup Tables，如图 6-19 所示。

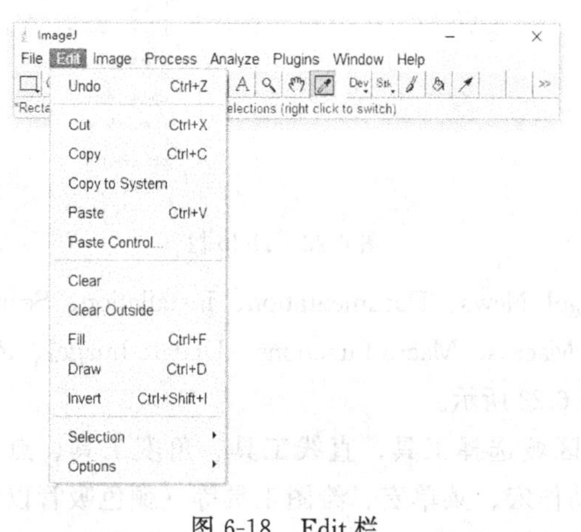

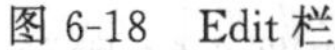
图 6-18　Edit 栏

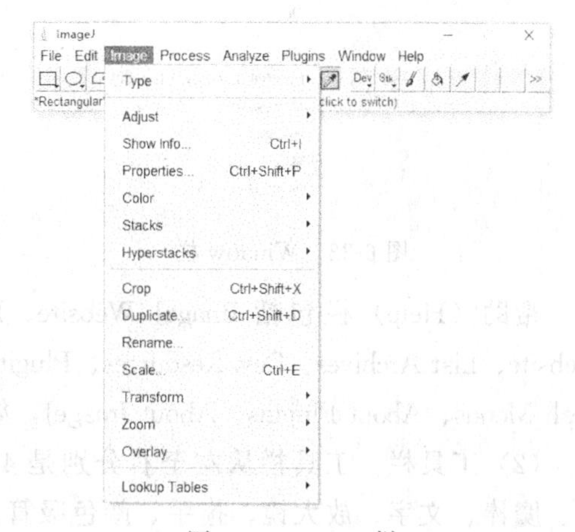

图 6-19　Image 栏

处理（Process）栏包括 Smooth、Sharpen、Find Edges、Find Maxima、Enhance Contrast、Noise、Shadows、Binary、Math、FFT、Filters、Batch、Image Calculator、Subtract Backgroud、Repeat Command，如图 6-20 所示。

分析（Analyze）栏包括 Measure、Analyze Particles、Summarize、Distribution、Label、Clear Results、Set Measurements、Set Scale、Calibrate、Histogram、Plot Profile、Surface Plot、Gels、Tools，如图 6-21 所示。

窗口（Window）栏包括 Show All、Put Behind [tab]、Cascade、Tile，Log、Threshold Color（experimental）、ROI Manager、Threshold、B & C 、Results、09312Fig6. jpg2900K、ps18 shsy5y5-120min-3g2. tit 3400K、ps18 shsy5y5-120min-3g2-1. tit 3400K，如图 6-22 所示。

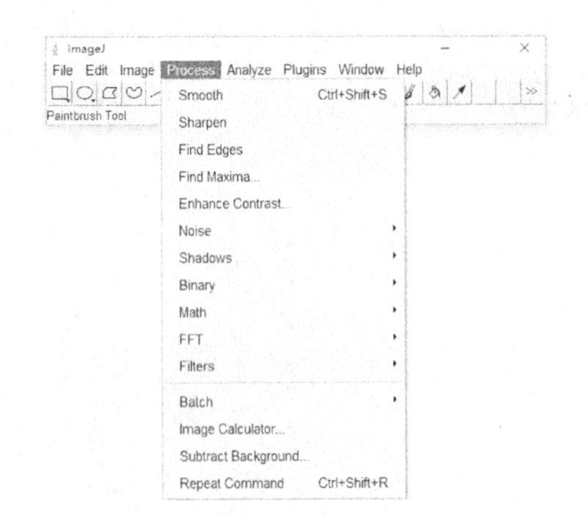

图 6-20 Process 栏

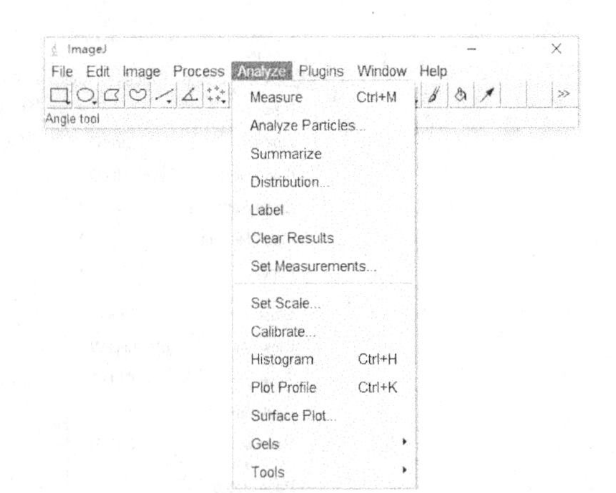

图 6-21 Analyze 栏

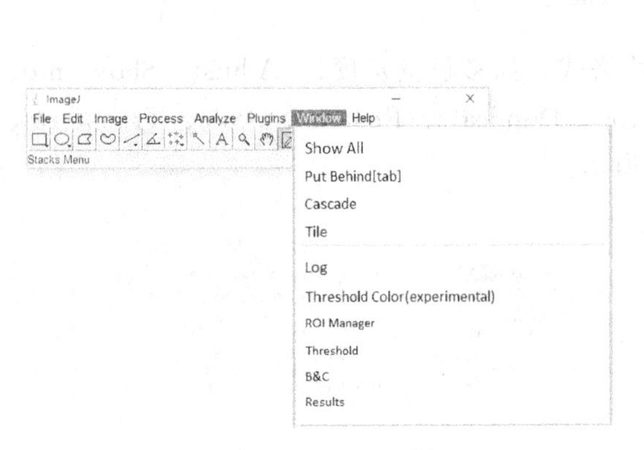

图 6-22 Window 栏

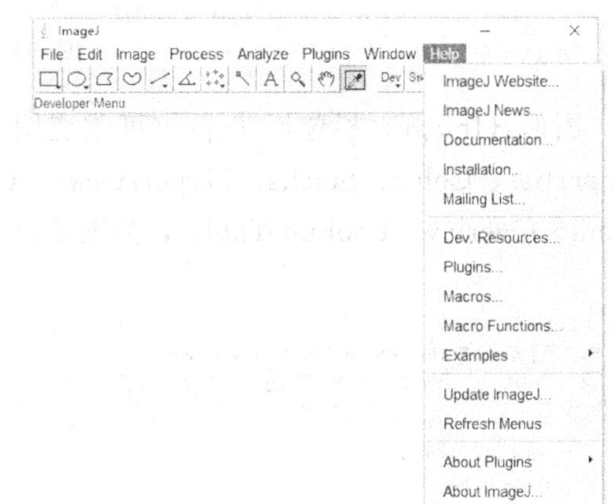

图 6-23 Help 栏

帮助（Help）栏包括 ImageJ Website、ImageJ News、Documentation、Installation、Search Website、List Archives、Dev. Resources、Plugins、Macros、Macro Functions、Update ImageJ、Refresh Menus、About Plugins、About ImageJ，如图 6-23 所示。

（2）工具栏　工具栏从左至右分别是 4 种区域选择工具、直线工具、角度工具、点工具、魔棒、文字、放大镜、拖手、颜色吸管、动作宏、菜单宏、绘图工具等（颜色吸管以后的内容可以变化，通过点击最右边的按钮选择需要的栏目），如图 6-24 所示。不同的按钮可

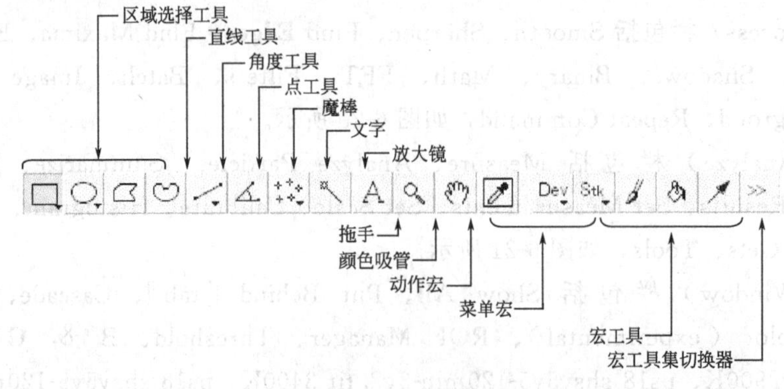

图 6-24 工具栏

以进行测量、画图、标记、填充等操作。双击左键或单击右键可以扩展按钮的功能，如双击文字可以选择字体和大小等。

4种区域选择工具分别是方形、椭圆形、多边形和任意形状。选择之后，这些区域可以进行改变、分析、拷贝等。工具栏下的状态栏可以显示坐标信息。

① 直线工具　可以画直线、分段或任意形状的线（右键选择线的类型），双击该按钮可以改变直线的宽度。选择分析测量“Analyse—Measure”（或 Ctrl+M）可以记录线的长度，使用“Edit—Draw”（或 Ctrl+D)可以使直线永久保留。

② 角度工具　点击角度按钮后可以画相交的直线，可以测量形成的角度，在状态栏可显示，选择分析测量“Analyse—Measure”（或 Ctrl+M)，在结果窗口中显示角度。

③ 点工具　当自动测量(“Auto—Measure”)开启（默认是开启状态）时，可以在状态栏显示图标所在位置的坐标和亮度，也可点击某点，选择分析测量“Auto—Measure”（或 Ctrl+M)，可以在结果窗口显示上述指标。如果是 RGB 图，显示红色，绿色和蓝色的亮度（0—255）；如果是灰度图片，根据选择图片格式 8 位（8bit）或 16 位（16bit），数值不同。8 位最大值 255，16 位为 65535。

④ 魔棒　魔棒工具和 Photoshop 里的类似，可以自动发现目标的边界并勾勒出形状。当图像明暗对比明显时尤为有用。有时可配合阈值（Thresholding）使用。

⑤ 文字　双击文字按钮可以选择字体和大小。单击按钮并按住左键拖出文本框，可以键入需要的文字，文字颜色使用颜色吸管来选择。选择“Edit—Draw”（或 Ctrl+M)，将固定并永久保留文本。

⑥ 放大镜　左键放大，右键缩小。

⑦ 拖手工具　当图片很大超过显示器窗口时，可以使用拖手工具将感兴趣的区域移到显示窗口中央。按住空格键可以暂时用鼠标左键来拖动图像。

⑧ 颜色吸管　可以设置前景的画笔或文字的颜色。可以左键图片某处选择该处的颜色，也可以双击按钮显示颜色窗口来选择颜色。

其他工具中有部分是和画图有关的工具，如吸壶等。

6.5.2 图片编辑与分析

(1) 取消（Undo）“Edit—Undo”，恢复到前一步，不过只能回退一步，这点和 Photoshop 操作是一样的。

(2) 恢复（Revert）“File—Revert”，恢复到上次保存后的状态。

(3) 裁剪（Crop）“Image—Crop”，方框选择工具选好区域后进行裁剪。

(4) 清除界外（Clear Outside）“Edit—Clear Outside”，将选择区域以外图形清除。相类似的“Edit—Clear”是清除选择区域内部。

(5) 改变亮度对比度（Brightness and Contrast）“Image—Adjust—Brightness/Contrast”，类似于 Photoshop 里的操作。可以使图形的明暗对比更明显或更模糊。（Process—Enhance Contrast，这个选项是自动改变对比度，要小心使用。）

(6) 清除噪点　“Process—Noise—Despeckle”或者“Process—Filters—Median”，此外，“Process—Noise”选项里面还有添加噪点的选项。

(7) 旋转　“Image—Transform—Rotate”。

(8) 转化成灰度图　“Image—Type—8-bit”（8 位），或“16-bit”（16 位）。

(9) 阈值(Thresholding) 假设要计算组织或细胞 HE 染色图片的细胞数量，可以根据细胞核的数目来确定。具体步骤是先可以把图片变成灰度图，然后设置阈值使得高于某个值的部分凸显出来，这样就容易计算个数。操作为：

"Image—Type—8-bit" "Image—Adjust—Threshold"；通过拖动标杆来设置具体值，最后选择"Apply"。红色的区域最后变成黑色，其他区域变成白色，整个图片变成二元图(非黑即白)。还可以自动设置阈值，"Process—Binary—Make Binary"。

6.5.3 测量和计数

(1) 设置刻度 在标尺或其他已知长度的两点画一条直线，进入"Analyze—Set Scale"，在设置标尺(set scale)窗口里会显示直线的像素长度，键入实际的长度以及单位。这样就会在像素和实际长度间建立联系。选择"global"，表示其他图片也将应用该标尺。

(2) 设置测量指标 "Analyze—Set Measurements"，可以选择需要测量的指标，如面积、灰度值等。

(3) 测量两点间的距离 在两点间连成直线，状态栏会显示相对于水平线的角度和长度。进入"Analyze—Measure"(或 Ctrl+M)，在结果栏中显示，并可复制到 excel 表中。

(4) 测量特定区域 使用区域选择工具画出特定区域(也可用魔棒选择)，然后测量"Analyze—Measure"，测量内容根据测量指标决定。

(5) 计数微粒 将图片转化成 8-bit 灰度图，然后根据上述设置阈值(threshold)，然后进入"Analyze—Analyze Particles"，键入微粒大小的下限和上限，并且选择现实轮廓(Show outlines)和显示结果(Display Results)，点击"ok"，被计数的微粒将显示轮廓和编号。每个微粒的结果在结果窗口中被显示。

(6) 保存文件 存成 Tiff 格式的文件要比转成 jpeg 格式的文件的画质损失要少("File—Save As—Tiff")。

【例 6-5】 条带灰度值分析(可用于 DNA 电泳或 western blotting 条带的分析)。

操作步骤如图 6-25～图 6-32 所示。

(1) 打开图片，转化为 8-bit 灰度图，依次点击 Image → Type → 8bit，如图 6-25 所示。

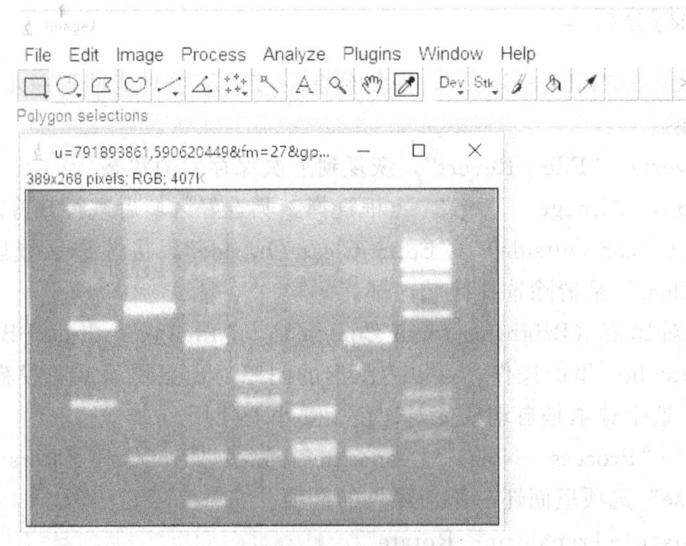

图 6-25 电泳图

（2）消除背景，依次点击 Process → Substrate background，选中预览（Preview），选择合适的像素值（本例为 30），如图 6-26 所示。

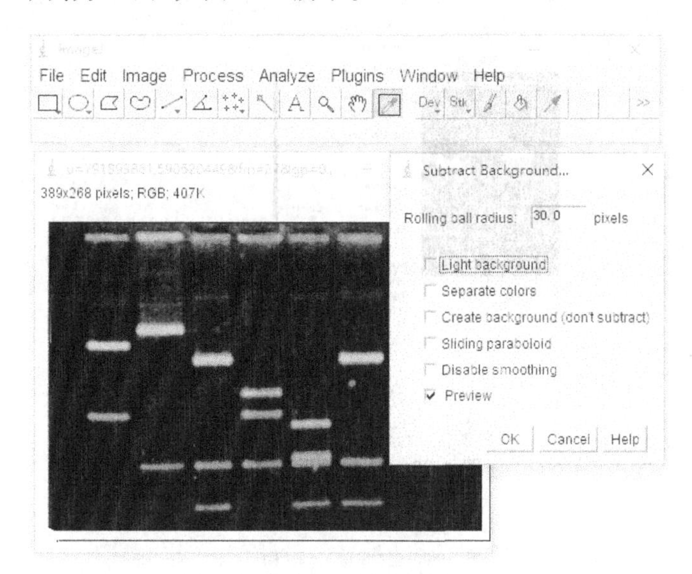

图 6-26　消除背景

（3）方框工具选择并画出条带 1，依次点击 Analyze → Gels → Select First Lane（快捷键 Ctrl+1 或数字 1），如图 6-27 所示。

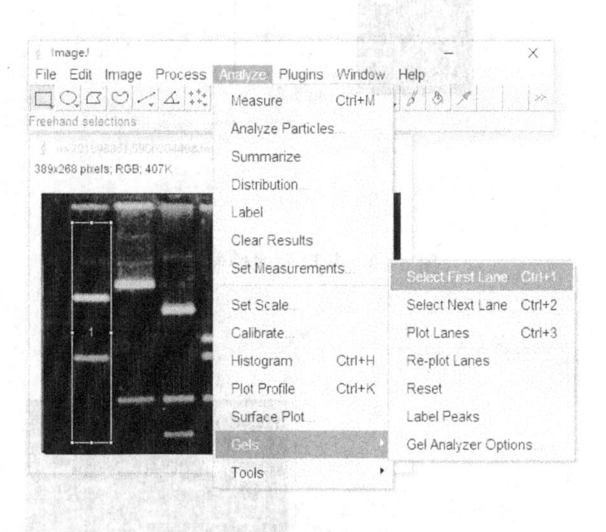

图 6-27　绘制并设定条带 1

（4）在第一个边框边缘左键拖动移至第二条带，依次点击 Analyze → Gels → Select Next Lane（或 Ctrl+2），重复该步骤（快捷键一直都是 Ctrl+2 或数字 2），如图 6-28 所示。

（5）所有边框选择完毕后，依次点击 Analyze → Gels →Plot Lanes（快捷键 Ctrl+3 或 3）。提示：Ctrl+3 不能多次按，可改为点击 Analyse → Gels → Re plot Lanes，如图 6-29 所示。

（6）Plot lanes 后将出现条带的灰度曲线图，通过条带所在位置的曲线围成的面积得出其灰度或密度值，如图 6-30 所示。

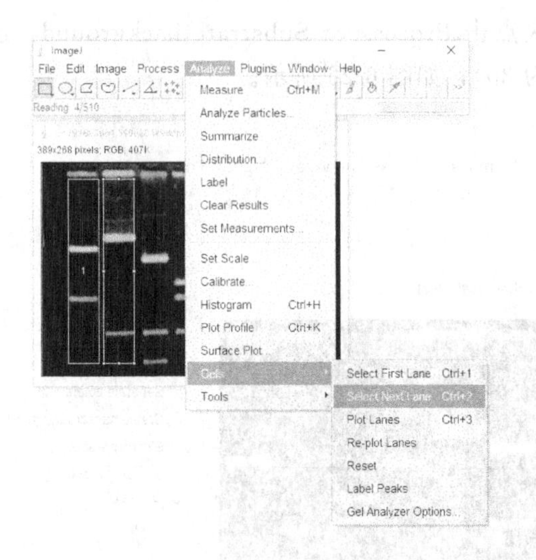

图 6-28　绘制并设定条带 2

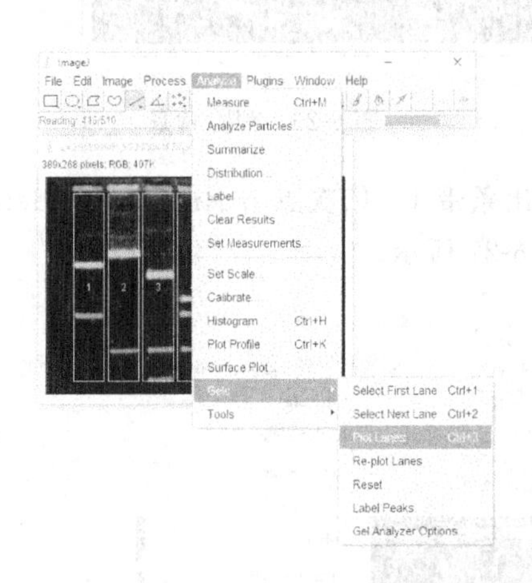

图 6-29　灰度曲线绘制选项

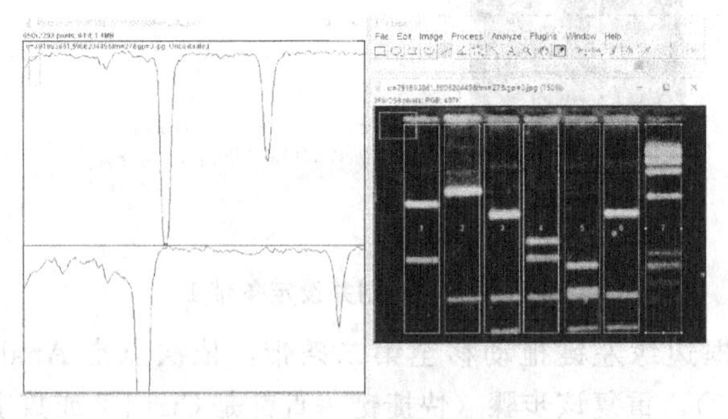

图 6-30　灰度曲线图

（7）首先通过直线工具将峰值部分封闭，如箭头处所示(也可添加垂直方向的线)，如图 6-31所示。

（8）选择魔棒工具，选中封闭区域，即可显示其面积，也就是对应条带的灰度值（图中 2 峰得出的值分别为 6166.598 和 2995.477，所代表的条带被窗口挡住了），如图 6-32 所示。

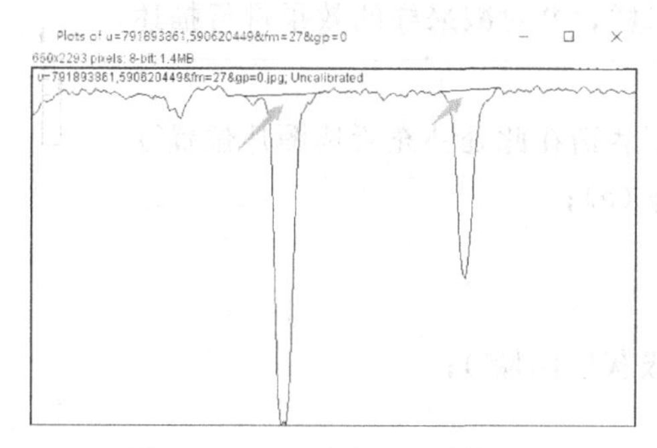

图 6-31　通过直线工具封闭峰

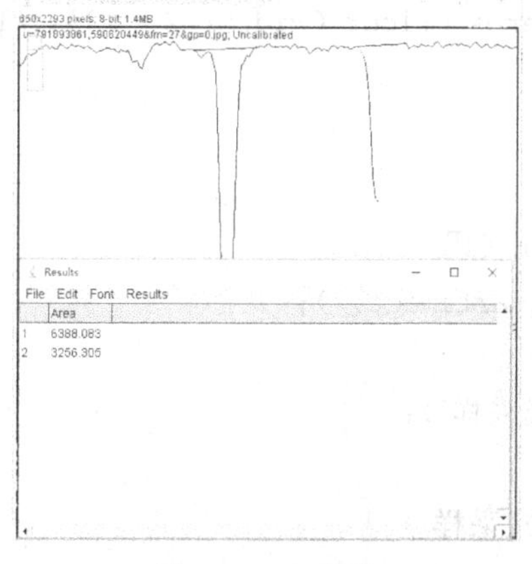

图 6-32　灰度值

思考题与上机操作题

6.1　如何识别一幅图像的类型？有几种方法？

6.2　Matlab 软件可以支持哪些图像文件格式？

6.3　试分析图像的空间分辨率和灰度分辨率同时变化时对图像质量产生的影响。

6.4　新建一个 300×300 像素的 psd 文件，用选区工具，做出如题图 6-1 所示的形状。

题图 6-1　目标形状

6.5　下面已经给出了图像减采样的部分代码，请补充代码后将一幅随意的彩色图像分别进行 4 倍和 16 倍减采样，并对减采样的效果进行描述。

```
clear
    a = imread ('#请在此处补充所选图片位置');
    b = rgb2gray (a);
    figure
    imshow (b);
    title ('256 级灰度图像');
    for m= 1 : 2
    figure
     [width, height] = size (b);
    quartimage = zeros (floor (width/(2 * m)), floor (height/(2 * m)));

    k = 1;
    n = 1;
    # (请在此处补充代码)
    Imshow (uint8 (quartimage) );
    if m = = 1
       title ('4 倍减采样');
    else
       title ('16 倍减采样')
    end
    end
```

第 7 章

正交试验方法在材料科学与工程中的应用

在科学研究、产品设计与开发和工艺条件的优选过程中，为了揭示多种因素对试验或计算结果的影响，一般都需要进行大量的多因素组合条件的试验。如果对这些因素的每种水平（指每一因素拟比较的具体状况）可能构成的一切组合条件，均逐一进行试验——全面试验，因其试验次数繁多而需付出相当大的试验代价，有时甚至使试验无法完成。假如影响某项试验结果的因素有 7 项，而每个因素又有两种，则需要做 128（2^7）次试验。但限于客观条件，只能做有限次数试验，为此，如何安排多因素试验方案和怎样分析试验结果，就是一个值得探索的课题。

试验设计方法有多种，国内普遍采用的有优选法和正交设计法，优选法主要用于只有一个因素影响（决定）某一事物的特性或性能的情况。而一般材料组成中的每一组分的变化，都可能影响其性能，即影响材料性能的因素有多个，解决这类多因素问题的最好方法是正交设计法。

应用数理统计概念和正交原理所编制的正交表，是解决该问题的有效工具。利用规格化的正交表来进行试验方案设计，便于人们从次数众多的全面试验中，挑选出次数较少而又具有代表性的组合条件，再经过简单计算就能找出较好的工艺条件或最优配方。进一步分析试验结果又能探寻出可能最优的试验方案。

本章结合材料设计、研究以及生产控制的需要，介绍了正交试验设计的基本原理、基本方法、正交试验设计在材料科学中的应用以及正交实验的方差分析方法。

7.1 正交试验设计的基本原理

正交试验设计是利用规格化的正交表，恰当地设计出试验方案和有效地分析试验结果，提出最优配方和工艺条件，进而设计出可能更优秀的试验方案的一种科学方法。

7.1.1 正交表介绍

正交表是利用“均衡搭配”与“整齐可比”这两条基本原理，从大量的全面试验方案（点）中，挑选出少量具有代表性的试验点，所制成的排列整齐的规格化表格。

国际上通用的田口型正交表和我国自行设计的正交表，目前在国内都广泛流行和使用。两者的区别在于对因素交互作用的安排及处理。所谓交互作用，是指诸因素各水平的搭配之间，不同的联合作用对试验结果的影响。

田口型正交表的特点是强调因素间的交互作用，在试验设计时，需按各因素的交互作用情况进行表头设计，以便确定各因素在正交表中的位置。

我国自行设计的正交表，则对田口型表做了简化和改进，认为在试验结果中，实际上已包含了交互作用的影响。因此，在试验设计时，不搞表头设计，采用“因素顺次上列，水平对号入座”的办法，在结果分析时，不需繁琐的数学运算。

本部分将从实际应用出发，对正交表进行综合介绍。

(1) 正交表的形式及代号　正交表代号及含义如下：

正交表代号 ← $L_9(3^4)$

→ 表的纵列数（可安排因素的最多个数）

→ 表示每一因素的水平个数

→ 表的横行数（需做试验的次数）

正交表基本上可以分为两种形式：同水平正交表和混合水平正交表。

同水平正交表是各因素水平数相等的表格。在试验设计时，当人们认为各因素对结果的影响程度大致相同时，往往选用同水平正交表（参见表 7-1）。

表 7-1　L_9（3^4）同水平正交表

试验号 \ 列号	1	2	3	4
1	1	1	3	2
2	2	1	1	1
3	3	1	2	3
4	1	2	2	1
5	2	2	3	3
6	3	2	1	2
7	1	3	1	3
8	2	3	2	2
9	3	3	3	1

表 7-2　L_8（$4^1\times2^4$）混合水平正交表

试验号 \ 列号	1	2	3	4	5
1	1	1	2	2	1
2	3	2	2	1	1
3	2	2	2	2	2
4	4	1	2	1	2
5	1	2	1	1	2
6	3	1	1	2	2
7	2	1	1	1	1
8	4	2	1	2	1

混合水平正交表是指诸因素的水平数不全相等的正交表。当试验设计时，如感到某些因素更重要而希望对其仔细考察时，就可将其多取一些水平，这样既突出了重点，又照顾到了一般，故而产生了混合水平正交表（参见表 7-2）。

表 7-1 是 L_9（3^4）正交表。该表有 4 个纵列，9 个横行，表示此表最多可安排 4 个因素，每个因素可取 3 个水平，共需做 9 次试验。

表 7-2 是 L_8（$4^1\times2^4$）混合水平正交表。该表共有 5 个纵列，8 个横行，表示最多可安

排 5 个因素，其中有一个因素可取 4 个水平，其余 4 个因素均取两个水平，共需做 8 次试验。

常用正交表可查阅相关试验设计和数据处理书籍。

(2) 正交表的特点 仔细观察正交表中的字码“1”“2”“3”…，会发现它们有如下两个特点。

① 每个纵列中“1”“2”“3”…字码出现的次数相同。如 L_9 (3^4) 中，各列均出现 3 次；L_8 ($4^1\times2^4$) 中第一列各出现 2 次，其余各列出现 4 次。

② 任意两纵列的横行所构成的有序数字对中，每种数字对出现的次数是相同的，即任意两纵列的字码“1”“2”“3”…的搭配是均衡的。如 L_9 (3^4) 表中，1、2 纵列，在横向可形成 9 种不同的有序数字对：(1，1)、(2，2)、(3，1)、(1，2)、(2，2)、(3，2)、(1，3)、(2，3)、(3，3)，且均各出现一次。

7.1.2 正交性原理

正交性原理是设计正交表的科学依据，它主要表现在“均衡搭配”和“整齐可比”两个方面。

均衡搭配是指用正交表所安排的试验方案，能均衡地分散在水平搭配的各种组合方案之中，因而其试验组合条件具有代表性，容易选出最优方案。

现要安排 3 个因素 (A、B、C)，每个因素取 3 个水平的试验。如果要通过全面试验来选择优秀方案，则共需做 27 (3^3) 次试验，其全部水平搭配的组合方案可用正方形形象地说明 (见图 7-1)。

以 A、B、C 为互相垂直的三个坐标轴，对应于 A 因素的 3 个水平 A_1、A_2、A_3 是左、中、右三个垂面，对应于 B_1、B_2、B_3 的是下、中、上三个平面，对应于 C_1、C_2、C_3 的是前、中、后三个垂面，共有 9 个平面。整个立方体内共有 27 个交点，正好是全面试验的 27 个组合试验条件。

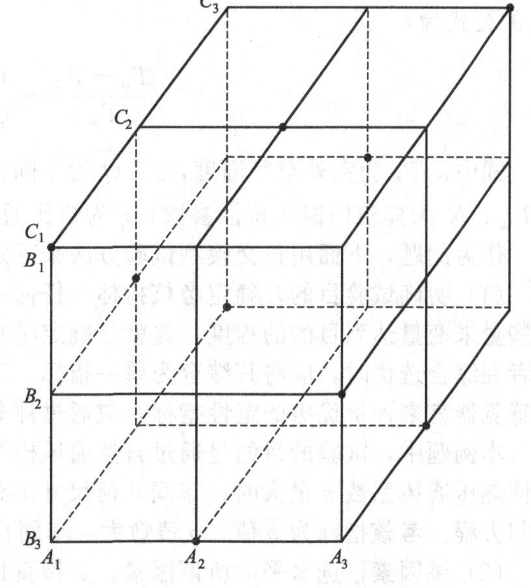

图 7-1 正交试验设计方案

如条件所限只允许做 9 次试验，就需从这 27 个完全组合条件中选出 9 个有代表的试验条件。显然，9 个黑点就不太合适，因其各因素的每个水平分散不均匀，对因素 C 而言，C_1 出现了 3 次，C_2 出现 4 次，C_3 才出现 2 次。同样，对因素 A 而言，A_1 出现 2 次，A_2 出现 5 次，A_3 出现 2 次。

如果按正交表 L_9 (3^4) 来选择 9 次试验，则其试验条件就是 9 个黑点，此时所设计出的 9 个点在每个平面上正好有三个，在每条线上都有一个，就是说，每一因素的每个水平都有 3 次试验，水平的搭配是均匀的。也就是说，用正交表所安排的试验方案，其各因素水平的搭配是“均衡的”，或者说方案是均衡地分散在一切水平搭配的组合之中。

正是由于正交表的均衡搭配性，从 9 个试验条件中所得出的优秀结果，其代表性是很充分的。人们再通过对试验结果的分析，就能选出可能更优的水平组合方案。

为了对某一因素（如A）比较其各水平（A_1、A_2、A_3）的作用，从中找出优秀水平时，其余因素各水平（B_1、B_2、B_3；C_1、C_2、C_3；…）出现的次数应该相同，以便最大限度地排除其他因素的干扰，使这一因素的9个水平之间具有可比性。

如将 L_9（3^4）正交表中列号1、2、3代入相应的因素 A、B、C，则 A 列下面的1、2、3就代表相应的水平 A_1、A_2、A_3。从表7-1中看出，包含水平 A_1 者有3个试验；包含 A_2 与 A_3 者也各有3个试验，它们的试验组合方案为：

$$A_1\begin{cases}B_1, C_3\\B_2, C_2\\B_3, C_1\end{cases}\quad A_2\begin{cases}B_1, C_1\\B_2, C_3\\B_3, C_2\end{cases}\quad A_3\begin{cases}B_1, C_2\\B_2, C_1\\B_3, C_3\end{cases}$$

在这三组试验里，对因素 A 的各水平 A_1、A_2、A_3 来说，其因素 B 和 C 的三个水平都各出现了一次。相对来说，当对表内同一水平（A_1 或 A_2 或 A_3）所导致的试验结果之和进行比较时，其他条件是固定的。这就使水平 A_1、A_2、A_3 具有了可比性，它是选取各因素优秀水平的依据。

正是因为正交表具有“均衡搭配”和“整齐可比”性，才使正交试验法获得了广泛的应用并收到了“事半功倍”和“多、快、好、省”的效果。

7.2 正交试验设计的基本方法

本部分将结合实例，讨论用正交设计安排试验方案及分析试验结果的基本步骤和方法。

在研究“水电站高窗厂房热压自然通风”时，有研究者提出了自然通风时计算车间温度 T_n 的公式为：

$$\frac{T_n-T_w}{T_w}=\frac{1}{\eta}\left(\frac{NQ^2}{M}\right)^{1/3} \tag{7-1}$$

式中，T_w 为室外空气温度，℃；Q 为车间余热量；M 为室外空气特性参数，$M=2g\rho_w^2c_pT_w^2$；N 为建筑门窗的特性参数；η 为热压通风系数。

作为例题，下面用正交模型试验方法来确定其热压通风系数 η。

（1）明确试验目的，确定考核指标　任何一项试验都有其自身的目的，据此才能提出用哪些量来衡量达到目的的程度，这就是确定考核指标。指标可以是单项的也可以是多项的，后者在综合选优时，应将其综合为单一指标；至于产品的外观、造型、色泽等凭耳、鼻、眼等感觉器官来评价优劣的定性指标，应通过评分法将其转化为定量指标来处理。

本例题中，试验的目的是通过自然通风模型试验，寻找自然通风的计算方法，也就是探索使热压通风系数 η 最大时，车间几何尺寸的最优化方案，并进一步求出计算 η 的“最优”回归方程。考核指标为 η 值，η 值愈大，车间自然通风效果愈佳。

（2）挑因素，选水平　所谓因素，是指直接影响试验结果而需要进行考察的不同原因。在试验中影响结果的原因是很多的，一般情况下，把直接和必然的原因称为正交试验设计中的因素。至于人们的操作技巧、检测仪表的精度等，并不直接影响试验结果，而是产生误差的原因。除特殊情况外，一般不把它列为因素。

由于正交试验法是专为多因素选优而创立的，所以增加一两个因素不一定会增加试验次数，但若漏掉重要因素，就可能降低试验质量。因此，除了那些对试验结果的影响程度已经清楚或影响不大的因素可不加考虑外，其余因素应尽可能排到正交表中去进行考察。

“水平”是指各因素在试验中要比较的具体状况和取值。合理地确定“水平量”（水平数及水平值），可以减少试验工作量。如果已经掌握了部分情报和资料，就可以在较小的范围内选取和确定水平量；当缺乏经验时，水平取量的范围应宽一些，以免遗漏试验中的条件，但所取的水平个数不必太多。考虑到试验的代价，对于适合分批试验的项目，应本着“分批走着瞧”的原则，一般是少分水平、选用小表来安排试验，对于无需进行试验的可计算性项目，由于电子计算机擅长于循环计算，所以应多取水平数，适当增加正交表的行数。

对某个因素，若需做仔细考察时，就应多分几个水平；若无需详察时，就少分几个水平。

对连续变化型因素，如若在范围$[m,M]$内等分成5段，这里m、M分别是该因素可以取用的最小值与最大值，于是，其中的4个分点x_1、x_2、x_3、x_4值，即为4个水平的取值（这时m、x_1、x_2、x_3、x_4、M为等差数列）。在研究电气元件（电阻、电容等）时，也可用等比的办法将$[m,M]$分为5段（这时m、x_1、x_2、x_3、x_4、M为等比数列）。

对于离散型因素，如四种玻璃、几个朝向、几种墙体构造等，其水平是自然形成的，不便随意改变，只能对照现有的正交表格来确定水平数目。

当第一轮正交表选优完毕后，如其结果尚未达到解决问题的目的，这时应根据本轮的结果，来决定下一轮试验还要考察哪些因素，这些因素分多少个水平，以及水平量该如何选取。

本例中，根据初步分析，认为热压通风系数η主要受高窗厂房的建筑特征影响，它们是：门面积F_1、每台机开窗面积F_2、上升气流高度H_2、发电机间长度L、窗口阻力系数K_2和大门位置系数α（当大门在安装间侧面时为1，在端墙时取2），即：

$$\eta=f\ (F_1,\ F_2,\ H_2,\ L,\ K_2,\ \alpha)$$

每个因素取两个水平，具体数值取决于模型尺寸，详见正交试验因素水平表（表7-3）。

表7-3　正交试验因素水平

试验号 \ 列代号 \ 因素	L/m	F_2/m²	α	F_1/m²	H_2/m	K_2	
	A	B	C	D	E	F	G
1	4.69	0.6	1	0.452	0.545	6.55	
2	2.49	0.2	2	0.179	0.57	2.68	

(3) 选择合适的正交表　选择正交表时首先要求表中水平个数与被考察的水平个数完全一致；其次，要求正交表的纵列数等于或大于被考察因素的个数。这里分以下两种情况。

① 必须做试验的研究项目　在正交试验中，考虑到试验的代价，为节省人力、物力和时间，对于能分批进行的项目，一般是少分水平数、选用小表来安排试验，本着“分批走着瞧”的原则。当因素的个数确定后，水平数不宜取得过多。

② 计算性的研究项目　由于计算机擅长于循环计算，所以当因素不是很多时，应多分水平数，适当增加行数。当因素增多到14个以上时，不能无限制地增加水平数目，因为这样会增加计算工作量。压缩水平个数的办法是：当不超过8个因素时，可改用L_{18}（3^7）表；7～13个因素，可改用L_{27}（3^{13}）表；14～31个因素，可改用L_{16}（2^{15}），L_{24}（2^{23}）或L_{32}（2^{31}）表以代替L_{125}（5^{31}）表。

另一种减少工作量的办法是将几张三水平的正交表联合使用。例如，对于13个因素，可联合使用两张L_{27}（3^{13}），共分5个水平来考察54个设计（计算或试验）条件。第一张L_{27}表的三个水平“1”“2”“3”字码对应考察水平1、3、5；第二张L_{27}表的三个水平“1”

“2”“3”字码对应水平 2、3、4。

本例中，所有 6 个因素均取两个水平，故应选用同水平正交表中的二水平正交表，即可参考 L_4（2^3）、L_8（2^7）、L_{12}（2^{11}）、L_{16}（2^{15}）正交表，由于考察因素仅有 6 个，故最后选用 L_8（2^7）正交表。

（4）用正交表安排试验　按因素水平表中的代号，采用对号入座的办法，将数据填入所选出的正交表中，可得到试验计划表（见表 7-4）。

表 7-4　L_8（2^7）试验计划及结果分析表

因素 / 列代号 / 试验号	L/m		F_2/m^2		α		F_1/m^2		H_2/m		K_2			η
	A		B		C		D		E		F		G	
1	1	4.690	1	0.6	1	1	1	0.454	1	0.545	1	6.55	1	1.57
2	1	4.690	1	0.6	1	1	2	0.179	2	0.570	2	2.68	2	1.94
3	1	4.690	2	0.2	2	2	1	0.454	1	0.545	2	2.68	2	0.92
4	1	4.690	2	0.2	2	2	2	0.179	2	0.570	1	6.55	1	1.54
5	2	2.490	1	0.6	2	2	1	0.454	2	0.570	2	2.68	1	0.86
6	2	2.490	1	0.6	2	2	2	0.179	1	0.545	1	6.55	2	1.37
7	2	2.490	2	0.2	1	1	1	0.454	2	0.570	1	6.55	2	1.33
8	2	2.490	2	0.2	1	1	2	0.179	1	0.545	2	2.68	1	1.37
K_1	5.97		5.74		6.21		4.68		5.23		5.81		5.34	
K_2	4.93		5.16		4.69		6.22		5.67		5.09		5.53	
ΔR	1.04		0.58		1.52		1.54		0.44		0.72		0.19	

填好正交试验计划表后，此表的每一横行即代表要试验的一组条件。L_8（2^7）表有 8 行，因此要做 8 个不同的试验。

第 1 号试验条件：A_1、B_1、C_1、D_1、E_1、F_1。具体内容是：模型的发电机间长度 4.690m，每台机开窗面积 0.6m^2，大门在安装间侧面（$\alpha=1$），大门面积 0.454m^2，上升气流高度 0.545m，窗口阻力系数 6.55。

第 2 号试验条件：A_1、B_1、C_1、D_2、E_2、F_2。

这样，就完成了正交试验设计。接着，便是严格按此 8 个试验条件进行试验，并将各自的试验结果填入相应的横行内。在试验时，除考察因素外，其他条件应尽量保持固定，以便比较结果。

（5）正交试验设计的常规分析法　通过试验结果的分析，确定诸因素对结果影响的主次顺序和各因素的可能最优水平，从而可以设计出可能更优的试验方案。有时还可用空列极差估计试验误差。

常规分析法简便易行，计算量小，便于推广，但它不如方差分析法严谨。

① 看一看　通过对试验结果（即考察指标）大小的直接观察和比较，来初步确定较好的试验条件。

本例中，从表 7-4 可看出，第 2 号试验所得的热压通风系数 η 最大，为 1.94，故其“直接观察所获的最优试验方案”为 A_1、B_1、C_1、D_2、E_2、F_2。说明此时的自然通风效果最好。

② 算一算　所谓“算一算”，就是通过简单的计算，粗略地估计一下各因素对结果影响

的主次顺序，以及各因素的优秀水平。

计算每一因素同一水平所导致结果之和。参加试验的因素取了几个水平，每水平参加了几次试验，就会导致几个结果，把这些结果相加，就求出了每一因素同一水平所导致结果之和。

本例中，A 因素为模型的发电机间长度 L，取两个水平，A_1 为 4.690m，A_2 为 2.490m，每个水平下都进行了 4 次试验，导致 4 个结果。把这 4 个结果相加，就分别得出 A_1、A_2所分别导致结果之和。即：

$$K_1^A=1.57+1.94+0.92+1.54=5.97$$

$$K_2^A=0.86+1.37+1.33+1.37=4.93$$

然后将 K_1^A、K_2^A分别填写到表 7-4 中 A 列的对应K_1、K_2位置上。

同样方法，可分别算出因素 B、C、D、…的各同一水平下所导致结果之和。如

$$K_1^B=1.57+1.94+0.86+1.37=5.74$$

$$K_2^B=0.92+1.54+1.33+1.37=5.16$$

根据正交表具有“均衡搭配”和“整齐可比”的特点，即可根据每一因素同一水平所导致结果之和（K_1、K_2、K_3、…）的大小，来确定每个因素的可能最佳水平了。

本例中，A 因素的第 1 水平为佳；其 $K_1^A=5.97$ 为最大；B 因素以第 1 水平为佳；C 因素以第 1 水平为佳；D 因素以第 2 水平为佳；E 因素以第 2 水平为佳；F 因素以第 1 水平为佳。

计算每个因素各水平导致结果之和的极差。极差是指一组数据中最大值和最小值之差，用符号 S 表示。正交试验中每个因素取几个水平，就有几个结果之和，其中最大值与最小值之差即是极差。

本例题，只取了两个水平，故两个结果之和的差就是极差，这是一种特殊例子。

极差是用来划分因素重要程度（关键、重要、一般、次要）的依据，某因素的极差最大，说明该因素的水平改变所引起试验结果的变化最大，故是关键因素。

本例中，大门面积 F_1 这一因素极差最大，$S=1.54$，它就是关键因素；上升气流高度 H 的极差最小，$S=0.44$，它就是次要因素。根据极差大小，顺次排出因素的主次顺序为：$D>C>A>F>B>E$。

值得注意的是，一个因素所取水平量的范围不同，会得到不同的极差值，而因素各水平的取值又是因人而异的，这样因素的极差之间其可比性就较差，故用极差划分因素的重要程度只是相对的，最好在掌握了较多信息的情况下进行。为了节省试验次数和提高分析判断的效果，宜采用分批试验法，即利用前批试验结果选择后批的因素和水平。

通过“算一算”的结果，最后在所选用的因素和水平中，便可找出“可能最优方案”。本例的答案是：D_2、C_1、A_1、F_1、B_1、E_2。

由于实际最优方案有时并未包含在所做的试验中，况且按极差大小所提出的可能最优方案，还只是一个未经试验的分析结果，故最后确定最优方案尚需进一步检验和试验验证。

③ 画水平影响趋势图　这是探求各因素可能更优水平的一个直观办法。它有助于发现正交表中所未列入而可能更优的水平值，为下一轮正交试验确定水平值提供依据。具体做法是：以因素的水平值为横坐标，以相应因素的同水平所导致结果之和为纵坐标，画出每一因素各水平对结果影响的趋势图。

当只有两个水平时，其影响直线是继续上升还是下降是无法确定的。为此，从考察水平影响趋势、探寻“可能更优的水平组合方案”这一要求出发，一般情况下应尽量避免选用两水平的正交表。故在本例中画不出水平影响趋势图。

综上所述，通过“看一看”“算一算”和“画水平影响趋势”，可以得出三个可能最优方案。究竟哪一个方案更好？一般应凭实际经验和技术、经济的可能性来判断，否则，尚需通过下一轮试验来确定。

对不做试验而直接计算的正交参数设计项目，参照计算结果的趋势图，把各因素的好水平硬性地组合在一起，往往比不上由“看一看”所选出的方案好。为此，应将二者结合起来，适当放宽最佳水平的取值范围。如果还想提高精度，就要再增加一轮计算。

7.3 正交试验设计在材料科学与工程中的应用

【例 7-1】 某种功能材料成分的正交设计。

在研制新的材料品种时，当选定某系统后，都要进行大量的试验，不断调整配方，才能最后选定一种或几种符合要求的成分。这种研制方法既费时，又浪费了大量人力、物力。利用正交设计方法，只经过有限次数的试验，就可得到满意的结果。

根据资料和相关情况，确定了材料的组成为 Na_2O、K_2O、CaO、SiO_2，其各因素的水平如表 7-5 所示，希望从表中选出一种组成，使它具有某种最佳性能。

表 7-5 材料的成分（百分比）

序号	SiO_2(A)	Na_2O(B)	K_2O(C)	CaO(D)
1	72.0	7.26	8.16	12.68
2	74.0	6.76	7.66	11.68
3	76.0	6.26	7.16	10.68

按常规方法，需要做 81（3^4）次试验，才能从中选出最优方案。若改用正交设计法，采用 L_9（3^4），只要 9 次试验即可获得同样的结果。对于有 7 种组分的材料，若每个因素（组分）有三个水平，用常规方法要做 2187（3^7）次试验，而用正交表 L_{27}（3^{13}）安排试验，只要 27 次就可得到满意的结果，其工作量只有 1/81。由此可见正交设计的效率和优越性。

采用正交设计法时，首先要选择恰当的正交表。选择正交表时，必须考虑以下几点。

（1）根据试验的目的，确定试验时要考虑的因素。如果对事物的变化规律了解不多，因素可多取一点；如果对其规律已有相当的了解，则只需选取少数主要因素。

（2）确定每个因素的变化水平，每个因素的水平数可以相等或不等。重要的因素，或者特别希望了解的因素，其水平可多一些，其余可少一些。

（3）估计试验条件、代价等情况，估算一下能做多少试验。

（4）选取正交表。选表时要先看各因素的水平数，再决定从两水平的或三水平乃至四水平的 L 表中选取，然后根据因素和试验要求来定 L 表。当试验精度要求高、因素多或要分析的交互作用多时，应选择大的 L 表，否则可选小的 L 表。

L 表选定后，安排试验时应考虑以下两点。

① 一批试验如果要在几台不同的设备上进行，例如，同时用两台炉子制备材料，或一种原料取自不同的产地，为了防止设备或原料不同而带来的误差，在安排试验时，可以用 L 表中未排因素的一列来安排设备或原料的影响。这种办法叫做分区组法。

② 按正交表安排试验时，常用随机化方法，即各个因素的各个水平不是人为地、主观地决定，而是随机地（抽签）决定。

确定了试验目的和各因素的水平数后，即可选用正交表安排试验，本例试验方案见表7-6。

表7-6 Na_2O—K_2O—CaO—SiO_2材料试验计算表

试验号 \ 列号	1 (SiO_2)(A)	2 (Na_2O)(B)	3 (K_2O)(C)	4 (CaO)(D)	试验结果（弹性模型）
1	1	1	1	1	7.2636
2	1	2	2	2	7.2582
3	1	3	3	3	7.2456
4	2	1	2	3	7.2001
5	2	2	3	1	7.3130
6	2	3	1	2	7.2560
7	3	1	3	2	7.2558
8	3	2	1	3	7.1988
9	3	3	2	1	7.3086
$k(1,J)$	7.2558	7.23983	7.23947	7.29507	
$k(2,J)$	7.25637	7.25667	7.25563	7.25667	
$k(3,J)$	7.2544	7.27007	7.27147	7.21483	
ΔR	0.0019	0.03024	0.03200	0.08024	

试验结果分析和选优步骤如下。

用正交设计法安排试验后，所得试验数据可用两种方法进行分析。一种是直观分析，方法简单直观；另一种是方差分析，后者分析比较精细。这里只讨论直观分析法的计算机实现。

为便于阐述，暂以表7-5中所列的材料组分和水平为例。用L_9（3^4）安排试验，测得弹性模量试验数据如表7-6所示。表中的k（I，J）表示第J列中凡是对应于I的试验数据的平均值，如：

$$k(1,1)=(7.2636+7.2582+7.2456)/3=7.2558$$

k（2，J）、k（3，J）的意义相同，它们表示该因素的三个水平所对应的平均弹性模量。这正是正交设计的优点，它能在每个因素都变化的情况下清楚地分出每个因素对指标的影响大小，给出每个水平的指标平均值。若某一列的三个平均指标k（J，J）间的差异较大，则此列所代表的因素对该试验的指标影响较大，若三个A（I，J）的差别不明显，则此因素的影响不大，或者是这三个水平值设置不当（三个水平相互太接近）。在表7-6中，第一列中的三个k（J，J）相差不大，说明SiO_2的这三个水平值的变化对弹性模量影响不大。第四列中的三个k（I，4）值差别最大，说明CaO含量变化的影响最大。另一方面，对于每一列而言，哪一个k（I，J）值最大，则其水平值最佳。

对表7-6中的数据进行分析，其中D的极差最大，故其对试验结果影响最大，C次之，A最小，再分析它们的均值，最后确定材料的最佳组成是$D1C3B2A1/D1C3B2A2$。

由此得出正交试验结果分析和选优算法如下：

① 对于每一列J，分别求对应水平I的试验数据总和$\sum K$（I，J）；

② 求其平均指标k（I，J）$=\sum K$（I，J）$/NS$，NS是每一水平的重复次数，对于L_9（3^4），$NS=3$；L_{27}（3^{13}），$NS=9$；

③ 对于每一列 J，计算其三个平均指标间的最大差异值 ΔR（J）；

④ 根据各列的最大差异值 ΔR（J），按从大到小的次序进行排序，判定其影响的主次；

⑤ 选定各因素的最优水平。

【例 7-2】 羟基磷灰石是一类生物陶瓷材料。利用正交试验设计法，对湿法制备羟基磷灰石的几个重要因素，如反应物初始浓度（mol/L），回流时间（h）、NaOH 浓度（mol/L），陈化时间（h）作为正交表的因素，并分别拟定三个水平。如表 7-7 所示。

建立正交试验表进行试验研究。试验得到的产率结果如表 7-8 所列。

表 7-7　材料的组成因素

序号	$Ca(NO_3)_2$初/(mol/L)(A)	回流时间/h(B)	NaOH 浓度/(mol/L)(C)	陈化时间/h(D)
1	0.187	1	0.25	1
2	0.148	2	0.50	2
3	0.935	4	1.00	4

表 7-8　材料试验计算表

试验号 \ 列号	1 $Ca(NO_3)_2$ 初(A)	2 回流时间(B)	3 NaOH(C)	4 陈化时间(D)	试验结果
1	1	1	1	1	93.4
2	1	2	2	2	89.2
3	1	3	3	3	66.0
4	2	1	2	3	88.8
5	2	2	3	1	75.5
6	2	3	1	2	56.9
7	3	1	3	2	82.1
8	3	2	1	3	65.4
9	3	3	2	1	53.1
$k(1,J)$	82.867	88.100	71.900	74.000	
$k(2,J)$	73.733	76.700	77.033	76.07	
$k(3,J)$	66.867	58.667	74.533	73.400	
ΔR	16.000	29.433	5.133	2.667	

对表 7-8 中的数据进行分析，其中 B 的极差最大，故其对试验结果影响最大，A 次之，D 最小，再分析它们的均值，最后确定制备 HAP 的最优条件是 $B1A1C2D2$。

7.4　正交试验的方差分析方法

前面介绍的直观分析方法，其优点是简单、直观、计算量较小。但是，直观分析不能给出误差大小的估计。因此，也就不能知道结果的精度。方差分析可以弥补直观分析的不足之处。

在一批试验数据中，数据的算术均值代表了数据的平均水平，反映了数据的集中性。而数据的方差反映了数据的波动性，即数据的分散性，方差大小表明数据变化的显著程度，而数据变化的显著程度，又反映了因素对指标影响的大小。

【例 7-3】 T8 钢淬火试验（4 因素 2 水平）如表 7-9 所列。

表 7-9 钢淬火试验（4 因素 2 水平）

水平＼因素	A 温度/℃	B 时间/min	C 冷却液	D 操作方法
1	800	15	油	D_1
2	820	11	水	D_2

其中，A 与 B 有交互作用，测试淬火硬度，硬度越大越好。选用 L_8（2^7）表头设计，如表 7-10 所列。

表 7-10 L_8（2^7）表头设计

A	B	$A\times B$	C	e(误差)	E(误差)	D
1	2	3	4	5	6	7

正交表及方差分析计算如表 7-11 所列。

表 7-11 正交设计方差分析

试验号＼列号	A/℃ 1	B/min 2	$A\times B$ 3	C 4	e(误差) 5	E(误差) 6	D 7	洛氏硬度	洛氏硬度 −55
1	1	1	1	1	1	1	1	50	−5
2	1	1	1	2	2	2	2	59	4
3	1	2	2	1	1	2	2	56	1
4	1	2	2	2	2	1	1	58	3
5	2	1	2	1	2	1	2	55	0
6	2	1	2	2	1	2	1	58	3
7	2	2	1	1	2	2	1	47	−8
8	2	2	1	2	1	1	2	52	−3
Ⅰ	3	2	−12	−12	−4	−5	7		
Ⅱ	−8	−7	7	7	−1	0	2		
m_1	$\frac{3}{4}$	$\frac{1}{2}$	−3	−3	−1	$-\frac{5}{4}$	$\frac{7}{4}$		
m_2	−2	$-\frac{7}{4}$	$\frac{7}{4}$	$\frac{7}{4}$	$\frac{1}{4}$	0	$\frac{1}{2}$		
T_1	$\frac{11}{8}$	$\frac{9}{8}$	$-\frac{19}{8}$	$-\frac{19}{8}$	$-\frac{3}{8}$	$-\frac{5}{8}$	$-\frac{9}{8}$		
T_2	$-\frac{11}{8}$	$\frac{9}{8}$	$\frac{19}{8}$	$\frac{19}{8}$	$\frac{3}{8}$	$\frac{5}{8}$	$\frac{9}{8}$		
I^2	9	4	144	144	16	25	49		
II^2	64	49	49	49	1	0	4		
$S=\frac{I^2+II^2}{4}-\frac{T^2}{8}$	$\frac{73}{4}-\frac{25}{8}=\frac{121}{8}$	$\frac{53}{4}-\frac{25}{8}=\frac{81}{8}$	$\frac{193}{4}-\frac{25}{8}=\frac{361}{8}$	$\frac{193}{4}-\frac{25}{8}=\frac{361}{8}$	$\frac{17}{4}-\frac{25}{8}=\frac{9}{8}$	$\frac{25}{4}-\frac{25}{8}=\frac{25}{8}$	$\frac{53}{4}-\frac{25}{8}=\frac{81}{8}$	$\frac{T^2}{8}=\frac{25}{8}$	

注：表中的 $T_i=m_i-\frac{T}{8}$（$i=1, 2$）。

为什么各因素的方法 S 用公式$\frac{Ⅰ^2+Ⅱ^2}{4}=\frac{T^2}{8}$来计算呢？以 A 因素为例，令硬度值分别用 Y_1、Y_2、Y_3、Y_4、Y_5、Y_6、Y_7、Y_8来表示。则

$$Ⅰ_A=Y_1+Y_2+Y_3 \quad Ⅱ_A=Y_5+Y_6+Y_7+Y_8$$

而 $T=Y_1+Y_2+Y_3+Y_4+Y_5+Y_6+Y_7+Y_8=\sum_{i=1}^{8}Y_i$

A 因素的方差是：

$$S_A=4\left[\left(\frac{Ⅰ}{4}-\frac{T}{8}\right)^2+\left(\frac{Ⅱ}{4}-\frac{T}{8}\right)^2\right]$$

$$=4\left[\frac{Ⅰ_A^2+Ⅱ_A^2}{16}-\frac{T}{16}(Ⅰ_A+Ⅱ_A)+\frac{T^2}{32}\right]$$

$$=4\left(\frac{Ⅰ_A^2+Ⅱ_A^2}{16}-\frac{T^2}{32}\right)=\frac{Ⅰ_A^2+Ⅱ_A^2}{4}-\frac{T^2}{8}$$

用这个公式计算出：

$$S_A=\frac{121}{8},\ S_B=\frac{81}{8},\ S_{A\times B}=\frac{361}{8},\ S_C=\frac{361}{8},\ S_D=\frac{81}{8},\ S_E=\frac{9}{8}+\frac{25}{8}=\frac{34}{8}$$

各因素的主次判定用各因素的方差与误差相比较就可以了。另外一个问题就是计算时，项数各有不同，这个影响要去掉，那就必须用方差的自由度去除方差，用得到的结果再相比较。譬如 S_A的自由度是 2－1＝1，因而比较时用$\frac{S_A}{1}=\frac{121}{8}$。$S_E$ 的自由度是（2－1）＋（2－1）＝2，比较时用$\frac{S_E}{2}=\frac{\frac{34}{8}}{2}=\frac{17}{8}$。

$$F=\frac{\text{各因素方差}}{\text{因素方差的自由度}}:\frac{\text{误差方差}}{\text{误差方差的自由度}}=\frac{S}{f}:\frac{S_e}{f_e}$$

利用 F 值的大小即可判定各因素对硬度的影响是否显著，定出因素的主次顺序，列出方差分析表，如表 7-12 所列。

表 7-12　方差分析表

因素	方差 S	自由度 f	$\frac{S}{f}$	F 值	显著性
A(温度)	$\frac{121}{8}$	1	$\frac{121}{8}$	$\frac{121}{8}:\frac{17}{8}=7.1$	
B(时间)	$\frac{81}{8}$	1	$\frac{81}{8}$	$\frac{81}{8}:\frac{17}{8}=4.8$	
C(冷却液)	$\frac{361}{8}$	1	$\frac{361}{8}$	$\frac{361}{8}:\frac{17}{8}=21.2$	*
D(操作方法)	$\frac{81}{8}$	1	$\frac{81}{8}$	$\frac{81}{8}:\frac{17}{8}=4.8$	
$A\times B$(交互作用)	$\frac{34}{8}$	1	$\frac{361}{8}$	$\frac{361}{8}:\frac{17}{8}=21.2$	*
S_E(误差)	$\frac{361}{8}$	2	$\frac{17}{8}$		

因素若影响显著，就在后面划上“*”号。用F值的大小判定影响显不显著，这种方法称为F检验法。统计上有计算好的F分布表（表7-13～表7-15），可以在许多统计书中找到。F分布表中给出的临界值，大于临界值的就显著，小于它的就不显著。

F分布表的查法如下：N_1是F值中分子的自由度，N_2是F值中分母的自由度。$F_{0.25}$表说明判定有（1－0.25）即75%可信，$F_{0.05}$表说明判定有（1－0.05）即95%可信，$F_{0.01}$表说明判定有（1－0.01）即99%可信。

上例中$N_1=1$，$N_2=2$，因此：

$F_{0.25}$（1，2）＝2.57 $F_{0.05}$（1，2）＝18.51 $F_{0.01}$＝（1，2）＝98.5

表7-13 $F_{0.25}$表

N_2 \ N_1	1	2	3	4	…
1	5.87	7.50	8.20	8.58	…
2	2.57	3.0	3.15	3.23	…
3	2.02	2.23	2.36	2.39	…
4	1.81	2.0	2.05	2.06	…
…	…	…	…	…	…

表7-14 $F_{0.05}$表

N_2 \ N_1	1	2	3	4	…
1	161.4	199.5	215.7	224.6	…
2	18.51	19.0	19.16	19.25	…
3	10.13	9.55	9.28	9.12	…
4	7.71	6.94	6.59	6.39	…
…	…	…	…	…	…

表7-15 $F_{0.01}$表

N_2 \ N_1	1	2	3	4	…
1	4052	4999.5	5403	5625	…
2	98.5	99.0	99.11	99.25	…
3	34.12	30.82	29.46	28.71	…
4	21.20	18.00	19.69	15.98	…
…	…	…	…	…	…

结果分析如下。

从因素C及$A\times B$来看，F值21.2均大于18.51，即有95%的可信度，说明C和$A\times B$是显著的，故标上“*”号。

因素A、B、D的F值均大于2.57而小于18.51，因而有75%的可信度，说明它们显著，但比起C和$A\times B$来就不算显著了。如果有因素的F值比98.5还大，那将称为“非常显著”，就要标上“* *”（双星）记号。

用F检验能判定因素的主次，这个例子中因素的主次顺序为：

$$（主）\xrightarrow[A\times B \qquad A\times D]{C \qquad\qquad B}（次）$$

再选最优方案，因C是显著因素，则先选C，在表7-11中，C列的$m_2>m_1$，故选C2方案。$A\times B$也是显著因素，在表7-11中，$A\times B$列的$M_2>M_1$，选2水平得到A与B的搭配是$A1B2$，或$A2B1$，因为A比B主要，先选A，从表7-11看出$A1$好，故选定为$A1B2$。D不显著，从表7-11中选$D2$，因此最优方案是$A1B2C2D2$，即温度800℃，时间11min，冷却液用水，$D2$操作方法。

对于不显著的因素可以根据实际情况，从经济、省时、省力各方面条件来定。如［例7-3］B因素（时间）影响不显著，就选短的时间为好。

思考题与上机操作题

7.1　正交表有哪些类型？它们的核心性质是什么？

7.2　写出正交表的表达式，并简述正交试验设计的基本程序。

7.3　不考虑交互作用，设计一个4水平的3因素正交试验方案。

7.4　为了研制出性能较好的磷石膏基干粉抹面砂浆，需通过正交试验分析得出磷石膏基干粉抹面材料的最佳配比。选取对产物影响较大的水灰比、含砂量、有机聚合物、复合添加剂为主要工艺参数，如题表7-1所列，试验产物性能指标测试结果如题表7-2所列。试确定正交试验表，并分析各工艺参数对产物性能指标的影响大小，得出磷石膏基干粉抹面材料较好的配比参数。

题表7-1　试验的主要工艺参数

水灰比/%	含砂量/%	细分散有机聚合物含量/%	复合添加剂/%
25	65	2.0	0.124
30	70	2.5	0.144
35	75	3.0	0.164

题表7-2　试验产物性能指标测试结果

性能指标＼试验	1	2	3	4	5	6	7	8	9
稠度/mm	6.5	8.2	11.2	7.8	11.6	7.5	12.1	8.6	7.2
抗压强度/MPa	12.52	15.26	13.37	14.58	15.83	13.12	10.35	11.79	9.34

7.5　自溶酵母提取物是一种多用途食品配料。为探讨啤酒酵母的最适自溶条件，安排三因素三水平正交试验，如题表7-3所列。试验指标为自溶液中蛋白质含量（%）。试进行试验结果计算并对试验结果进行方差分析。

题表7-3　因素水平表

水平	试验因素		
	温度/℃	pH值	加酶量/(个%)
	A	B	C
1	50	6.5	2.0
2	55	7.0	2.4
3	58	7.5	2.8

第 8 章 分子动力学在材料科学与工程中的应用

8.1 分子动力学介绍

分子动力学是分子力学中最重要也是应用最广泛的一种方法。自 1970 年起，由于分子力学的迅速发展，力场的不断开发，随之建立起许多适用于生化分子体系、聚合物、金属与非金属材料的力场体系，使得计算复杂系统的结构与一些热力学与光谱性质的能力及准确性大为提高。分子动力学模拟为应用这些力场及根据牛顿力学原理所发展起来的计算方法。该方法最早由 Alder 于 1957 年引入分子体系。基本原理是通过牛顿经典力学计算物理系统中各个原子的运动轨迹，然后使用一定的统计方法计算出系统的力学、热力学、动力学性质。在分子动力学中，首先将由 N 个粒子构成的系统抽象成 N 个相互作用的质点，每个质点具有坐标（通常在笛卡儿坐标系中）、质量、电荷及成键方式，按目标温度根据 Boltzmann 分布随机指定各质点的初始速度，然后根据所选用的力场中的相应的成键和非键能量表达形式对质点间的相互作用能以及每个质点所受的力进行计算。接着依据牛顿力学计算出各质点的加速度及速度，从而得到经一指定积分步长（time step，通常 1fs）后各质点新的坐标和速度，这样质点就移动了。经一定的积分步数后，质点就有了运动轨迹。设定时间间隔对轨迹进行保存。最后可以对轨迹进行各种结构、能量、热力学、动力学、力学等的分析，从而得到感兴趣的计算结果。其优点在于系统中粒子的运动有正确的物理依据，准确性高，可同时获得系统的动态与热力学统计信息，并可广泛地适用于各种系统及各类特性的探讨。

分子动力学模拟的计算技巧经过许多改进，现已日趋成熟。由于其计算能力强，能满足各类问题的需求，因此有许多使用方便的分子动力学模拟商业化计算软件陆续问世，如世界上最大的分子模拟软件制造商 Accelry 公司推出的著名软件 Cerius2 和更加大众化的 Materials Studio（MS）。在先进国家的学校、工厂、医院等的试验室里，这些商业化的计算软件已成为不可缺少的重要研究工具。

8.1.1 力场

8.1.1.1 力场简述

计算非键结作用，通常将原子视为位于其原子核坐标的一点。一般力场中最常见的非键结势能形式为 Lennard-Jones（L-J）势能。此种势能又称为 12-6 势能，其数学式为：

$$U(r)=4\varepsilon\left[\left(\frac{\sigma}{r}\right)^{12}-\left(\frac{\sigma}{r}\right)^{6}\right] \tag{8-1}$$

式中，r 为原子对间的距离；ε、σ 为势能参数，因原子的种类而异。

图 8-1 为 L-J 势能曲线，其势能的最低点位于 $r=2^{1/6}\sigma$ 处，ε 为由势能最低点至势能为 0 的差。故 σ 的大小反映原子间的平衡距离，而 ε 的大小则反映出势能曲线的深度。L-J 势能中，r^{-12} 项为排斥项，r^{-6} 项为吸引项，当 r 很大时 L-J 势能趋近于零，这表示当原子对距离很远时，彼此间已无非键结作用。

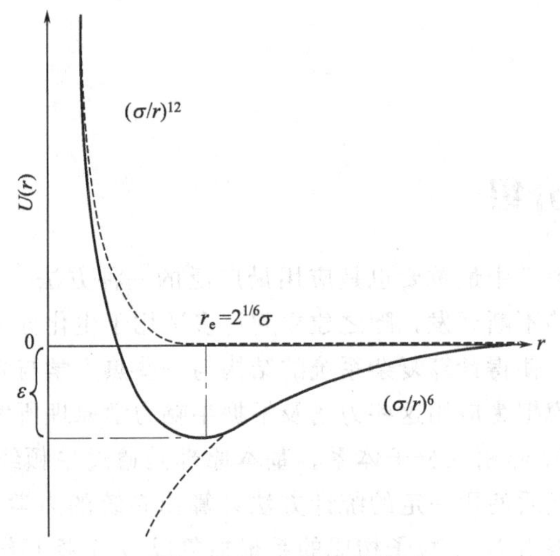

图 8-1 L-J 势能曲线

两种不同原子间的 L-J 作用常数通常以下式估计：

$$\sigma_{AB}=\frac{1}{2}(\sigma_A+\sigma_B) \tag{8-2}$$

$$\varepsilon_{AB}=\sqrt{\varepsilon_A\varepsilon_B}$$

式中，A、B 表示两种不同的原子。

键伸缩势能项的一般形式为简谐运动，即：

$$U_b=\frac{1}{2}\sum_i k_b(r_i-r_i^0)^2 \tag{8-3}$$

式中，k_b 为键伸缩的弹力常数；r_i、r_i^0 分别为第 i 个键的键长及其平衡键长。

弹力常数愈大，振动愈快，振动频率愈大。为了提高计算的精准性，有的力场除了简谐运动项外，亦增加了非简谐运动项。如MM3形式的力场，其键伸缩势能的形式为：

$$U_b=\frac{1}{2}k_b(r-r^0)^2+k_3(r-r^0)^3+k_4(r-r^0)^4 \tag{8-4}$$

式中，除了二次的简谐运动项外还包括了三次与四次的非简谐运动项。

键角弯曲项的一般形式为键角的简谐振荡：

$$U_\theta=\frac{1}{2}\sum_i k_\theta(\theta_i-\theta_i{}^0)^2 \tag{8-5}$$

式中，k_θ 为键角弯曲的弹力常数；θ_i、θ_i^0 为第 i 个键角及其平衡键角的角度，亦可如键伸缩势能一样增加高次非简谐项以提高计算的准度。

二面角扭曲项的一般形式为：

$$U_\varphi=\frac{1}{2}\sum_i[V_1(1+\cos\varphi)+V_2(1-\cos2\varphi)+V_3(1+\cos3\varphi)] \tag{8-6}$$

式中，V_1、V_2、V_3分别为二面角扭曲项的弹力常数；φ 为二面角的角度。

图8-2为利用AMBER力场计算所得 OCH_2—CH_2O 分子中O—C—C—O扭转角的势能图。由图可知最低势能对应于扭转角 $\phi=60°$ 与 $\phi=300°$。

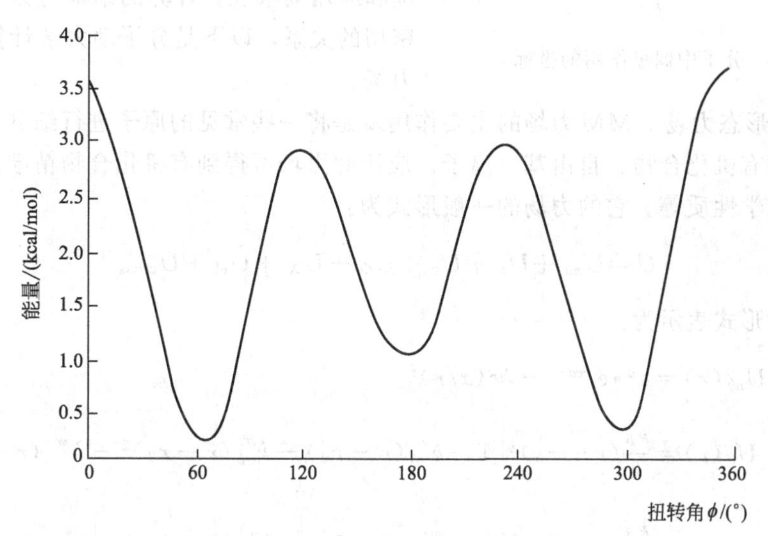

图8-2 AMBER力场计算 OCH_2—CH_2O 分子的扭转势能

注：1kcal=4.184kJ。

离平面振动项的一般形式为：

$$U_\chi=\frac{1}{2}\sum_i k_\chi\chi^2 \tag{8-7}$$

式中，k_χ 为离平面振动项的弹力常数；χ 为离平面振动的角度。

库仑作用项的形式为：

$$U_{el}=\sum_{i,\ j}\frac{q_iq_j}{Dr_{ij}} \tag{8-8}$$

式中，q_i、q_j 为分子中第 i 个离子与第 j 个离子所带的电荷；r_{ij} 为距离；D 为有效介电常数。不含离子的分子中，库仑作用项主要为偶极间的作用，即：

$$U_{\text{dipole}}=\frac{\mu_i\mu_j}{Dr_{ij}^3}(\cos\chi-3\cos\alpha_i\cos\alpha_j) \tag{8-9}$$

式中，μ_i、μ_j 为分子中的偶极矩；χ、α 的定义如图 8-3 所示。

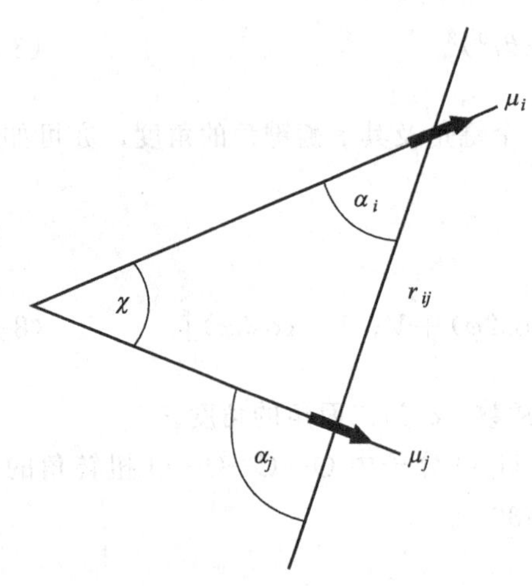

图 8-3　分子中偶极作用的坐标

分子的总能量为动能与势能的和，分子的势能可以用简单的数学函数来表示，这样以简单的数学形式表示的势能函数称为力场。

8.1.1.2　常见力场类型

力场是分子动力学模拟的基础，分子动力学计算研究至今已有将近 40 年的历史，计算的系统从简单到复杂，计算所需的力场也由最简单的范德瓦尔斯作用变得复杂起来。根据不同的目的，力场被划分了多种形式，具有不同的适用范围和应用局限性，计算的结果与力场的选择有着密切的关系，以下是分子动力学计算常见的几种力场。

(1) MM形态力场　MM力场的主要作用就是将一些常见的原子进行细分，这些力场主要适用于各种有机化合物、自由基、离子。应用此力场可得到有机化合物精准的构型、构型能、各种热力学性质等。它的力场的一般形式为：

$$U=U_{nb}+U_b+U_\theta+U_\Phi+U_X+U_{\text{el}}+U_{\text{cross}} \tag{8-10}$$

其各项的形式表示为：

$$\begin{aligned}
&U_{nb}(r)=a^{\varepsilon}\cdot\mathrm{e}^{-c\sigma/r}-b\varepsilon(\sigma/r)^6\\
&U_b(r)=\frac{k_b}{2}(r-r_0)^2[1-k'_b(r-r_0)-k''_b(r-r_0)^2-k'''_b(r-r_0)^3]\\
&U_\theta(\theta)=\frac{k_\theta}{2}(\theta-\theta_0)^2[1-k'_\theta(\theta-\theta_0)-k''_\theta(\theta-\theta_0)^2-k'''_\theta(\theta-\theta_0)^3]\\
&U_\phi(\phi)=\sum_{n=1}^{3}\frac{v_a}{2}(1+\cos\phi)\\
&U_\chi(\chi)=k(1-\cos2\chi)
\end{aligned} \tag{8-11}$$

此力场中，U_{nb} 为非键结势能，U_b 为键的伸缩项，U_θ 为键角弯曲项，U_ϕ 为二面角扭曲项，U_χ 为离平面振动项，U_{el} 为一般的库仑力作用项，U_{cross} 为交叉作用项。由于 MM 形态力场考虑了交叉作用项，所以相对于其他力场来说结果更为精确，但同时也增加了它的复杂度，不易程序化，计算起来比较困难费时。

(2) AMBER 力场（assisted model building with energy minimization）　此力场是由 Peter Kollman 等研发的，主要适用于分子较小的蛋白质、核酸、多糖等生物化学分子。在

此力场下通常可以得到合理的气态分子的构型能、振动频率、几何结构等。它的表示形式为：

$$U=\sum_{b}K_{2}(b-b_{0})^{2}+\sum_{\theta}K_{\theta}(\theta-\theta_{0})^{2}+\sum_{\phi}\frac{1}{2}V_{0}\left[1+\cos(n\Phi-\Phi_{0})\right]+\underbrace{\sum\varepsilon\left[\left(\frac{r^{*}}{r}\right)^{12}-2\left(\frac{r^{*}}{r}\right)^{6}\right]}_{\text{范德瓦尔斯作用项}}+\underbrace{\sum\frac{q_{i}q_{j}}{\varepsilon_{ij}r_{ij}}}_{\text{静电作用项}}+\underbrace{\sum\left(\frac{C_{ij}}{r_{ij}^{12}}-\frac{D_{ij}}{r_{ij}^{10}}\right)}_{\text{氢键作用项}} \tag{8-12}$$

式中，b、θ、Φ 分别为键长、键角、二面角。

（3）CHARMM（chemistry at Harvard macromolecular mechanics）力场 此力场的参数是由计算结果与试验值比对来提供的，而且还引用了量子计算结果，所以 CHARMM 力场可用于研究分子系统，例如溶液、生化分子及小的有机物分子等，并能得到与试验值相近结果，如与时间有关的物理量、结构、构型能、作用能等。它的力场形式为：

$$U=\underbrace{U_{\text{bond}}+U_{\text{angle}}+U_{\text{torsion}}+U_{\text{outp}}}_{\text{（分子内作用项）}}+\underbrace{U_{\text{elec}}+U_{\text{vdw}}}_{\text{（分子间作用项）}}+\underbrace{U_{\text{consriant}}}_{\text{（特殊项）}} \tag{8-13}$$

（4）CVFF（consistent valence force field）力场 此力场是由 Dauber Osguthope 等研发的，在初始阶段，这个力场主要是用来计算生化分子（氨基酸、水等），经过科学家们的不断努力，CVFF 力场不断进化，现在可以用来计算蛋白质、多肽等有机分子。此力场在计算系统的结构和结合能的方面可以提供最精确的结果。它的力场形式为：

$$\begin{aligned}U=&\sum_{b}D_{b}\left[1-\mathrm{e}^{-\alpha(b-b_{0})^{2}}\right]+\sum_{\theta}k_{\theta}(\theta-\theta_{0})^{2}+\sum_{\Phi}k_{\Phi}\left[1+\cos(n\Phi)\right]\\&+\sum_{x}k_{x}x^{2}+\sum_{b}\sum_{b'}k_{bb'}(b-b_{0})(b-b'_{0})+\sum_{\theta}\sum_{\theta'}k_{\theta\theta'}(\theta-\theta_{0})(\theta'-\theta'_{0})\\&+\sum_{b}\sum_{\theta}k_{b\theta}(b-b_{0})(\theta-\theta_{0})+\sum_{\Phi}\sum_{\theta}\sum_{\theta'}k_{\Phi\theta\theta'}\cos\Phi(\theta-\theta_{0})(\theta'-\theta'_{0})\\&+\sum_{x}\sum_{x'}k_{xx'}xx'+\sum\varepsilon\left[\left(\frac{r^{*}}{r}\right)^{12}-2\left(\frac{r^{*}}{r}\right)^{6}\right]+\sum\frac{q_{i}q_{j}}{\varepsilon_{ij}r_{ij}}\end{aligned} \tag{8-14}$$

（5）第二代力场 第二代力场的形式与上面所描述的力场相比，复杂程度提高了很多，此力场的计算需要大量的力常数。这个力场是为能精确地计算分子的各种物理量而设计的，比如可以精确地计算分子的各种性质、结构、光谱等。此力场的常数需要引用大量的试验数据来推导，对于有机分子和不含过渡金属元素的分子系统来说比较适用。

8.1.2 分子动力学基本原理

考虑含有 N 个分子或原子的运动系统，系统的能量为系统中分子的动能与系统总势能的总和。其总势能为分子中各原子位置的函数 U（$\boldsymbol{r}_1$，$\boldsymbol{r}_2$，…，$\boldsymbol{r}_n$，通常势能可分为分子间（或分子内）原子间的非键结范德瓦尔斯作用（VDW）与分子内部势能（int）两大部分，即：

$$U = U_{\mathrm{VDW}} + U_{\mathrm{int}} \tag{8-15}$$

范德瓦尔斯作用一般可将其近似为各原子对间的范德瓦尔斯作用的加成：

$$U_{\mathrm{VDW}} = u_{12} + u_{13} + \cdots + u_{1n} + u_{23} + u_{24} + \cdots = \sum_{i=1}^{n-1}\sum_{j=i+1}^{n} u_{ij}(r_{ij}) \tag{8-16}$$

式中，r_{ij} 为二原子之间的距离。

分子内势能则为各类型内坐标（如键伸缩、键角弯曲……）势能的和。

依照经典力学，系统中任一原子 i 所受力为势能的梯度：

$$\boldsymbol{F}_i = -\nabla_i U = -\left(\boldsymbol{i}\frac{\partial}{\partial x_i} + \boldsymbol{j}\frac{\partial}{\partial y_i} + \boldsymbol{k}\frac{\partial}{\partial z_i}\right)U \tag{8-17}$$

依此，由牛顿运动定律可得 i 原子的加速度为：

$$\boldsymbol{a}_i = \frac{\boldsymbol{F}_i}{m_i} \tag{8-18}$$

将牛顿定律方程式对时间积分，可预测 i 原子经过时间 t 后的速度与位置。

$$\frac{\mathrm{d}^2}{\mathrm{d}t^2}\boldsymbol{r}_i = \frac{\mathrm{d}}{\mathrm{d}t}\boldsymbol{v}_i = \boldsymbol{a}_i$$

$$\boldsymbol{v}_i = \boldsymbol{v}_i^0 + \boldsymbol{a}_i$$

$$\boldsymbol{r}_i = \boldsymbol{r}_i^0 + \boldsymbol{v}_i^0 t + \frac{1}{2}\boldsymbol{a}_i t^2 \tag{8-19}$$

式中，$\boldsymbol{r}$、$\boldsymbol{v}$分别为粒子的位置与速度；上标“0”为各物理量的初始值。

分子动力计算的基本原理，即为利用牛顿运动定律。先有系统中各分子位置计算系统的势能，再由式（8-17）和式（8-18）计算系统中各原子所受的力及加速度，然后在式中令 $t=\delta t$，δt 表示一非常短的时间间隔，则可得到经过 δt 后各分子的位置及加速度，预测再经过 δt 后各分子的位置及速度……如此反复循环，可得到各时间下的分子位置，称之为运动轨迹。图 8-4 为简单的三原子系统的运动图，图中显示了各原子的位置及标示了原子的速度。

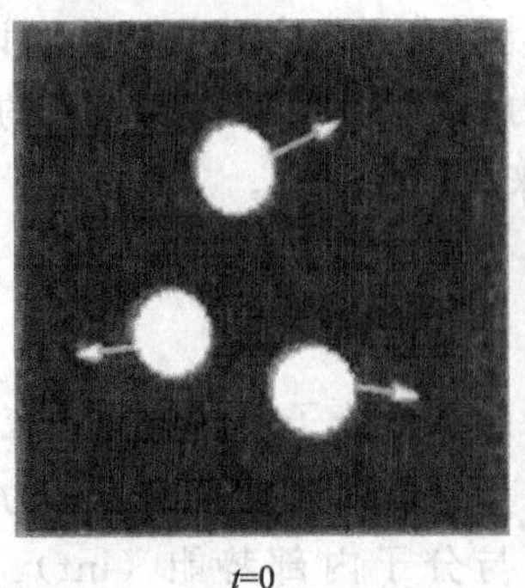

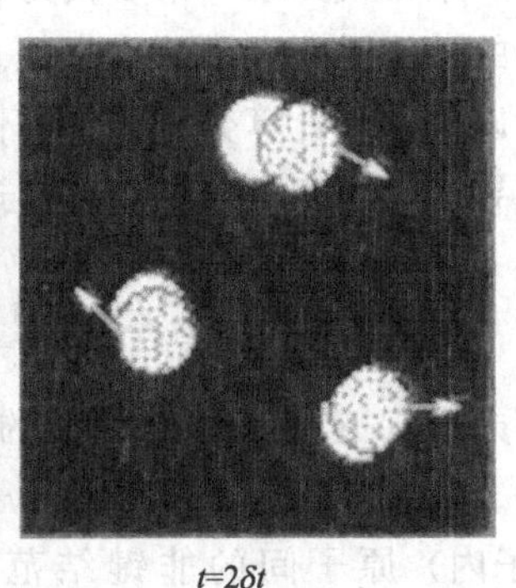

$t=0$　　$t=\delta t$　　$t=2\delta t$

图 8-4　三原子系统的运动图

8.1.3 分子动力学计算流程

真正执行分子动力计算前，必须先行估计计算的可能性。一般分子动力计算的容量约为数千个原子的系统，如果系统过大，则超过计算范围。含 N 个原子的系统，每一计算步骤需要计算（1/2）N（$N+1$）组远程作用力，以此部分的计算最为耗时。若原子数目增加 1 倍，则计算时间增加 4 倍。除了系统的容量外，亦需考虑研究对象的时间范围。通过分子动力计算所取的积分步程约为飞秒（femto second，fs）（$1fs=10^{-15}s$）。若以目前一般的工作站或较强的个人计算机从事 1000 个原子系统的计算，累计一百万步，相当于 $10^{-9}s$ 的系统时间的轨迹约需两个星期的计算时间。因此，由实际的角度来看，分子动力计算适合于研究较 $10^{-9}s$ 更快的运动，而不适合研究较慢的运动。例如蛋白质的折叠运动通常需要毫秒级，若利用分子动力计算研究折叠运动，则需要非常长的时间。

执行分子动力计算的起点，将一定数目的分子置于立方体的盒中，使其密度与试验的密度相符，再选定计算的温度，即可着手开始计算。计算时，必须知道系统中分子的初始位置与速度。通常可将分子随机置于盒中，或是取其结晶形态的位置排列的初始位置。系统中所有原子运动的动能和应满足下式的条件：

$$K.E=\sum_{i=1}^{N}\frac{1}{2}m_i(|\vec{v}|)^2=\frac{3}{2}Nk_BT \tag{8-20}$$

式中，K.E 为系统的总动能；N 为总原子数；k_B 为玻尔兹曼常数；T 为热力学温度。原子运动的初速度可依此关系式产生。例如，可取一半的原子向右运动，而另一半向左运动；而原子的总动能为 $3/2Nk_BT$。或是令原子的初速度呈高斯分布（Gaussian distribution），而总动能为 $3/2Nk_BT$。产生原子的起始位置与初速度后，则可进行分子动力计算。详细的初始位置与初速度的产生方法将在后面讨论。

由初始位置与速度开始，计算的每一步产生新的速度与位置，由新产生的速度可计算系统的温度 T_{cat} 为：

$$T_{cat}=\frac{\sum_{i=1}^{N}(v_{i,x}^2+v_{i,y}^2+v_{i,z}^2)}{3Nk_B} \tag{8-21}$$

若系统的计算温度与所设定的温度相比过高或过低，则需校正速度。一般允许的温度范围为：

$$0.9\leqslant\frac{T_{cal}}{T}\leqslant1.1$$

若计算的温度超过此允许范围，则将所有原子速度乘以一校正因子，即：

$$f=\sqrt{\frac{T}{T_{cal}}} \tag{8-22}$$

使得系统的计算温度重新调整为：

$$\frac{\sum_{i=1}^{N}(v_{i,x}^2+v_{i,y}^2+v_{i,z}^2)\times f^2}{3Nk_B}=\frac{T}{T_{cal}}\times T_{cal}=T \tag{8-23}$$

将计算的温度的校正回到系统的设定温度。实际执行分子动力计算的过程，于计算开始时每隔数步即需校正速度，随后校正的间隔增长，每隔数百步或数千步才需校正，直至原子的速度不再需校正，而系统的总动能在 $3/2Nk_BT$ 上下呈现约 10%的涨落，此时系统已达热平衡（thermal equilibrium）状态。达到热平衡状态前的轨迹与速度不需保存，因其物理意义不够周严，仅当系统达平衡后，才开始储存计算的轨迹与速度。通常的分子计算需要累积数百万步的运动轨迹以供分析，因而导致储存的问题。以 1000 个原子的系统为例，储存每步轨迹与速度约需 10kB 的硬盘容量，储存 10000 步则需 100MB 的容量。因为分子动力计算中，积分步程很小，每一步原子移动的幅度有限，故常每隔 10～20 步存取一次轨迹与速度以节省硬盘的容量。图 8-5 为 Verlet 跳蛙法的分子动力计算流程。这种计算方法称为一般性分子动力计算（conventional molecular dynamics），计算中系统的原子数 N、体积 V 与总能量 E 维持不变，相当于统计力学中的微正则系综（micro-canonical ensemble），记为（N，V，E）系综。

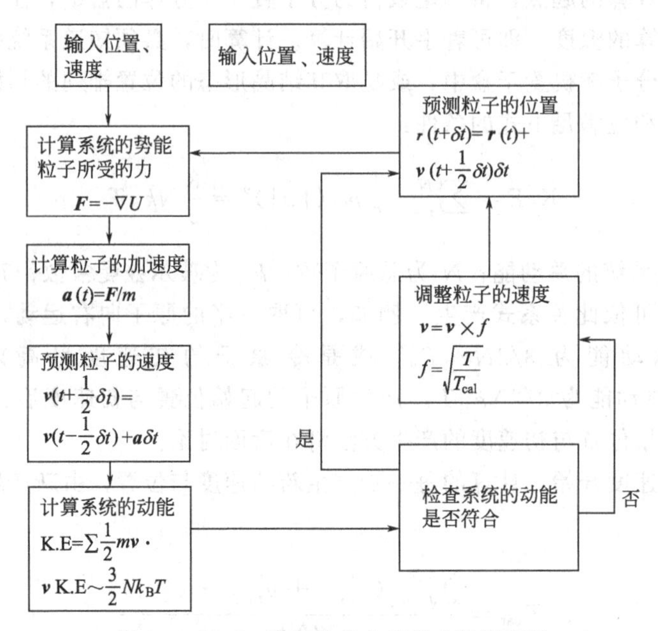

图 8-5　Verlet 跳蛙法的分子动力计算流程

8.1.4　分子动力学的一些基本算法

在做分子动力学模拟的过程中会涉及算法，为了适应不同系统模拟的要求，现已出现了多种算法，以在适应的速度下得到更加精确的结果。

（1）Verlet 算法　将粒子的位置坐标分别用时刻的位置坐标作泰勒展开有：

$$\begin{cases} r(t+\Delta t)=r(t)+\Delta tV(t)+(\Delta t)^2\dfrac{a(t)}{2}+L \\ r(t-\Delta t)=r(t)+\Delta tV(t)+(\Delta t)^2\dfrac{a(t)}{2}+L \end{cases} \tag{8-24}$$

由式(8-24)可得到时刻粒子的位置为：

$$r(t+\Delta t)=2r(t)-r(t-\Delta l)+(\Delta t)^2\frac{F(t)}{m} \tag{8-25}$$

相应的速度为：

$$V(t)=\frac{r(t+\Delta t)-r(t-\Delta t)}{2\Delta t} \tag{8-26}$$

式中，m、$V(t)$、$a(t)$ 和 $F(t)$ 分别为原子的质量、速度、加速度以及所受到的力。

(2) Velocity-Verlet 算法　这种算法是由 Swope 提出的，它和 Verlet 算法相比在给出位置、速度、加速度的同时且不牺牲精度，而且还给出了显速度项。在同样计算量的情况下，这种算法更加便捷，所以在模拟计算中应用比较广泛。

(3)"跳蛙"(Leap-frog) 算法　这种算法是由 Hockney 提出的。"跳蛙"算法由 Verlet 算法演变得来，在继承 Verlet 算法的同时还涉及了半时间间隔的速度，即：

$$\begin{cases} r\ (t+\delta t)\ =r\ (t)\ +\delta tv+\ (t+\delta t/2) \\ v\ (t+\delta t/2)\ =\delta ta\ (t)\ +v\ (t\text{-}\delta t/2) \end{cases} \tag{8-27}$$

t 时刻的速度由下式给出：

$$v\ (t)\ =\left[v\left(t+\frac{\delta t}{2}\right)+v\ (1-\delta t/2)\right]\Big/2 \tag{8-28}$$

所以"跳蛙"算法与 Verlet 算法比较有三个优点：有显速度项，收敛速度快，计算量小。但是这种算法也存在明显的缺陷，就是位置和速度不同步。

(4) Gear 的预测-校正算法　这种算法是较为复杂的一种，通常分为三步来进行。首先要根据 Taylor 公式展开，来预测模拟系统中原子新的位置、速度和加速度，然后根据新的计算公式来计算加速度；其次这个加速度再由与 Taylor 数级展开式中的加速度进行比较；最后根据两者之差对误差进行校正，从而校正位置和速度项。这种算法有一个很大的缺点就是由于其复杂性从而占用计算机的内存较大。

以上就是几种比较常用的算法，除了以上介绍的几种算法外，还有 Beeman 算法和 Rahman 算法等，在此不做过多介绍。

8.1.5　系综的分类

作为统计理论的近似表达，系综并不是实际存在的物体，而是由许多结构完全相同且处于特定条件下的系统的集合。系综内的粒子互不干扰地处于各自的运动状态，一般我们会用到以下几种系综：等温等压系综（NPT 系综）、等温等焓系综（NPH 系综）、微正则系综（NVE 系综）和正则系综（NVT 系综）。

(1) 等温等压系综　作为最常见的系综之一，该系综内系统的原子数（N）、压力（P）和温度（T）都保持不变。通过不断调节系统中粒子的速度，就可以保证系统的温度恒定。而保持压力的恒定则稍显复杂，基于系统的压力 P 与其体积 V 是共轭量，能够通过改变系统的体积来维持固定的压力值。

(2) 等温等焓系综　与其他系综相比，该系综只适用于周期性结构体系，而且只能保证恒定的原子数（N）、压力（P）和焓值（H）。通过控制晶胞尺寸和温度在指定范围内的变化，可以实现压力和焓值的稳定，但这一调节技术实现起来难度很大，因此等温等焓系综在实际应用并不多。

(3) 微正则系综　作为一种孤立保守的系综，系统中的原子数（N）、体积（V）和能量（E）都维持不变，并且保证系统能量按所设定的轨道演变。一般而言，初始条件下的能量无法准确获知，为了将系统调节到所要达到的状态，通常需要不断增减能量值，以使其最终能够满足要求。微正则系综必须给定足够的计算时间以达到平衡状态，否则将产生不必要的系统误差。

(4) 正则系综　此系综下，系统的总能量并不恒定，而是要不断地与外界交换能量。为确保系统的温度恒定，需要通过温度调节的方式让外界热浴和研究系统处于特定热平衡状态，常见的调节温度的方法有 Nose-hoorer 热浴法、高斯热浴法和速度温标法。

8.1.6 周期性边界条件

模拟过程中无法充分考虑所有的原子，为了使所选取的研究对象尽可能地符合真实情况，以及减小不可避免的尺寸效应等，通常需要引入周期性边界条件。在分子动力学模拟中经常用到的边界条件有以下三种，即矩形盒子周期性边界条件、八面体盒子周期性边界条件及单斜盒子周期性边界条件。图 8-6 中表示的便是矩形盒子周期性边界条件。图中黑色盒子即为所选取的模拟系统，四周的白色盒子与其具有同等的原子排列和运动。为维持所研究系统密度和粒子数的稳定，当所选系统中任一粒子移出，则必定有相应的粒子移入，以符合实际情况。

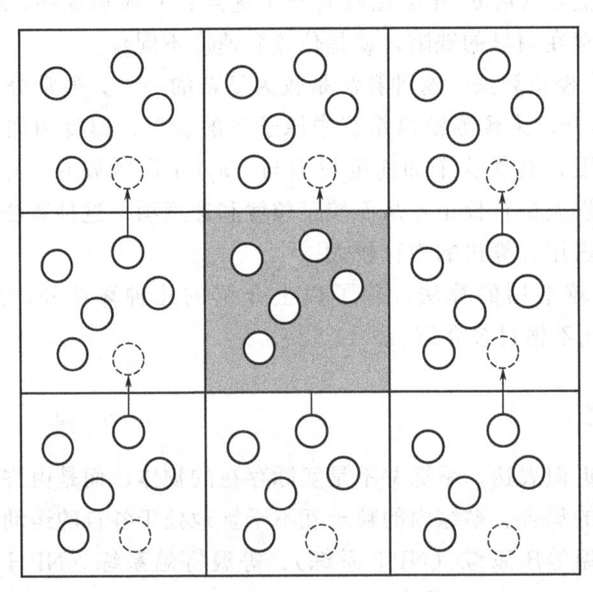

图 8-6　矩形盒子周期性边界条件

8.1.7 输出轨迹分析

8.1.7.1 径向分布函数

径向分布函数（radial distribution function，RDF）的物理意义可由图 8-7 显示。图中，黑球为流体系统中的一个分子，称其为参考分子，与其中心的距离由 $r \to r + dr$ 间的分子数目为 dN。定义径向分布函数 g（r）为：

$$\rho g\ (r)\ 4\pi r^2 = \mathrm{d}N \tag{8-29}$$

式中，ρ 为系统的密度。

若系统的分子数目为 N，则由以上的关系可得：

$$\int_0^\infty \rho g(r) 4\pi r^2 \mathrm{d}r = \int_0^N \mathrm{d}N = N$$

由式（8-29）得径向分布函数与 dN 的关系，即：

$$g\ (r) = \frac{\mathrm{d}N}{p 4\pi r^2 \mathrm{d}r} \tag{8-30}$$

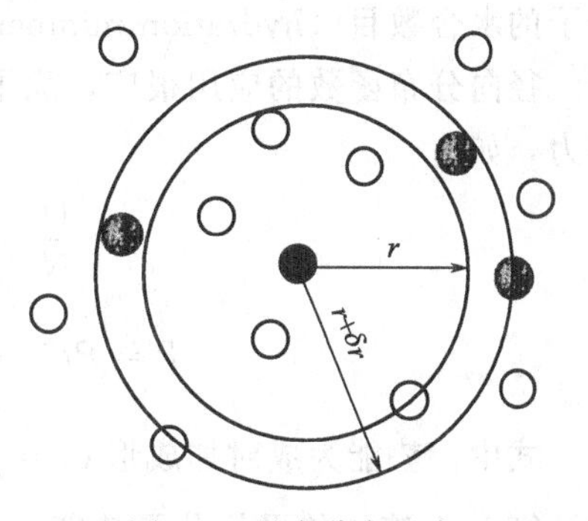

图 8-7 径向分布示意

径向分布函数可以解释为系统的区域密度（local density）与平均密度（bulk density）的比。参考分子的附近（r 值小）区域密度不同于系统的平均密度，但与参考分子距离远时区域密度应与平均密度相同，即当 r 值大时径向分布函数的值应接近 1。分子动力计算径向分布函数的方法为：

$$g(r) = \frac{1}{\rho 4\pi^2 \delta r} \times \frac{\sum_{t=1}^{T} \sum_{j=1}^{N} \Delta N(r \rightarrow r + \mathrm{d}r)}{NT} \tag{8-31}$$

式中，N 为分子的总数目；T 为计算的总时间（步数）；δr 为设定的距离差；ΔN 为介于 $r \rightarrow r + \mathrm{d}r$ 间的分子数目。

图 8-8 为 Verlet 在不同温度下计算 Lennard-Jones（L-J）作用的单原子分子流体的径向分布函数。

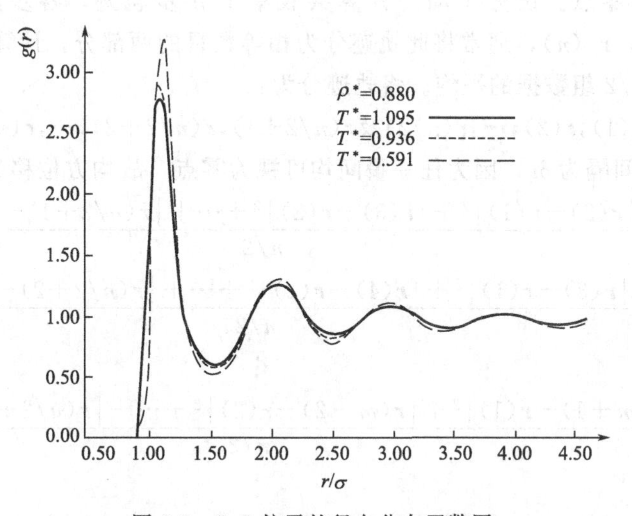

图 8-8 L-J 粒子的径向分布函数图

图 8-8 中的 δ 为L-J 势能的参数。此图显示，当 $r > 4.5\delta$ 时，径向分布函数的值趋近于 1；当 $r < 0.85\delta$ 时，径向分布函数均为零。这表示在所计算的流体系统中分子与分子最近的距离不会小于 0.85δ。平均看来，当分子间的距离超过 4.5δ 时，即与均匀的液体性质相同。图 8-8 中，径向函数的最大峰出现于 $r_{\max}$ 约 1.2δ 处，峰强度的范围为（2.8～3.4）δ，这表示平均看来，离分子 1.2δ 处附近出现其他分子的概率最大，此处的区域密度最大。图中亦显示其他的峰，在峰的位置附近，区域密度均大于平均密度。径向分布函数反映出液体中分子聚集的特性，可借此了解液体的“结构”。将 g（r）对 $r=0 \rightarrow r=r_{\max}$ 积分，即求图 8-8 中在此范围内的面积，其结果为在此范围内的平均分子数目。利用此方法可以求得水溶液中

分子的水合数目（hydration number）。

径向分布函数的应用很广，除了上述关于液体结构外，还可用以计算系统的平均势能及压力，如：

$$\frac{U}{N}=\frac{1}{2}\rho\int_0^\infty u(r)g(r)4\pi r^2\mathrm{d}r \tag{8-32}$$

$$P=Pt-\frac{1}{3}\cdot\frac{1}{2}\rho^2\int_0^\infty \frac{\mathrm{d}u(r)}{\mathrm{d}r}rg(r)4\pi r^2\mathrm{d}r \tag{8-33}$$

式中，势能为成对加成形 $U=\sum_{i<j}u(r_{ij})$；P 为压力；ρ 为系统的密度。由此 $g(r)$ 所计算 L-J 液体的平均分子势能及压力分别为 $U/N=-4.419$，$P=5.181$，与前面直接由统计的平均值计算的结果十分吻合。

8.1.7.2 均方位移

分子动力计算系统中的原子由起始位置不停移动，每一瞬间各原子的位置皆不相同。以 $\vec{r}_1$（t）表示时间 t 时粒子 i 的位置。粒子位移平方的平均值称为均方位移（mean square displacement，MSD），即：

$$\mathrm{MSD}=R(t)=\langle|\boldsymbol{r}(\mathrm{t})-\boldsymbol{r}(0)|^2\rangle \tag{8-34}$$

式中，尖括号表示平均值。依据统计原理，只要分子数目够多，计算时间够长，系统的任一瞬间均可当做时间的零点，所计算的平均值应相同。因此，由储存的轨迹计算均方位移应将各轨迹点视为零点。设分子动力计算共收集了 n 步轨迹，各步的位置向量分别为 $\boldsymbol{r}$（1），$\boldsymbol{r}$（2），…，$\boldsymbol{r}$（n），通常将此轨迹分为相等数目的两部分，计算均方位移时，每次计算 R（t）皆取 $n/2$ 组数据的平均。将轨迹分为：

$$\boldsymbol{r}(1),\boldsymbol{r}(2),\cdots,\boldsymbol{r}(n/2)\text{及}\boldsymbol{r}(n/2+1),\boldsymbol{r}(n/2+2),\cdots,\boldsymbol{r}(n)$$

设步数的时间间隔为 δt，因为任一瞬间均可视为零点，故均方位移为：

$$R(\delta t)=\frac{|\boldsymbol{r}(2)-\boldsymbol{r}(1)|^2+|\boldsymbol{r}(3)-\boldsymbol{r}(2)|^2+\cdots+|\boldsymbol{r}(n/2+1)-\boldsymbol{r}(n/2)|^2}{n/2}$$

$$R(2\delta t)=\frac{|\boldsymbol{r}(3)-\boldsymbol{r}(1)|^2+|\boldsymbol{r}(4)-\boldsymbol{r}(2)|^2+\cdots+|\boldsymbol{r}(n/2+2)-\boldsymbol{r}(n/2)|^2}{n/2}$$

$$\vdots$$

$$R(m\delta t)=\frac{|\boldsymbol{r}(m+1)-\boldsymbol{r}(1)|^2+|\boldsymbol{r}(m+2)-\boldsymbol{r}(2)|^2+\cdots+|\boldsymbol{r}(n/2+m)-\boldsymbol{r}(n/2)|^2}{n/2}$$

$$\vdots$$

$$R(n\delta t)=\frac{|\boldsymbol{r}(n/2+1)-\boldsymbol{r}(1)|^2+|\boldsymbol{r}(n/2+2)-\boldsymbol{r}(2)|^2+\cdots+|\boldsymbol{r}(n+m)-\boldsymbol{r}(n/2)|^2}{n/2} \tag{8-35}$$

式（8-35）为计算某一个粒子的均方位移，如计算系统中所有粒子的均方位移则需再对粒子数平均。图 8-9 为 L-J 液体系统的均方位移。

图 8-9 显示，当 t 值小时，R（t）呈指数增加；当 t 值大时 R（t）近似直线。根据爱因斯坦的扩散定律，有：

$$\lim_{t\to\infty}\langle|\boldsymbol{r}\ (t)\ -\boldsymbol{r}\ (0)^2|\rangle=Dt \tag{8-36}$$

式中，D 为粒子的扩散系数（diffusion constant）。因此，当时间很长时，均方位移对时间曲线的斜率即为 $6D$。由分子动力计算所得到 sC.J 粒子系统的扩散系数为 $D=2.43\times10^{-5}\mathrm{cm}^2$。

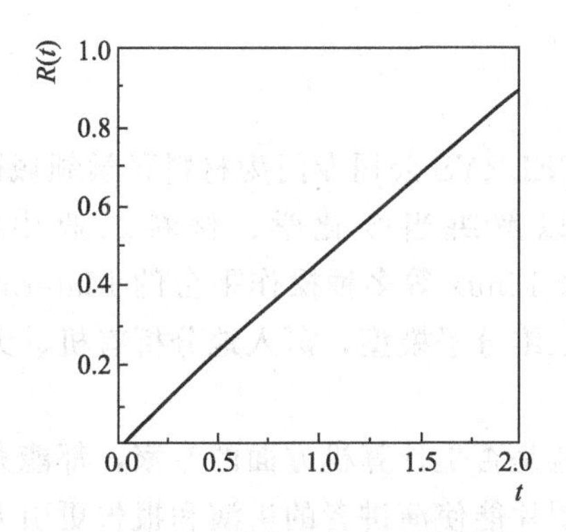

图 8-9 *L-J* 液体系统的均方位移

8.2 常用的分子动力学软件

8.2.1 Lammps

Lammps 由美国 Sandia 国家试验室开发，以 GPL license 发布，即开放源代码且可以免费获取使用，这意味着使用者可以根据自己的需要自行修改源代码。Lammps 可以支持包括气态，液态或者固态相形态下、各种系综下、百万级的原子分子体系，并提供支持多种势函数，且 Lammps 有良好的并行扩展性。

通常意义上来讲，Lammps 是根据不同的边界条件和初始条件对通过短程和长程力相互作用的分子、原子和宏观粒子集合对它们的牛顿运动方程进行积分。高效率计算的 Lammps 通过采用相邻清单来跟踪它们邻近的粒子。这些清单是根据粒子间的短程互斥力的大小进行优化过的，目的是防止局部粒子密度过高。在并行机上，Lammps 采用的是空间分解技术来分配模拟的区域，把整个模拟空间分成较小的三维小空间，其中每一个小空间可以分配在一个处理器上。各个处理器之间相互通信并且存储每一个小空间边界上的“ghost”原子的信息。Lammps（并行情况）在模拟 3 维矩形盒子并且具有近似均一密度的体系时效率最高。

(1) Lammps 的优点

① 免费开源的代码，可以根据需要修改、扩展计算程序（C++）。

② 可对固、液、气三种状态的物质进行模拟。

③ 能模拟多种模型体系（原子、聚合物、有机分子、粒子材料）。

④ 模拟体系可达上百万个粒子。

⑤ 可以方便地并行计算。

(2) Lammps 不具备的功能　由于 Lammps 是对牛顿运动方程积分的工具，所以很多必要的数据前处理与后处理功能是 Lammps 核心不具备的。其原因为：

① 保证 Lammps 的小巧性；

② 前处理与后处理不能进行并行运算，这些功能可以由其他工具来完成；

③ 原代码开发的局限性；

④ 特别地，Lammps 不能通过图形用户界面来工作。通常需要通过其他图形处理软件来辅助，例如用 VMD、AtomEye、Pymol 等来辅助。

8.2.2 Materials Studio

Materials Studio 是 ACCELRYS 公司专门为材料科学领域研究者所设计的一款可在 PC 上运行的模拟软件。它可以解决当今化学、材料工业中的一系列重要问题。支持 Windows98、NT、Unix 以及 Linux 等多种操作平台的 Materials Studio 使化学及材料科学的研究者们能更方便地建立三维分子模型，深入地分析有机、无机晶体、无定型材料以及聚合物。

任何一个研究者，无论他是否是计算机方面的专家，都能充分享用该软件所使用的高新技术，它所生成的高质量的图片能使演讲者的讲演和报告更引人入胜。同时它还能处理各种不同来源的图形、文本以及数据表格。

多种先进算法的综合运用使 Material Studio 成为一个强有力的模拟工具。无论是性质预测、聚合物建模还是 X 射线衍射模拟，都可以通过一些简单易学的操作来得到切实可靠的数据。

8.2.3 Materials Studio 在材料科学中常用的模块介绍

8.2.3.1 Visualizer

Visualizer 提供了搭建分子、晶体、界面、表面及高分子材料结构模型所需的所有工具，可以操作、观察及分析计算前后的结构模型，处理图形、表格或文本等形式的数据，并提供软件的基本环境和分析工具以支持 Materials Studio 的其他产品。它是 Materials Studio 产品系列的核心模块，同时 Materials Visualizer 还支持多种输入、输出格式，并可将动态的轨迹文件输出成 avi 文件加入到 Office 系列产品中。MS4.0 版本增加了纳米结构建模、分子叠合以及分子库枚举等功能。

8.2.3.2 Discover

Discover 是 Materials Studio 的分子力学计算引擎。它使用了多种成熟的分子力学和分子动力学方法，这些方法被证明完全适应分子设计的需要。以多个经过仔细推导的力场为基础，Discover 可以准确地计算出最低能量构象，并可给出不同系综下体系结构的动力学轨迹。Discover 还为 Amorphous Cell 等产品提供了基础计算方法。周期性边界条件的引入使得它可以对固态体系进行研究，如晶体、非晶和溶剂化体系。另外，Discover 还提供了强大的分析工具，可以对模拟结果进行分析，从而得到各类结构参数、热力学性质、力学性质、动力学量以及振动强度。

8.2.3.3 Compass

Compass 是“condensed-phase optimized molecular potential for atomisitic simulation study”的缩写。它是一个支持对凝聚态材料进行原子水平模拟的功能强大的力场。它是第一个基于从头计算的分子力场，并能够准确预报孤立态和凝聚态分子的分子结构，构象、振动、热力学性质。使用这个力场可以在很大的温度、压力范围内精确地预测出孤立体系或凝聚态体系中各种分子的构象、振动及热物理性质。在 Compass 力场的最新版本中，Accelrys 加入了 45 个以上的无机氧化物材料以及混合体系（包括有机和无机材料的界面）的一些参数，使它的应用领域最终包含了大多数材料科学研究者感兴趣的有机和无机材料。可以用它来研究诸如表面、共混等非常复杂的体系。Compass 力场是通过 Discover 模块来调用的。

8.2.3.4 Amorphous Cell

Amorphous Cell 允许用户对复杂的无定型体系建立有代表性的模型，并对主要性质进行预测。通过观察体系结构和性质的关系，可以对分子的一些重要性质有更深入的了解，从而设计出更好的新化合物和新配方。可以研究的性质有：内聚能密度(CED)、状态方程行为、链堆砌以及局部链运动、末端距和回旋半径、X 光或中子散射曲线、扩散系数、红外光谱和偶极相关函数等。Amorphous Cell 的特征还包括提供：任意共混体系的建模方法（包括小分子与聚合物的任意混合）、特殊的产生有序的向列型中间相以及层状无定型材料的能力（用于建立界面模型或适应黏合剂及润滑剂研究需要）、限制性剪切模拟、研究电极化和绝缘体行为的 Poling 法、多温循环模拟以及杂化的蒙特卡罗模拟。Amorphous Cell 的使用需要 Discover 分子力学引擎的支持。

8.2.3.5 Forcite

先进的经典分子力学工具可以对分子或周期性体系进行快速的能量计算及可靠的几何优化，包含 Universal、Dreiding 等被广泛使用的力场及多种电荷分配算法，支持二维体系的能量计算。MS4.0 版本中可以进行刚体优化，同时还加入了分析 Discover 所产生的 .arc 和 .his 轨迹文件的功能。

8.2.3.6 Gulp

Gulp 是一个基于分子力场的晶格模拟程序，可以进行几何结构和过渡态的优化、离子极化率的预测，以及分子动力学计算。Gulp 既可以处理分子晶体，也可以计算离子性的材料。Gulp 可以计算的性质包括氧化物的性质、点缺陷、掺杂和空隙、表面性质、离子迁移、分子筛和其他多孔材料的反应性和结构、陶瓷的性质、无序结构等。

8.3 分子动力学在材料科学与工程中的应用举例

8.3.1 Materials Studio 算例

【例 8-1】 水分子在 1atm（101.325kPa），298K 下的径向分布和扩散系数计算。

目的：用 Materials Studio（MS）软件模拟计算 1atm（101.325kPa），25℃下，500 个水分子无定形体系的径向分布函数和扩散系数。

模块：Amorphous cell、Discover。

简介：①径向分布函数 $g(r)$　以流体系统中一个分子为目标分子，与其中心距离由 $r \to dr$ 间的分子数目为 dN，则 $g(r)=\dfrac{dN}{\rho 4\pi r^2 dr}$ 可理解为区域密度与平均密度的比。

② 分子扩散系数　在一个不流动的环境中，若某组分在空间各位置点上浓度不同，则

此组分的分子便可能从浓度高的地方传递到浓度低的地方。这是靠分子扩散的方式传递的。单位面积和传递速率与浓度梯度（即两点的浓度差除以这两点间的距离）成正比。这比例常数称为分子扩散系数。

（1）建立初始结构

① 建造一个水分子　运行 MS，新建一个 Project 命名为 watermolecular。打开一个新的 xsd 文档命名为 H2O. xsd。在工具栏选择“SketchAtom”工具绘制一个水分子，如图 8-10所示，然后点击“Clean”工具修正得到合理的几何构象。

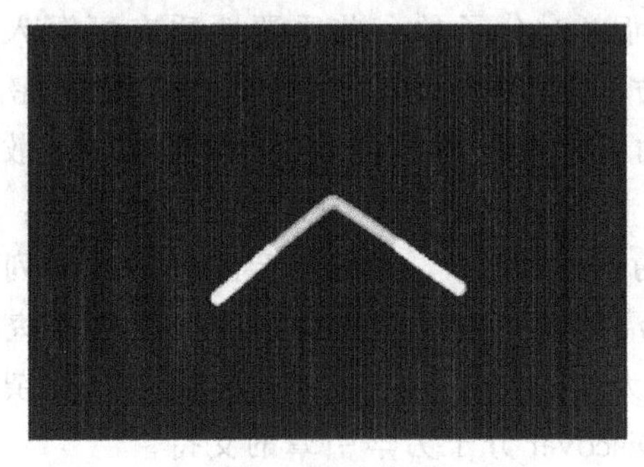

图 8-10　水分子

② 建造多分子水的无定型体系　选择菜单栏“Modules”上的“Amorphous Cell”，在下拉列表中选择“Construction”，打开“Amorphous Cell Construction”对话框（图 8-11）。点击“Add”按钮将水分子添加到体系中，单击“Constituent molecules”栏中“Number”下的数字，设为 500，相应的温度 298K，“Number of configurations”填“1”；“Cell type”选“Periodic cell”（设置体系含有周期性边界条件）；水密度“0.997g/ml”。在“Setup”选项卡中，选用 Compass 力场；Job description 可设置任务名称。

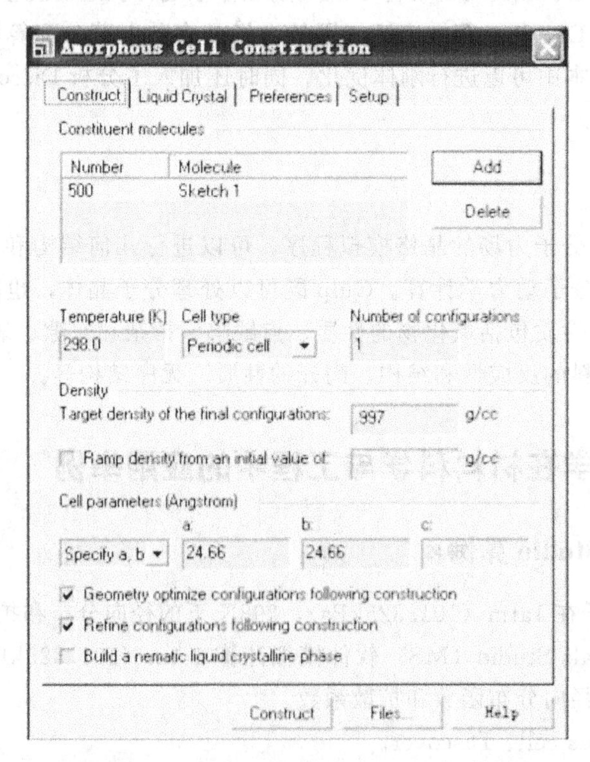

图 8-11　Amorphous Cell Construction 对话框

点击“Construct”开始构建，在“Project Explorer”中出现了一个新的名为“Sketch 1 AC Constr”的文件夹。计算结束后产生一个包含 500 个水分子无定形体系的轨迹文档 Sketch 1. xtd，如图 8-12 所示。

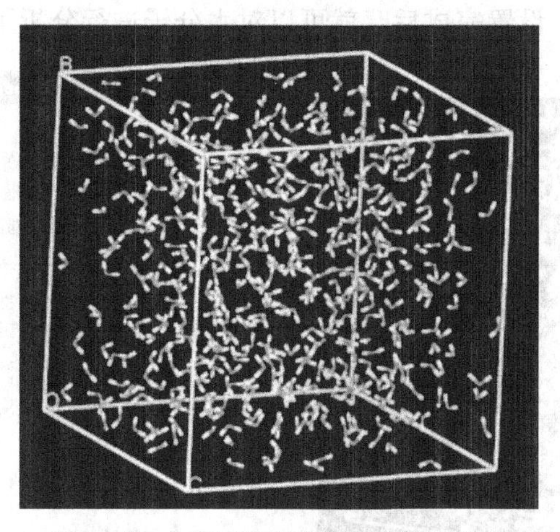

图 8-12 水分子无定形体系的轨迹文档

(2) 动力学模拟

① 优化体系 构建好的水分子无定形体系需要用 Discover 模块中的 Minimizer 对其进行优化，打开“Discover Minimiz ation”对话框，相关设置如图 8-13 所示，然后点击“Minimize”按钮开始优化。

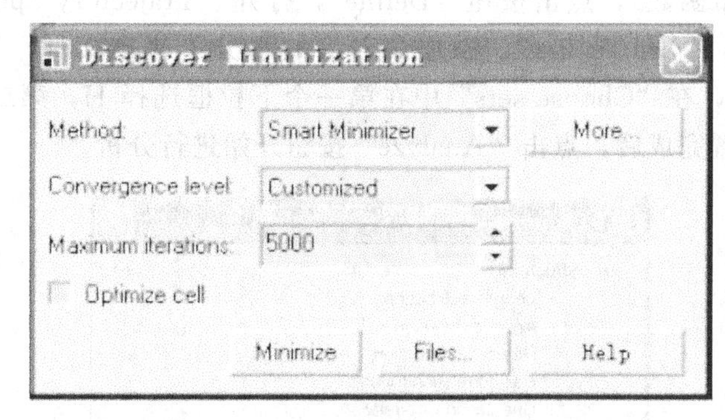

图 8-13 Discover Minimization 对话框

优化结束后，会在“Project Explorer”中创建了一个新目录 Sketch1DiscoMin，当任务完成时，最小化的结构会被存放到这个新目录下，如图 8-14 所示。

② 动力学模拟 用 Discover 模块中的 Dynamics 对体系进行平衡计算，打开“Discover Molecular Dynamics”对话框，如图 8-15 所示。“Ensemble”（系综）下拉列表选择“NPT”，“Temperature”为 298K，温度控制方法选择为“Nose”，压力为 0.0001GPa，压力控制方法为“Berendsen”，步数设为“10000”，时间步长为“1fs”，“Save”下拉列表中选择“Full”，“Frame output every”处设为 200steps（每 200 步输出一次体系构型文件）。点击“Run”开始运行，运行结束后会自动产生一个 Sketch1DiscoDynamics 文件夹，里面包含 Sketch 1. xtd 文档。

(3) 进行水分子径向分布函数及扩散系数分析 激活 Sketch 1 Disco Dynamics 文件夹里面的 Sketch 1. xtd 文档，按住 Alt 键双击其中一个 H 原子即选中所有水分子中的 H，在菜单栏“Edit”下拉菜单中选“Edit Sets”，打开“Edit Sets”对话框，按“New”按钮将所有 H 原子命名为 H；用同样的方法将体系中的 O 原子命名为 O；按“Ctrl＋A”键选中

所有水分子命名为 H_2O。设置完成后，就可以对水分子进行分析了。

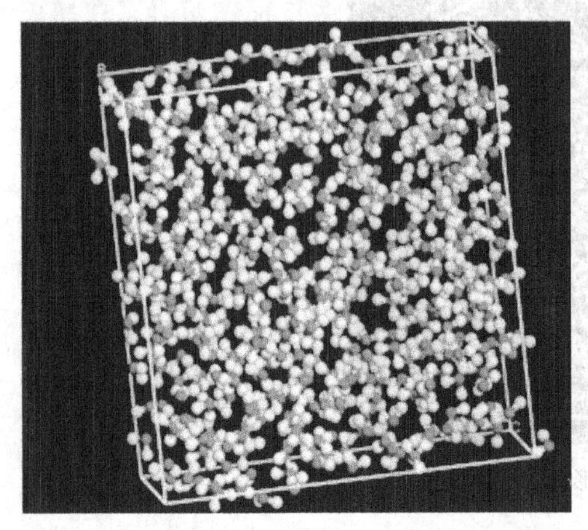

图 8-14 由 Minimizer 优化后的水分子无定型体系

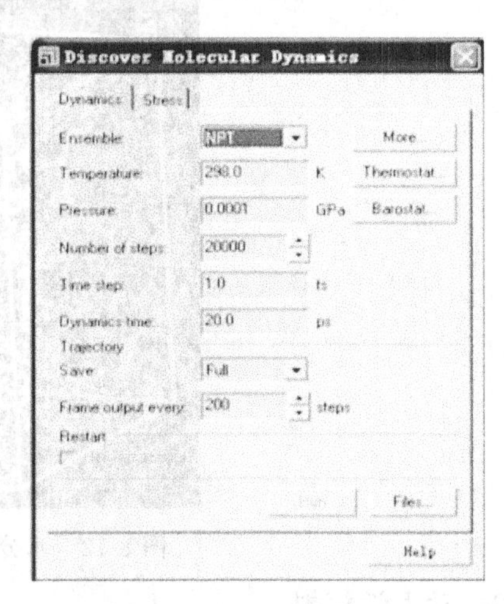

图 8-15 Discover Molecular Dynamics 对话框

① 径向分布函数 在工具栏“Discover”下拉列表选择“Analysis”，打开“Discover Analysis”对话框（图 8-16）。在窗口菜单中选中“Structural”目录下的“Pair correlation function”（径向分布函数），点击按钮“Define”，打开“Trajectory Specification（Discover）”对话框，点击“Add to list”，添加命名后的水分子轨迹文件，关闭对话框。回到“Discover Analysis”，在“Choose sets”中在第一个下拉框选择 H，第二个下拉框选择 O，如图 8-16 所示。设置完成后，点击“Analyze”按钮开始进行分析。

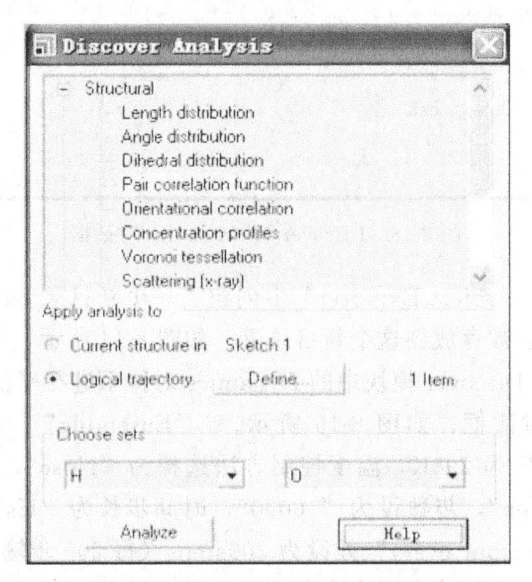

图 8-16 Discover Analysis 对话框

运行结束后会自动产生一个 Sketch 1 Disco Pair correlation function 文件夹，激活该目录下的 Sketch 1. xcd 文档。出现的图中会有 9 条。曲线，取其中的 3 条 $g(r)$ 曲线，如图 8-17 所示，其中 aa、ab、bb 分别表示 H-H、H-O、O-O；total、intra、inter 分别表示分子内和分子间总的 $g(r)$、分子内 $g(r)$、分子间 $g(r)$。右击图像，在快捷菜单中选择“Delete Graphs”，选中所有“total”和“intra”项，点击“Delete”。剩下的就是分子间 H-

H、H-O、O-O 的径向分布函数，如图 8-17 所示。

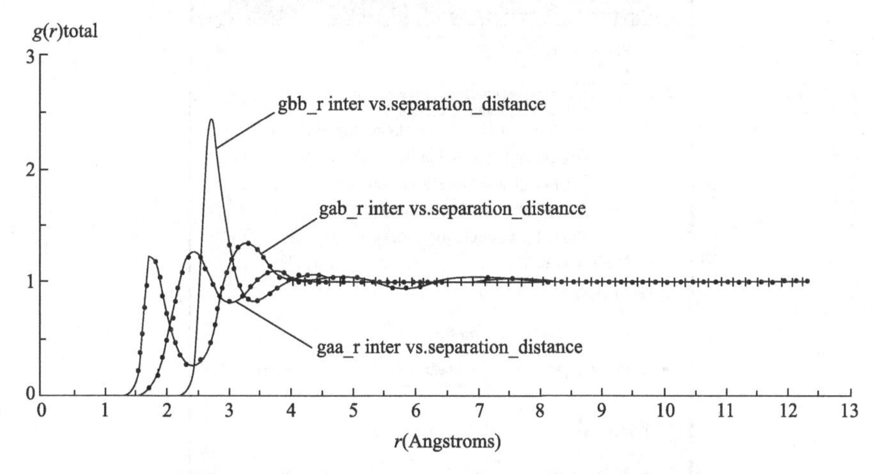

图 8-17 分子间 H-H、H-O、O-O 的径向分布函数

图 8-17 给出了水分子中各原子对径向分布函数。O-O 径向分布函数在 0.275nm 处出现最高峰值，表示由于氢键相互作用下中心水分子与最近邻水分子间 O-O 距离；O-H 径向分布函数在 0.175nm 和 0.325nm 处均出现峰值，这分别是有氢键作用和无氢键作用的 O-H 距离；H-H 径向分布函数在 0.245nm 和 0.465nm 处出现峰值。

② 扩散系数 因为 MS 软件中无法直接对轨迹文件求出体系的扩散系数，但是可以通过分析均方位移（MSD）来间接求出体系的扩散系数，即均方位移曲线斜率的六分之一就是体系的扩散系数。

在刚才的"Discover Analysis"对话框中，选择"Dynamic"目录下的"Mean squared displacement"(均方位移)，点击"Define"，再点击按钮"Add to list"，添加命名后的水分子轨迹文件，关闭该对话框。回到"Discover Analysis"，在"Choose sets"中选中 H_2O，如图 8-18 所示，然后点击"Analyze"开始分析。

运行结束后会自动产生一个 Sketch1 Disco Mean squared displacement 文件夹，激活里面包含 Sketch1. xcd 文档。右击图形，选择"Delete Graphs"，可将 X、Y、Z 方向的 MSD 图像删除，留下需要的图像，如图 8-19 所示。

最后在图像上右击"Copy"，复制图像中的数据，粘贴到 Excel 或者 Origin 软件中进行处理，得到拟合公式：

$$y=2.0655x+0.786R^2=0.9969$$

故水的扩散系数为：$D=2.0655/6=0.34425\text{cm}^2\cdot\text{s}^{-1}$，$2.2644/6=0.3774$。

8. 3. 2 Lammps 算例

【例 8-2】 FCC 金属中的面缺陷

FCC 晶体中，密排面为 {1 1 1}，它既是滑移面也是共格孪晶面。孪晶关于这个面成镜面对称。{1 1 1} 的另一种面缺陷是层错。层错有两种，包括本征（intrinsic）和非本征(extrinsic)。抽出一层原子形成本征层错，插入一层原子形成非本征层错。需要注意的是，低能量层错都可以由该面上的剪切（shearing）操作得到，比如本征层错就是将某层原子上方所有的原子整体移动 1/6 [1 1 $\bar{2}$]。层错是密排面上的原子错排，层错能（SFE）是材

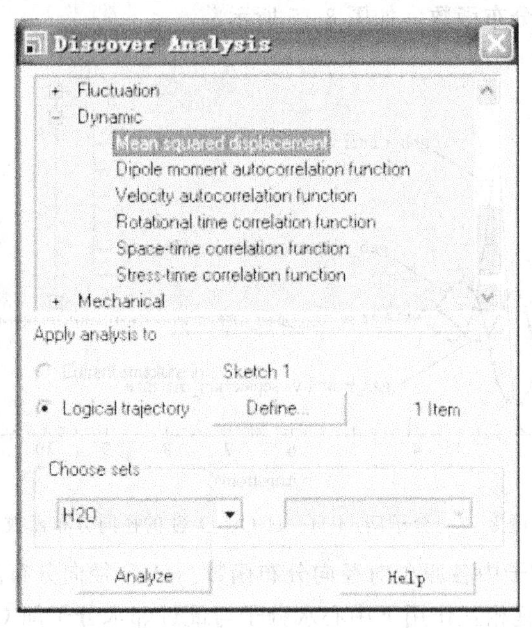

图 8-18　Discover Analysis 对话框

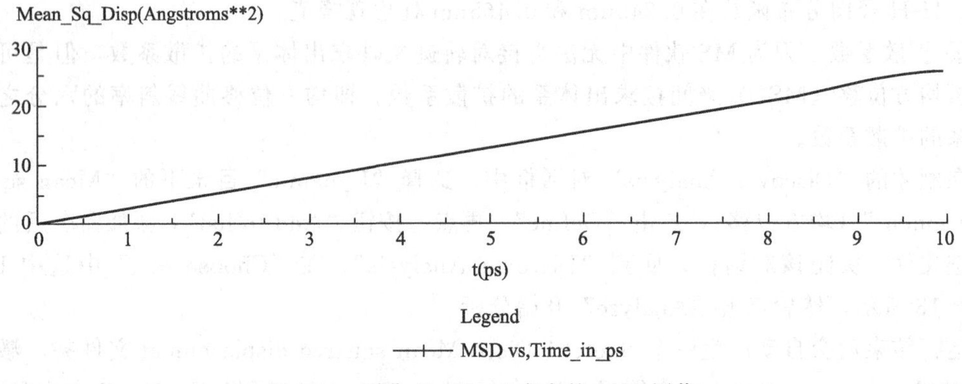

图 8-19　删除 X、Y、Z 方向的 MSD 图像

料的本征属性，可度量晶面滑移发生的难易。

接下来将运用 LAMMPS 计算 FCC 金属 Cu 和 Al 的层错能和孪晶形成能。层错和孪晶的构型由其他代码生成（图 8-20），LAMMPS 通过 read _ data 命令读取构型，进行计算。

例如，计算 Cu 中层错的输入文件 in. isfCu 如下。

```
units metal
boundary p pp
atom _ style atomic
read _ dataisf-Cu
region middle block INF INFINFINFINF 87. 659 units box
group middle region middle
pair _ styleeam/alloy
pair _ coeff * * jin _ copper _ lammps. setfl Cu
min _ stylesd
```

```
minimize 1. 0e-8 1. 0e-8 10000 10000
compute 3 all pe/atom
compute 4 all ke/atom
compute 5 all coord/atom 3. 0
dump 1 middle custom 1 dump. atom id xsyszs c _ 3 c _ 4 c _ 5
dump _ modify 1 format “ %d %16. 9g %16. 9g %16. 9g %16. 9g %16. 9g %g”
run 0
shellmkdirisfCu _ dump
shell mv dump. atomisfCu _ dump/dump. atom
variable E equalpe
print “-------------------- ISF in Cu, E = $E-”
```

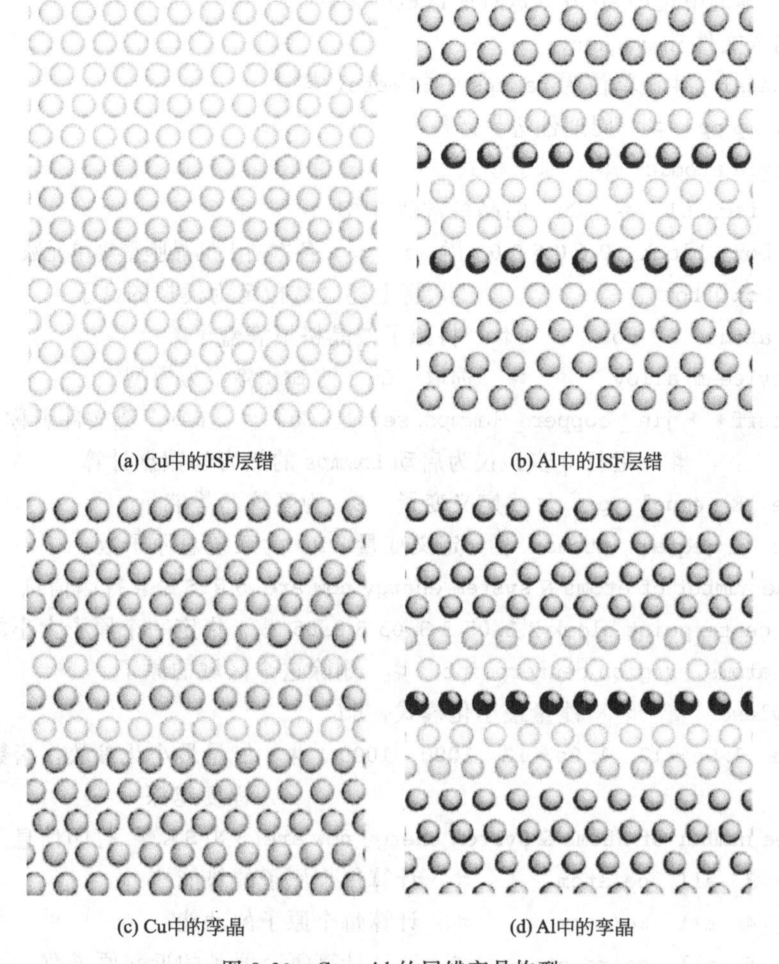

(a) Cu中的ISF层错 (b) Al中的ISF层错

(c) Cu中的孪晶 (d) Al中的孪晶

图 8-20 Cu、Al 的层错孪晶构型

层错能和孪晶形成能可由下式计算得到：

$$\gamma = (E - E_0) / A \tag{8-37}$$

式中，E 为引入层错或孪晶后的体系的能量；E_0 为完整晶体体系的能量；A 为层错面或孪晶面的面积。

表 8-1 是 EAM 模型计算所得的 Cu 和 Al 的层错能和孪晶形成能。

表 8-1 通过 EAM 得到的 Cu 和 Al 的层错能和孪晶形成能

金属	γ_{isf}	γ_{esf}	γ_{tsf}	$\gamma_{esf}/\gamma_{isf}$	$\gamma_{tsf}/\gamma_{isf}$
Cu	32.4716	32.4716	16.2385	1	0.5
Al	136.240	151.713	76.156	1.11357	0.558984

【例 8-3】 金属中的点缺陷：空位和间隙原子。

(1) 空位 从晶体中移去一个原子，即可形成空位，如图 8-21 所示。本例将运用 Lammps 计算空位形成能，Ev. Lammps 输入文件为 in. vacancy。

① 在 FCC 结构的完整 Cu 晶体中引入一个空位，沿<100>方向构造一个 $4\times N\times N\times N$ 的晶体。N 为 input 文件中 lattice 命令指定的各方向上的晶胞重复单元数。

② 弛豫 当一个原子从晶体中移走之后，周围的原子将相应地调整位置以降低体系势能。为得到稳定的构型，需要对体系进行弛豫，relaxation. Lammps 提供两种能量最小化方式，cg 和 sd。本例中选用 sd 方式进行能量最小化。

如下是输入文件 in. vacancy。

```
units   metal   #  单位为 Lammps 中的 metel 类型
boundary  p pp  #  周期性边界条件
atom _ style atomic  #  原子模式
lattice  fcc3.61  #  Cu  的晶格常数 3.61
region  box  block  0 6 0 6 0 6  #  x，y，z 各方向上的晶胞重复单元数，也即区域大小
create _ box 1 box                   # 将上述区域指定为模拟的盒子
create _ atoms  1  box        #  将原子按晶格填满盒子
pair _ styleeam/alloy         #  选取  Cu  的 EAM 势作为模型
pair _ coeff * * jin _ copper _ lammps. setfl  Cu  #  EAM  势文件名称
run  0          #  运行 0 步，仅为启动 Lammps 的热力学数据计算
variable  E  equal  pe  #  定义变量  E  为系统总势能
variable  N  equal  atoms  #  定义变量  N  为系统总原子数
print"the number of atoms & system energy now are $N $E"#打印信息
region  centerpoint block 3 3.05 3 3.05 3 3.05 #  指定一个原子大小的区域
delete _ atoms  region centerpoint  #  删除这个区域的原子
min _ stylesd        #  能量最小化模式，sd
minimize  1.0e-12  1.0e-12  1000  1000  #  能量最小化参数，指数越大最小化
                                           程度越深
print"the number of atoms & system energy now are $N $E"#  打印信息
compute  3  all  pe/atom        #  计算每个原子的势能
compute  4  all  ke/atom        #  计算每个原子的动能
compute  5  all  coord/atom  3.0  #  计算每个原子的近邻原子数
dump 1 all custom 1 dump. atom id xsyszs c _ 3 c _ 4 c _ 5  # 将指定的各原子信息写入
                                                          dump. atom.
timestep  0.005  #  步长  0.005fs
run    1       #  运行 1 步
```

③ 运行 Lammps。

④ 计算空位形成能　空位浓度由下式给出：

$$[n]=\exp\ (-K_V/k_E T) \tag{8-38}$$

其中，$F_v=E_v-TS_v$ 为形成一个空位所需要的 Helmholtz 自由能。

忽略熵 S_v，空位浓度公式简化为：

$$[n]=\exp\ (-K_V/k_E T) \tag{8-39}$$

设 E_1 为完整晶体能量，含 N 个原子；E_2 为弛豫后的晶体能量，含 $N-1$ 个原子。空位形成能 E_V 为：

$$E_V \equiv E_2-\frac{N-1}{N}E_1 \tag{8-40}$$

或

$$E_V \equiv E_2-(N-1)\ E_{\text{coh}} \tag{8-41}$$

$$E_{\text{coh}}=E_1/N$$

式中，E_{coh} 为完整晶体的内聚能。

本例中以 EAM 模型计算 4×（20×20×20）=32000 个原子的体系，得到空位形成能 E_V～1.26eV，文献中的试验值为～1.28eV，符合较好。

另由式（8-39）计算得到，300K 温度下的空位浓度为～7.59×10^{-22}，1350k（Tm）时的空位浓度为～2.2×10^{-5}（文献中的试验值为～2×10^{-4}）。换算时注意 1eV/kB=1.1604×10^{-4}K。

（2）间隙原子　向完整晶体中插入一个原子，即形成间隙原子。如果新插入的原子和晶体原子相同，则为自间隙原子（self-interstitial）。

与空位计算类似，用如下式子计算金属 Cu 中的自间隙原子形成能 E_i，

$$E_i \equiv E_2-\frac{N+1}{N}E_1 \tag{8-42}$$

E_i 可能取决于间隙原子引入的初始位置。但对应最小的 E_i 值的应该是唯一的位置。在 Cu、Ni 和 Pt 等 FCC 金属中，最稳定的自间隙原子构型均为［100］方向的哑铃形，如图 8-22 所示。

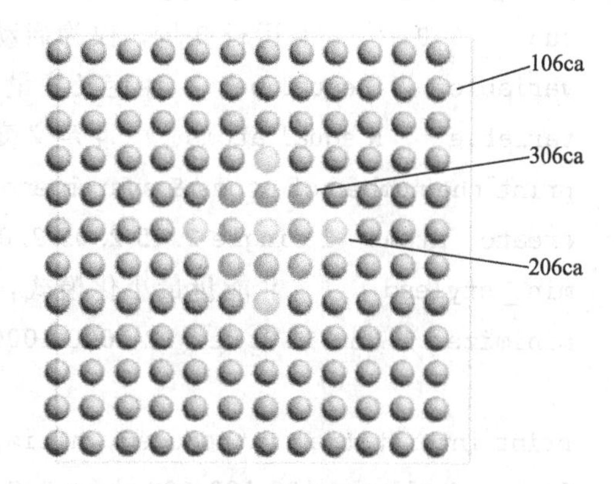

图 8-21　空位处于 4×（6×6×6）的 FCC 晶体中心

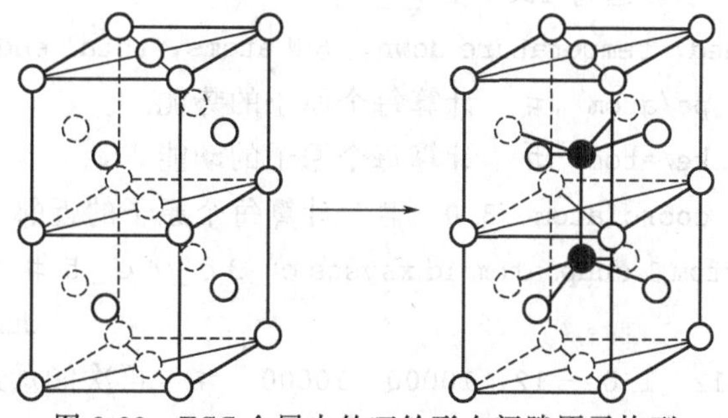

图 8-22　FCC 金属中的哑铃形自间隙原子构型

晶体中引入间隙原子后，周围原子将做相应的位置调整以期达到最低能量状态。为了得到弛豫后的构型，我们采用 Lammps 里的 cg 和 sd 的能量最小化方法。本例中采用的是 sd 方法。

相对于空位，间隙原子的引入需要更大程度的弛豫。结合能量最小化方法，我们采用 NVT 或 NVE 系统的热力学平衡方法。给体系升温，让原子充分动起来，找到最稳定的位置，得到最稳定的构型，然后淬火到 0K。最后运用能量最小化。

输入文件的格式如下。

```
units   metal   #   单位为 Lammps 中的 metel 类型
boundary   p pp   #   周期性边界条件
atom _ style   atomic   #   原子模式
lattice   fcc   3. 61   #   Cu   的晶格常数 3. 61
region   box block 0 4 0 4 0 4   # x, y, z 各方向上的晶胞重复单元数，也即区域大小
create _ box   1   box      #将上述区域指定为模拟的盒子
create _ atoms   1   box      #将原子按晶格填满盒子
pair _ styleeam/alloy      #选取   Cu   的 EAM 势作为模型
pair _ coeff   * * jin _ copper _ lammps. setfl Cu # EAM 势文件名称
run      0      #运行 0 步，仅为启动 Lammps 的热力学数据计算
variable   E equal pe      #定义变量 E 为系统总势能
variable   N equal atoms      #定义变量 N 为系统总原子数
print"the number of atoms & system energy now are $N $E"#打印信息
create _ atoms   1 single 2. 45 2. 05 2. 05   #在该位置插入一个原子
min _ stylesd      #能量最小化模式，sd
minimize   1. 0e-12 1. 0e-12 1000 1000   #能量最小化参数，指数越大最小化程度
                                          越深
print"interstitial introduced, minimized: $N atoms, energy is $E"
fix      1 all nvt 100 100 100 drag 0. 2 # nvt 系综，原子数、体积和温度保持不变；
                                       T=100K
timestep   0. 005      # 步长 0. 005fs
run      1000      #运行 1000 步
print"nvt performed, temperature up: $N atoms, total energy is $E"
fix      1 all nvt 100 0. 0001 100 drag 0. 2# nvt 系综，温度由 100K 到 0. 0001K
run      1000      #运行 1000 步
print"nvt performed, temperature down: $N atoms, total energy is $E"
compute   3   all   pe/atom   #   计算每个原子的势能
compute   4   all   ke/atom   #   计算每个原子的动能
compute   5   all   coord/atom   3. 0   #   计算每个原子的近邻原子数
dump      1 all custom 1 dump. atom id xsyszs c _ 3 c _ 4 c _ 5 # 将信息写入
                                                  dump. atommin _ stylesd
minimize   1. 0e-12   1. 0e-12   10000   10000   #   再次能量最小化
print   "the   final   state:   $N   atoms, total   energy   is   $E"   #   打印
```

信息

计算 32000 个原子的体系，得到 Cu 的自间隙原子形成能为 $E_i \sim 3.1\text{eV}$。

类似上述计算，Cu 在 $T=300\text{K}$ 和 1350K（T_m）时的间隙原子浓度分别为 $\sim 8.4\times 10^{-53}$ 和 $\sim 2.7\times 10^{-12}$。

讨论：如果体系未得到充分弛豫，可以得到各种不同的间隙原子构型，如图 8-23 所示。

（1）观察 E_i 与模拟体系大小的关系，改变盒子大小。

（2）改变间隙原子的引入位置，计算可能的间隙原子构型，并指出最稳定的间隙原子构型和形成能。

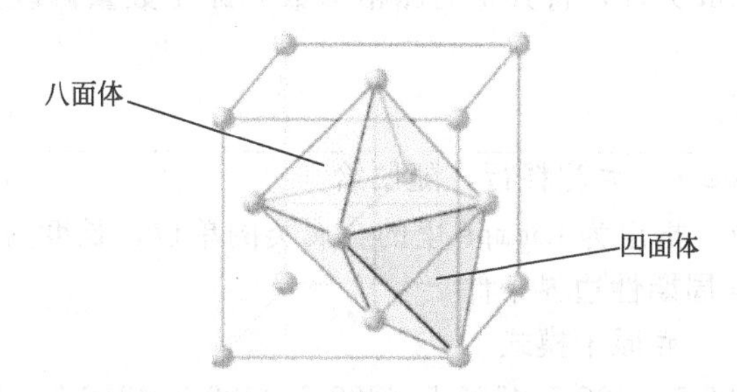

(a) FCC晶体中的八面体和四面体间隙位置

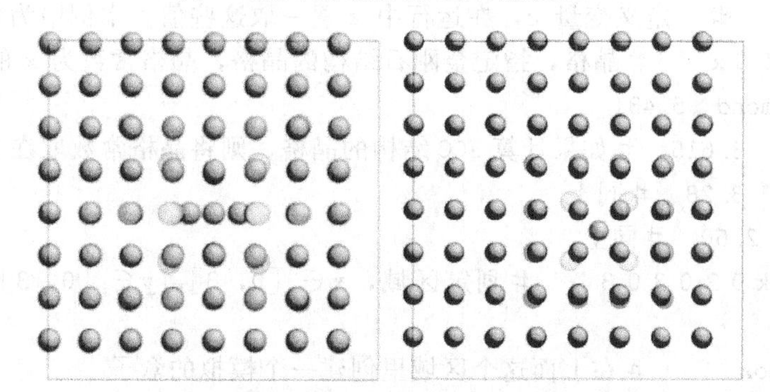

(b) LAMMPS计算所得最稳定的间隙原子位置，恰为八面体中心

(c) LAMMPS 计算所得的另一构型，为四面体中心，体系能量较高

图 8-23 不同间隙原子构型

思考题与上机操作题

8.1 自然条件下硅为金刚石结构（DC 结构）。计算模拟时，可以假定它为各种结构（FCC、BCC、SC、DC 四种结构），如题表 8-1 所示。可以预测，模拟的 DC 结构的硅的体系能量最低，也即最稳定。定义晶格能量为 Φ，数密度为 ρ，其表达形式如下：

$$\Phi=\frac{E_{\text{pot}}}{N}$$

$$\rho=\frac{N}{V}$$

式中，E_{pot} 为势能；N 为体系总原子数；V 为体系的体积。

选取 Stillinger-Weber (SW)，请以下面命令执行 lammps 运算，以进行晶格参数、数密度以及每个原子能量的运算（所需 in. Silicon 文件见 8.3 题）。

```
$ lmp _ serial< in. Silicon-log dc. log
```

题表 8-1　不同晶体结构中的原子数

晶体结构类型	晶胞中的原子数	总原子数
简单立方 SC	1	27
体心立方 BCC	2	54
面心立方 FCC	4	108
金刚石 DC	8	218

8.2　请使用如下命令查看第 8.1 题中计算得到的数据。

```
$ grep^@dc. log
```

8.3　修改 in. Silicon 文件，将其中的晶格参数和原子数量修改为对应晶体的参数，计算对应晶体的能量。

in. Silicon 文件如下。

```
# bulk Silicon lattice        #注释行，随便给
units metal       #单位，指定为 Lammps 里的金属类的单位，长度为 Å，能量为 eV。
boundary p p p          #周期性边界条件
atom _ style   atomic       #原子模式
variable x index 5. 4305 5. 4306 5. 4307 5. 4308 5. 4309 5. 4310 5. 4311 5. 4312 5. 4313
5. 4314 5. 4315       #   定义变量 x，在运行中 x 逐一取这些值。本例中为各个晶格常数。
lattice diamond $ x       #晶格，指定金刚石结构的晶格，晶格常数为 x 的值
#lattice   diamond   5. 431
#lattice   fcc   3. 615   #如果计算 FCC 结构的晶格，则将晶格常数取在 3. 615 附近
#lattice   bcc   3. 28   #同上
#lattice   sc   2. 60   #同上
region box block 0 3 0 3 0 3      #划定区域，x∈ [0, 3]，y∈ [0, 3]，z∈ [0, 3]，
单位为晶胞
create _ box 1 box          #在上面这个区域里创建一个模拟的盒子
create _ atoms 1 box    #将这个盒子按晶格填满一种原子
pair _ style sw        #选取 SW 势
pair _ coeff * * Si. sw Si       #势文件名为 Si. sw
mass 1 28       #给定硅的质量，此处与势对应
neighbor 1. 0 bin
neigh _ modify every 1 delay 5 check yes
variable P equal pe/216       #定义 P 为每个原子的势能。216 为原子数，pe 为体系总
势能
variable r equal 216/ ($ x * 3) ^3   #定义 r 为数密度，单位体积里的原子数
timestep 0. 005         #步长为 0. 005 飞秒
thermo 10          #每 10 步在屏幕上打印一次热力学状态信息
min _ style sd      #能量最小化模式，Lammps 提供 sd 和 cg 可选
minimize 1. 0e - 12 1. 0e - 12 1000 1000       #能量最小化参数设置，第一项和第二项为能
量和力的判据，指数越高，最小化程度越高，效果越好，但计算量也多。后两项为限制的
最多迭代次数。
compute 3 all pe/atom       #计算每个原子的势能
```

```
compute 4 all ke/atom      #计算每个原子的动能
compute 5 all coord/atom 3.0      #计算每个原子的近邻原子数
dump 1 all custom 1 dump.atom id xs ys zs c_3 c_4 c_5      #输出到 dump 文件中
print "@@@@ (lattice parameter, rho, energy per atom): $x $r $P"      #打印
clear      #清除该次循环里的数据信息
next x      #跳转到下一个 x
jump in.Silicon      #跳到 in.Silicon 文件，再从头读起，也即循环
```

第 9 章

Rietveld/XRD精修在材料科学与工程中的应用

9.1 Rietveld/XRD 方法介绍与基本理论

Rietveld/XRD 精修法是指基于于 X 射线衍射图谱在假设的晶体结构模型与结构参数的基础上，结合某种峰形函数来计算多晶衍射谱，调整这些结构参数和峰形参数使计算所得衍射图谱与试验所测图谱趋于吻合，从而获得所需结构和峰形等参数的方法。计算图谱逐步向试验图谱逼近（最小二乘法计算原理）的过程称为拟合，拟合的对象为整个试验图谱，故称为全谱拟合。Rietveld 精修法最早由荷兰晶体学家 Rietveld H. M 于 1967 年提出，用于中子粉末衍射精修晶体结构。两年后，Rietveld 通过计算编程运行最小二乘法运算进行全谱拟合的结构精修，将该方法与计算机技术进行了结合。Malmros 和 Thomas 于 1977 年首次将此方法尝试应用到 X 射线粉末衍射试验晶体结构精修中，发现同样适用。1978 年在波兰 IUCr (International Union of Crystallography) 举办的衍射会议正式命名全谱拟合方法为“Rietveld 方法”。在此基础上，Wiles 和 Young 于 1981 年提出了一个通用的计算机 Rietveld 精修程序，对于 X 射线和中子射线衍射数据有普遍的适用性。经过五十多年的发展，目前 Rietveld 方法已拓展到材料科学工程中研究的各个领域，在研究物相的定性与定量、多晶聚集态的结构（晶粒大小、择优取向和点阵畸变等）晶体结构解析等方面做出了巨大的贡献，成为当今材料研究中不可缺少的工具。图 9-1 为 Rietveld/XRD 精修示例。

9.1.1 XRD 衍射峰的理论计算

X 射线衍射图谱是由一系列衍射峰构成的，而各衍射峰的峰位、峰形和峰强是进行信息提取和计算模拟所需的基本要素。在计算理论衍射谱过程中，衍射峰的峰位和峰强可根据晶体的结构参数和元素组成进行计算得出，而峰形（强度分布）却与具体的试验条件紧密相关，除受样品本身的影响外还与复杂的仪器参数紧密相关，很难进行统一的理论计算，故采取设定一峰形函数进行数学模拟，调整其中的参数进行峰形拟合。

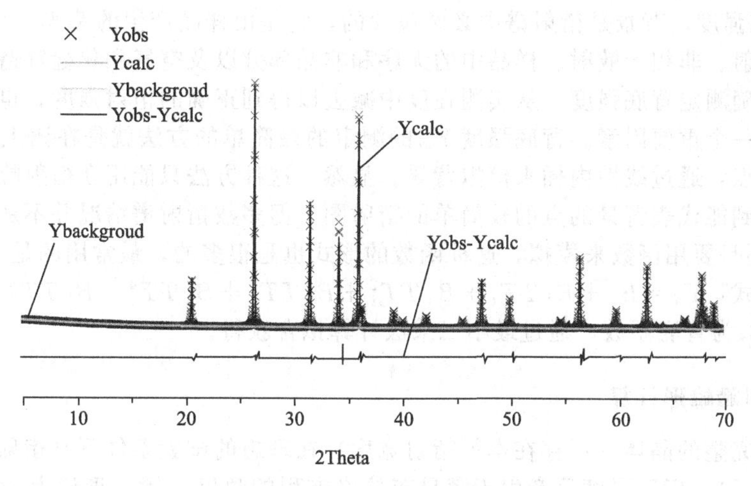

图 9-1 Rietveld/XRD 精修示例

9.1.1.1 衍射峰峰位计算

一个平面点阵族的面间距（d）、面指数（h、k、l）和点阵参数（a、b、c 等）间存在如下所示的数学关系。

$$\frac{1}{d^2}=\frac{1}{\upsilon^2}\left[\begin{array}{c}h^2b^2c^2\sin^2\alpha+k^2a^2c^2\sin^2\beta+l^2a^2b^2\sin^2\gamma+2hkabc^2\ (\cos\alpha\cos\beta-\cos\gamma)\\ +2kla^2bc\ (\cos\beta\cos\gamma-\cos\alpha)\ +2hlab^2c\ (\cos\alpha\cos\gamma-\cos\beta)\end{array}\right] \tag{9-1}$$

$$\upsilon^2=abc\ (1+2\cos\alpha\cos\beta\cos\gamma-\cos^2\alpha-\cos^2\beta-\cos^2\gamma)$$

根据晶体的点阵参数结合一系列晶面指数进行 d 值的计算，通过布拉格方程最后换算为衍射峰的位置（2θ）Y_{ik}。

9.1.1.2 衍射峰峰强计算

X 射线粉末衍射线的强度是测定物质晶体结构的主要试验依据。由于实际晶体不具有理想的完整性，同时入射线也不可能完全平行和单色，因此测量晶体某一（hkl）晶面的衍射强度对于晶体结构的测定未必有意义。对于多晶衍射，通常所测量的是此晶面的积分强度。设面积归一化的峰形函数为 G_{ik}，下标 k 表示某一（hkl）衍射。衍射峰上某点 $(2\theta)_i$ 处的实测强度可表示为：

$$Y_{ik}=G_{ik}I_k \tag{9-2}$$

式中，I_k 为衍射峰 k 处的积分强度，它与结构因子等众多因素相关，表达式如下。

$$I_k=I_0\cdot\frac{e^4}{m^2c^4}\cdot\frac{\lambda^3}{32\pi R}\cdot\left(\frac{V}{V_o}\right)^2\cdot|F_k|^2\cdot P\cdot\phi\ (\theta)\ \cdot e^{-2M}\cdot A\ (\theta)\ \cdot(PO) \tag{9-3}$$

式中，I_0、λ、e、m 和 c 分别为入射 X 射线的强度、波长、电子电荷、电子质量和光速；V_0、V 和 R 分别为晶胞体积、X 射线照射面积和衍射仪半径；P、ϕ (θ)、e^{-2M}、A (θ) 和 PO 分别为多重性因子、角因子、温度因子、吸收因子和择优取向因子；F_k 为结构振幅。

$$|F_k|=\sum_{j=1}^{n}f_j\cos2\pi(HX_j+KY_j+LZ_j)+i\sum_{j=1}^{n}f_j\sin2\pi(HX_j+KY_j+LX_j)。$$

整个衍射谱是各衍射峰的叠加。衍射谱上某点 $(2\theta)_i$ 处的实测强度 Y_i 表示为：

$$Y_{ic}=Y_{ib}+\sum_{p}\sum_{k}G_{ik}^{p}I_k \tag{9-4}$$

其中，p 表示样品中对所有相进行加和处理。

Y_{ib}为背底强度，背景是衍射谱中必然包含的，它是由样品产生的荧光、探测器的噪声、样品的热漫散射、非相干散射、样品中的无序和非晶部分以及空气和狭缝等造成的散射混合而成。如何正确测定背底强度，从实测强度中减去以得到正确的衍射强度，也是保证全谱拟合得以成功的一个重要因素。背底强度Y_{ib}的测定的最简单的方法就是在谱上选一些与衍射峰相隔较远的点，通过线性内插来模拟背景。显然，这种方法只能用在衍射峰分离较好，能在衍射峰间找到能代表背景的点的较简单的衍射图。但多数衍射谱情况并不那么简单，背景随2θ的变化还是要用函数来模拟，这种函数的形式也是很多的，最常用的是Wile和Young提出的拟合公式：$Y_{ib}=B_o+B_1TT_i+B_2TT_i^2+B_3TT_i^3+B_4TT_i^4+B_5TT_i^5$，式中$TT_i=2\theta-90°$，各$B_i$为背底系数，通过最小二乘法计算拟合获得。

9.1.1.3 衍射峰峰形计算

对于理想完整的晶体（不存在本征衍射宽度）在理想的试验条件下（衍射几何准直，光源为纯单色波长），衍射强度只产生于满足布拉格方程的角度位置，理论上为一系列垂直线谱。而现有试验设备和条件下，峰形或多或少有宽化、偏离布拉格角以及不对称现象的产生，影响峰形的因素主要包括：晶体的非完整性、X射线衍射光源的强度分布、平面样品偏离衍射仪聚焦圆、X射线的垂直发散度、X射线的穿透性、衍射几何误差等。影响衍射仪峰形的6个仪器权重函数如图9-2所示。计算图谱中峰形拟合的吻合程度是Rietveld全谱拟合能否成功的一个关键，峰形拟合过程中主要依靠峰形函数、峰宽函数和不对称函数中参数的

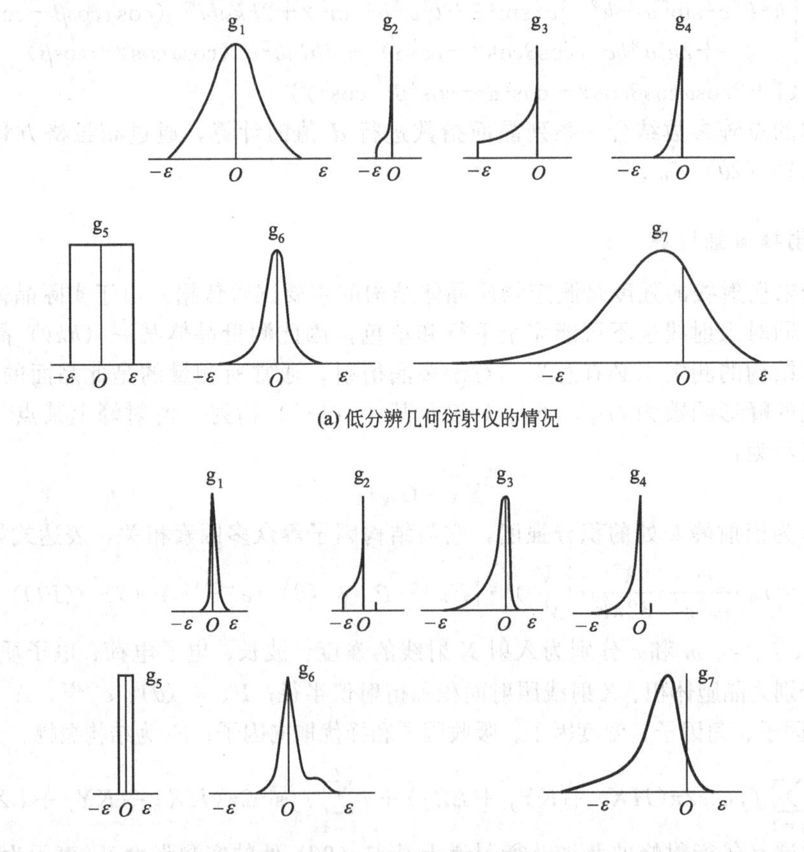

图9-2 影响衍射仪峰形的6个仪器权重函数

g_1—光源；g_2—平面试样偏离聚焦圆；g_3—轴向发散；g_4—样品被穿透；g_5—接收狭缝；g_6—错调；g_7—最终峰形

调整。

在峰形函数的研究中，目前主要有 Gaussian 函数、Lorentzian 函数、改进 Lorentzian 函数、居间 Lorentzian 函数、Voigt 函数、pseudo-Voigt 函数、Pearson Ⅶ 函数、cosine-Lorentzian 函数、Mod-TCHpV 函数等几种，如表 9-1 所示。Rietveld 在首次处理中子粉末衍射时用的是高斯函数，这是一个对称的钟形函数，能很好地吻合中子粉末衍射峰。对 X 射线衍射，高斯函数与实际峰形相差很大，许多科学家努力寻找能和实际峰形相符的其他函数，Young 选择 ZnO、Al_2O_3 和 SiO_2 等 6 种试样进行 Rietveld 精修，比较了 Gaussian 函数、Lorentzian 函数、改进 Lorentzian 函数、居间 Lorentzian 函数、Voigt 函数和 pseudo-Voigt 函数与试验谱的拟合程度，发现 Gaussian 函数拟合最差而 Pearson Ⅶ 函数拟合最好。现在一般认为最适当的函数是 Voigt 函数，Pearson Ⅶ 函数和 pseudo-Voigt 函数，后两者易于数学处理。pseudo-Voigt 函数实际上是高斯函数和洛伦兹函数的线性组合，可调整两者的比例 η，使之最好地拟合实际峰形。

表 9-1 常用的几种峰形函数表达式

函数	名称
$\frac{C_0^{1/2}}{H\pi^{1/2}}\exp[-C_0(2\theta_1-2\theta_0)^2/H^2]$ $\quad C_0=4\ln2$	高斯函数
$\frac{C_2^{1/2}}{\pi H}\left[1+C_1\frac{(2\theta_1-2\theta_0)^2}{H^2}\right]^{-1}$ $\quad C_1=4$	洛伦兹函数
$\frac{2C_2^{1/2}}{\pi H}\left[1+C_2\frac{(2\theta_2-2\theta_0)^2}{H^2}\right]^{-2}$ $\quad C_2=4(2^{1/2}-1)$	变形洛伦兹 1 型函数
$\frac{C_3^{1/2}}{\pi H}\left[1+C_3\frac{(2\theta_3-2\theta_0)^2}{H^2}\right]^{-3/2}$ $\quad C_3=4(2^{2/3}-1)$	变形洛伦兹 2 型函数
$\eta L+(1-\eta)G$ $\eta=NA+NB\cdot(2\theta)$，NA、NB 为可修正的变量	赝·沃伊格特函数
$\frac{C_4}{H}\left[1+4(2^{1/m}-1)\frac{(2\theta_1-2\theta_k)^2}{H^2}\right]^{-m}$ $\quad C_4=\frac{2\Gamma m(2^{1/m}-1)^{1/2}}{\Gamma(m-0.5)\pi^{1/2}}$ $m=NA+NB/2\theta+NC/(2\theta)^2$ NA，NB，NC 为可修正的变量	皮尔森Ⅶ

在上述峰形函数的描述中，都基于一个假设，那就是衍射峰是左右对称的，但由于仪器垂直发散度以及衍射像差的存在，特别是在非常低或者非常高的衍射角的情况下，其衍射峰表现出不对称的特性。Rietveld 提出一个不对称形函数（AS）乘到峰形函数中进行优化，公式如下：

$$AS=1-P\ (2\theta_i-2\theta_k)^2 s/\tan\theta \tag{9-5}$$

式中，P 为不对称参数；θ_k 为衍射峰 k 的布拉格角；s 为一常数（$s=0$，1 或 -1）。也有学者将衍射峰分为左右两部分，分别用不同半高宽的洛伦兹函数进行拟合，也可以用高斯函数和洛伦兹函数的卷积来表示不对称的峰型。

衍射图谱中各衍射峰除了上述样品和仪器等因素引起的峰形宽化外，衍射峰峰宽也会随着衍射角度增加而增大，因此有必要通过峰宽函数进行数学模拟这一特征。根据 Caglioti 等人利用中子衍射数据的推导，半高宽 H 是 $\tan\theta$ 的二次函数公式，即

$$H^2=U\tan^2\theta+V\tan\theta+W \tag{9-6}$$

Young 等人根据 X 射线衍射提出对公式（9-6）的修正式，发现可以获得更好的结果，而且修正时更加稳定。

该修正式为

$$H^2=U(\tan\theta-0.6)^2+V(\tan\theta-0.6)+W \tag{9-7}$$

Greaves 在峰宽的研究中提出，由于衍射峰的不对称性在上述研究的基础上引入了一个峰宽各相异性的校正因子，公式如下。

$$H=(U\tan^2\theta+V\tan\theta+W)^{0.5}+P\cos\phi\cos^{-1}\theta \tag{9-8}$$

式中，ϕ 为散射矢量与宽化方向间的夹角。

上述峰形宽化都属于高斯宽化范畴，通常 X 射线衍射图谱还包括洛伦兹宽化成分，两者在相同峰宽条件下的峰形如图 9-3 所示。在半高宽与衍射角关系式中 U、V 和 W 为峰的半高宽参数，衍射线的半高宽不仅中子衍射与 X 射线衍射有区别，即使都是 X 射线衍射，其表达式与仪器的几何条件有关。在上述峰宽函数的公式中，U、V 和 W 的初始近似值可以通过测量若干个不同衍射峰半高宽后，通过上述关系式做最小二乘法运算拟合求得。

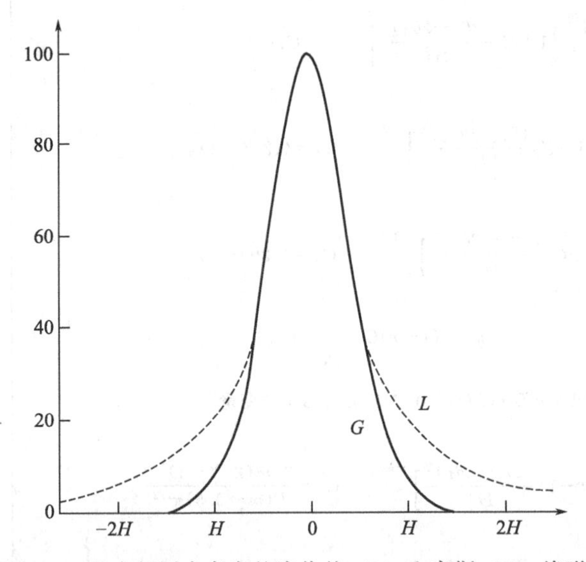

图 9-3　具有相同半高宽的洛伦兹（L）和高斯（G）峰形

9.1.2　Rietveld 定量精修

对比试验室实测粉末衍射图谱，并对其进行计算拟合过程中，通过一系列结构参数和峰形参数的调整，在达到谱图拟合最优之后，根据需求获得部分参数信息进行数据分析。通过 Rietveld 精修进行多相粉末衍射图谱的定量计算就是其中的应用之一（图 9-4）。其参数的说明与基本的精修顺序见表 9-2。在 Rietveld 精修定量过程中，各物相在混合物中的体积分数或者重量分数与比例因子（标度因子）有关，而比例因子可以在谱图拟合完成后获得，通过比例因子与重量分数的关系进行定量计算。理论计算推导如下。结合式（9-3）、式（9-4）

可拓展为：

$$Y_{ic} = Y_{ib} + \sum_{p} S_p \sum_{k} G_{ik}^{p} \cdot |F_k|^2 \cdot P \cdot \phi(\theta) \cdot e^{-2M} \cdot A(\theta) \cdot (PO) \tag{9-9}$$

式中，S_p 为标度因子或比例因子，下标 p 表示混合样品中共有 p 个物相，$\sum p$ 即表示样品中各物相相加。

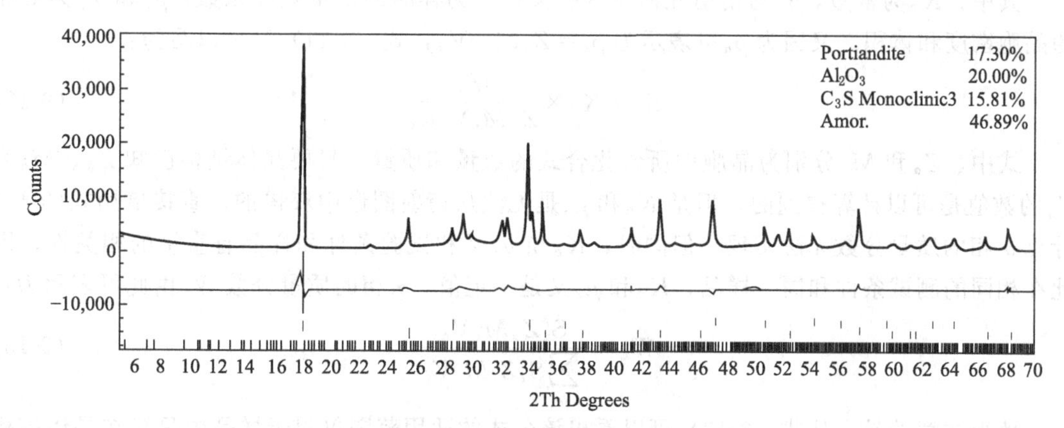

图 9-4 Rietveld 定量精修示例（C_3S 单矿物水化 28d）

表 9-2 Rietveld 定量精修参数说明与精修顺序

参数	线性	稳定性	修正顺序	备注
比例常数	是	稳定	1	假如结构模型不正确，比例常数可能是错的
试样偏离	非	稳定	1	如果试样无限吸收，将引起零点偏离
平直背底	是	稳定	2	—
点阵常数	非	稳定	2	一个或多个不正确的点阵常数，将引起衍射峰标定的错误，而导致 R 因子虚假的最小
复杂背底	非	随条件变化	2 或 3	如果背底参数多于模拟需要，将可能引起偏差相互抵消，导致修正失败
峰形参数 w	非	差	3 或 4	U、V、W 具有很高的相关性，不同数值的组合可导致实质上相同的结果
原子常数	非	好	3	图示和衍射指数可评估是否存在择优取向
占有率与温度因子	非	随条件变化	4	二者具有相关性
U/V 等	非	不稳定	最后	U、V、W 具有很高的相关性，不同数值的组合可导致实质上相同的结果
温度因子各向异性	非	随条件变化	最后	—
仪器零点	非	稳定	1,4 或不修正	对于稳定的测角仪，零点偏差不具有重要意义，因为试样的不完全吸收将引起零点偏移

将计算的衍射谱强度与相应 d 值下实测的衍射谱强度进行对比，通过最小二乘法运算，在保证参数的物理意义前提下，获得最佳的参数组合，进行拟合整个衍射图谱公式，如下所示：

$$S_y = \sum_{p} w_i |Y_{io} - Y_{ic}|^2 \tag{9-10}$$

式中，S_y 为最小二乘法运算下的残差函数；w_i 为权重因子，等于 i 位置上实测强度的倒数；Y_{io} 为实测衍射谱强度；Y_{ic} 为计算衍射谱强度。

通过式（9-9）和式（9-10）可以计算出比例因子 S，而多相混合样品中 α 相的比例因子 S_α 与 α 相的质量分数 W_α 又存在数学关系如下式所示：

$$S_\alpha = K_e \times \frac{W_\alpha}{\rho_\alpha V_\alpha^2 \mu_s} \tag{9-11}$$

其中，K_e为常数，只与衍射几何条件有关；μ_s为样品的质量吸收系数；ρ_α和 V_α为 α 相的晶胞密度和体积。又因为 ρ_α可表示为 $\rho_\alpha = Z_\alpha M_\alpha / V_\alpha$，式（9-11）又可以写为：

$$S_\alpha = K_e \times \frac{W_\alpha}{Z_\alpha M_\alpha V_\alpha \mu_s} \tag{9-12}$$

式中，Z_α和 M_α分别为晶胞中所含化合式的数量和质量。只要晶体结构已知 Z_α、M_α和 V_α的数值是可以计算得到的，但是 K_e和 μ_s是无法从衍射图谱中获得的，直接借用式(9-12)计算 α 相的质量分数无法实现。但同时，K_e和 μ_s又和试验条件和样品有直接的相关性，因此在相同的测试条件和同一样品，K_e和 μ_s又是一定值，α 相的质量分数 W_α由此可表示为：

$$W_\alpha = \frac{S_\alpha Z_\alpha M_\alpha V_\alpha}{\sum_p S_i Z_i M_i V_i} \tag{9-13}$$

值得注意的是，从式（9-13）可以看出该公式的适用范围仅限于样品中只存在晶体结构已知的晶相，换言之，根据精修所得各项的比例因子是假定样品中各晶相的质量分数加和100%，如果样品中存在非晶相（或未检测出的晶相）或晶体结构未知的晶相[为简化此类物相以下统称为非晶相(ACn)]，上述定量结果都较真值有所偏大。问题的关键即是样品中非晶相的定量计算。目前常用的两种方法是基于 Rietveld 精修的内标法和外标法（G 值法）。

内标法的核心思想是在待测样品中内掺已知质量分数（W_{st}）的标样，假定样品中不存在非晶相，利用 Rietveld 定量分析公式（9-13）计算标样的质量分数，记为 Rietveld 质量分数（R_{st}）。通过对比 W_{st}和（R_{st}），计算待测样品中的非晶相。

$$ACn\ (wt\%) = \frac{1 - W_{st}/R_{st}}{100 - W_{st}} \times 10^4 \tag{9-14}$$

由于样品中其他晶相的相对比例不因掺入标样而发生改变，因此在完成非晶相的定量后，各晶相在样品中的质量分数可根据非晶相的定量结果进行比例换算，使得晶相和非晶相的质量分数为 100%。

内标法的掺入可以成功解决样品中存在非晶相的问题，但该方法也有一定的弊端，那就是标样的掺入必然稀释了待测样品，这使得样品中本身含量较低的晶相物质定量分析容易产生较大的相对误差。基于 Rietveld 精修 G 值法（外标法或者 K 值法）的应用可以避免内标法带来的稀释问题。G 值法的主体思想是基于式（9-11），在保证相同测试条件下，通过已知结晶程度的纯相标样计算常数 K_e（G）值［式（9-15）］，并将该值应用到待测样品中，直接计算各晶相的质量分数［式（9-16）］，根据样品中各晶相与非晶相质量分数的加和为 100%，计算非晶相在样品中的相对质量分数。相对内标法、G 值法最大的缺点就是样品测试步骤复杂、定量计算效率偏低。

$$G = K_e = S_{st} \cdot \frac{\rho_{st} V_{st}^2 \mu_{st}}{W_{st}} \tag{9-15}$$

$$W_\alpha = S_\alpha \cdot \frac{\rho_\alpha V_\alpha^2 \mu_s}{G} \tag{9-16}$$

式中，S_{st}为Rietveld精修标样的比例因子；W_{st}和μ_{st}分别为标样的结晶程度和质量吸收系数；ρ_{st}和V_{st}分别为标样的晶胞密度和体积；S_α为Rietveld精修待测样品中α相的比例因子；W_α为α相在待测样品中的质量分数；μ_s为待测样品的质量吸收系数；ρ_α和V_α为α相的晶胞密度和体积。

9.1.3 Rietveld结构精修

测定晶体结构从来就是依靠单晶体衍射。用单晶体衍射来测定晶体结构，首要的条件是要有一个单晶体，大小在0.3mm左右并结晶完美的单晶体，而且不能是孪晶或其他有严重缺陷的晶体。但在许多情况下要得到这样的一小粒单晶体并不容易，不要说生物大分子不易结晶，就是一些简单化合物如盐类、配合物，固相反应产物等都很难得到那么一小粒单晶体。近年来，一些具有特定性能的新材料、如纳米材料、复相催化剂、复合材料等，其特性只能在粉末状态或混合状态才能显现，不能全用大单晶结构数据来说明，因而人们回过头来希望能用粉末衍射来测定晶体结构及研究晶体中的微结构。Rietveld全谱拟合正是在这种情况下提出的，经过了二三十年的努力与发展，终于使粉末法从头测定晶体结构成为可能。不仅如此，某些方面其功能甚至超过了单晶法。

利用多晶试样做结构测定的从头计算法的一般步骤如下（这里主要对X射线衍射）。

（1）用高分辨、高准确粉末衍射仪进行数据采集，扫描步长以0.01°～0.02°（2θ）为好。所谓符合要求的试样应满足下列几点要求。①最好是单相试样，如果含有少量其他杂相，要能明确地从衍射数据中扣除不属于待测相的衍射线条，包括重叠的线条。应该强调的是试样一般应为纯的单相，至于是否是单相，可用其他方法，如金相、岩相观察等加以判断。②粒度要适当，即晶粒度在3～10μm左右，或为320～400目的粉末。③制样时不产生择优取向，衍射仪试样要满足无穷厚度的要求。必要时，特别是用德拜照相法所得的数据，衍射线的位置需进行吸收、偏心等修正。

（2）对衍射花样进行观察和分析，如有可能的话，应判断未知新相所属的晶系。

（3）将衍射花样中各衍射线条指标化，获得各线条所对应的晶面指数h、k、l。

（4）根据指标化的结果，总结衍射消光规律，与各晶系中不同结构类型的系统消光规律相对照，确定该衍射花样所属的结构类型或空间群。

（5）精确测定点阵参数和该物相的密度。

（6）进行化学分析，得到未知相中各元素含量。

（7）测定晶胞中原子（或分子）的数目，并结合未知相中各元素含量判定新相中各化学元素的原子数目比，进而确定新相的化学式。

（8）测定晶胞中各原子的位置，建立初始结构模型。

（9）获得Rietveld结构精修。完成（1）～（4）步的调定工作，常称为不计其标射强度的相结构测定，这是仅获得未知相的多晶衍射谱，包括一张d、h、k、l和试验观测的相对强度I/I_0的表以及结构类型和较粗略的点阵参数。这一般可以满足在物相定性分析时作为对照的标准数据，也就是说，用这些数据可制成一张PDF卡片。完成（1）～（9）步的测定工作称为计其衍射强度的相结构测定。这时，除了已获得上述数据外，还知道精确的点阵参数、晶胞中原子数目及坐标位置，因而衍射强度可按相对强度公式计算。

其最主要的三步是：①给出晶胞参数和空间群的衍射花样分析，核心是用计算机对粉末衍射花样进行指标化；②用花样中已指标化的衍射峰之积分强度做Patterson/直接法和

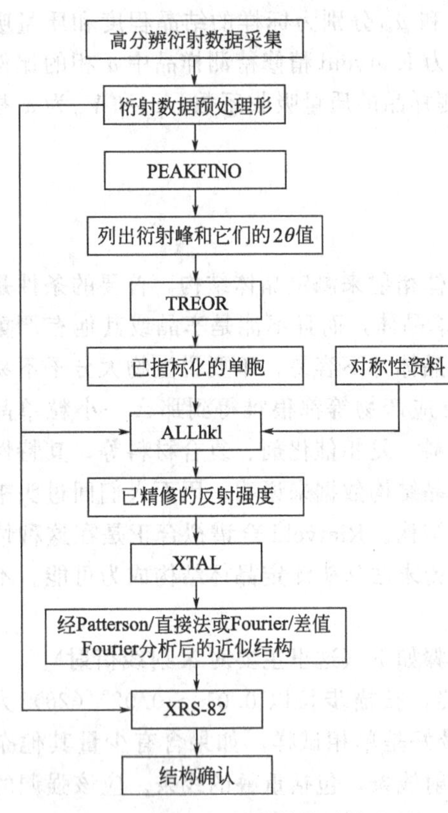

图 9-5 Rietveld 结构精修计算流程

Fourier/差值 Fourier 的结构分析，以获得初始结构模型；③整个衍射花样的 Reitveld 拟合和结构精修。其计算流程可参见图 9-5。

9.1.4 Rietveld 全谱拟合正确性数值判断

Rietveld 全谱拟合结果的正确性虽然可以通过差值谱（计算图谱与实测图谱的差值）进行直观检测，但剩余方差 R 因子同样也是一种作为 Rietveld 精修结果是否合理的判断依据。常用的 R 因子有下列数种定义。

$$R_{\mathrm{p}}(\text{衍射谱 } R \text{ 因子})=\frac{\sum_i |y_{io}-y_{ic}|}{\sum_i y_{io}} \tag{9-17}$$

$$R_{\mathrm{wp}}(\text{加权衍射谱 } R \text{ 因子})=\left[\frac{\sum_i w_i(y_{io}-y_{ic})^2}{\sum_i w_i y_{io}^2}\right]^{\frac{1}{2}} \tag{9-18}$$

$$R_{\mathrm{B}}(\text{积分强度 } R \text{ 因子})=\frac{\sum_i |I_{ko}-I_{kc}|}{\sum_i I_{ko}} \tag{9-19}$$

$$R_{\mathrm{F}}(\text{积分强度 } R \text{ 因子})=\frac{\sum_i \left|\sqrt{I_{ko}}-\sqrt{I_{kc}}\right|}{\sum_i I_{ko}} \tag{9-20}$$

$$R_{\mathrm{exp}}(\text{期望 } R \text{ 因子})=\left[\frac{N-P}{\sum_i w_i y_{io}^2}\right]^{\frac{1}{2}} \tag{9-21}$$

$$\mathrm{GOF}(\text{拟合优度})=\frac{\sum_i w_i(y_{io}-y_{ic})^2}{N-P}=\left(\frac{R_{\mathrm{wp}}}{R_{\mathrm{exp}}}\right)^2 \tag{9-22}$$

R_{p}和 R_{wp}两因子是根据计算衍射谱和实测衍射谱计算而来的，反映的是两谱图之间的差别，从纯数学的观点，R_{wp}是最小二乘拟合中所算的极小值，最能反映拟合优劣，最有意义。R_{B}和 R_{F}两因子是由衍射峰的积分强度计算的，强烈依据于结构模型，故是最能判断结构模型是否正确的最有价值的 R 因子。R_{exp}因子是 R_{wp}的期望值，是从与测量强度有关的统计误差导出的，R_{wp}与 R_{exp}的比值称为拟合优度（GOF），同样可以判断谱图拟合的质量。同一样品在不同测试条件下获取的精修图谱 R 因子可能差别很大，因此上述 R 因子的大小不能作为全谱拟合正确性的直接判断，但在精修过程中 R 因子的变化趋势可以有助于精修方向准确性的正确把握。

9.2 Rietveld 精修软件——GSAS-EXPGUI 介绍

GSAS 全称为综合结构分析系统（general structure analysis system），是开发相对较早的精修软件，GSAS-EXPGUI 是其界面化的版本，操作方便、界面友好，可运行于Window、Apple MAC、Linux 等计算机操作系统，广泛应用于中子衍射和 X 射线衍射数据的精修处理。

9.2.1 软件菜单栏界面介绍

双击 EXPGUI 图标打开软件。首先需选择或是新建一个 EXP 文件（EXP 文件用于存储精修操作过程信息），若要新建文件在对话框下方输入文件名点击“READ”然后进入 EXPGUI 主界面，如图 9-6 所示。进入主界面后，需要导入晶体结构、衍射数据和仪器参数文件，界面的全部功能才能完整显示。软件主界面分成四个部分：菜单栏、按钮栏、选项卡栏以及选项卡内容显示区城。按钮栏提供了一些常用程序按钮，这些按钮都有相应的菜单选项。下面对菜单栏和选项卡进行逐一介绍。

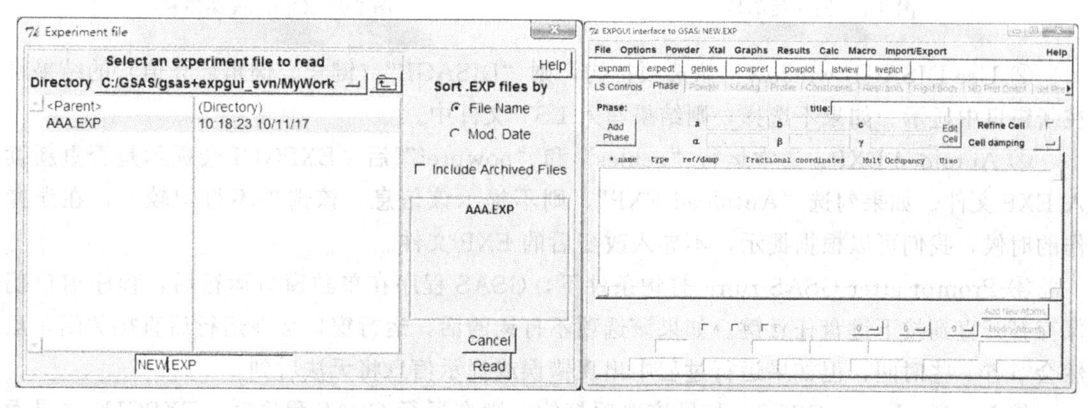

图 9-6 EXP 文件创立界面与 EXPGUI 主界面

(1) File 菜单　如图 9-7 所示。

① Open：打开或新建 EXP 文件。

② expnam：功能与 Open 相同。

③ Save：保存当前所做的改变至 EXP 文件，快捷键为 Alt+S。

④ Save As：将当前 EXP 另存。

⑤ Reread. EXP file：重新读取最近保存的 EXP 文件。

⑥ Update GSAS/EXPGUI：检查 GSAS/EX-PGUI 更新。

⑦ revert：用于导入存有先前操作信息的 EXP 备份文件。

⑧ EraseHistory：删除历史记录以便更快读入 EXP 文件。

⑨ convert：将 ASCII 文件转换为 GSAS 可直接使用格式。

⑩ Exit：退出 EXPGUI，快捷键为 Alt+X，或 C。

(2) Options 菜单　该菜单决定 EXPGUI 怎么运行，包含的菜单项如图 9-8 所示。

① Archive EXP：切换备份 EXP 文件。如果将该选项打钩，则 EXP 备份文件将以 EX-

PNAM. O××的格式保存。如果不打钩，则不保存备份文件。

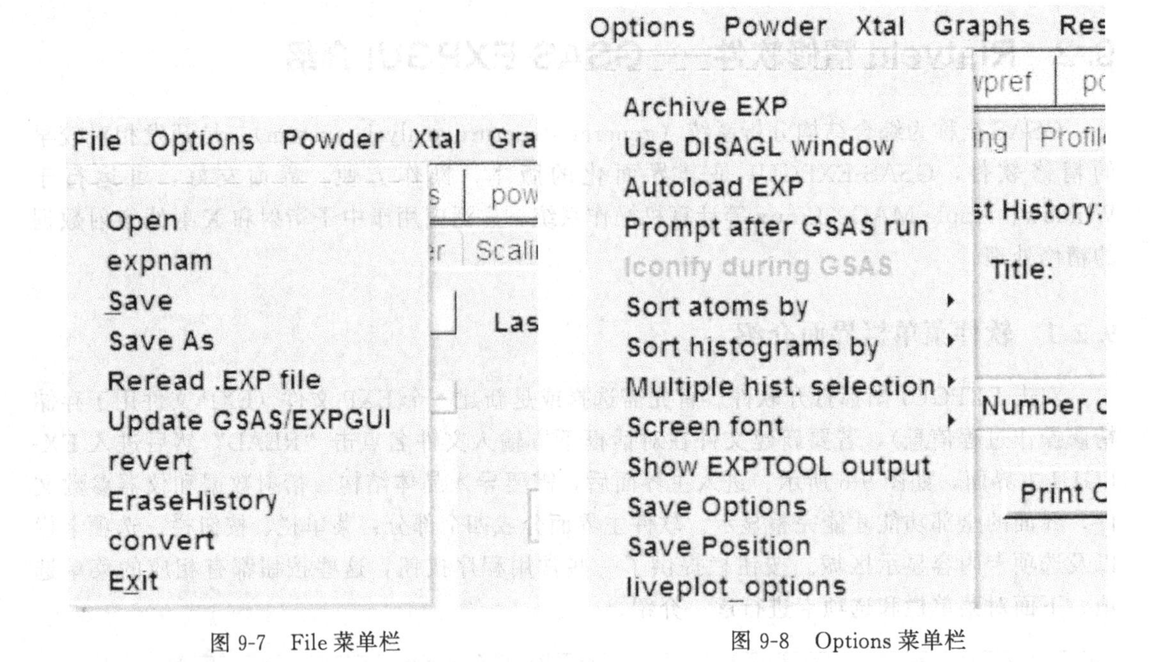

图 9-7　File 菜单栏　　　　图 9-8　Options 菜单栏

② Use DISAGL window：该选项打钩，则“DISAGL”（键长、键角计算值）的结果将在新窗口中显示。如果不选择，则结果写入 LST 文件中。

③ Autoload EXP：通常运行“genles”和“powpref”后，EXPGUI 会提示是否重新读入 EXP 文件。如果勾选“Autoload EXP”，则不提示该信息。该选项不打勾较好，在误操作的时候，我们可以根据提示，不导入改变后的 EXP 文件。

④ Prompt after GSAS run：打钩条件下，GSAS 程序在单独窗口运行后，程序窗口仍保存打开直到按下键盘任意键。如果该选项不打钩的话，运行窗口会在运行后直接关闭，虽然会节省一些时间，但如果运行过程中出现错误或提示信息将无法看到。

⑤ Iconify during GSAS：如果该选项打钩，则在运行 GSAS 程序时，EXPGUI 主界面将最小化。

⑥ Sort atoms by：决定“Phase”选项卡中原子的排序方式，有原子序号、类型、多重因子、占位分数或 x、y、z 坐标等选项。

⑦ Sort histograms by：决定“Histogram”选项中图谱的排序方式，有图谱编号、类型、衍射角、波长等选项。

⑧ Multiple hist. selection：图谱参数和图谱类型等的改动。

⑨ Screen font：设置主界面中字体大小。

⑩ Show EXPTOOL output：勾选该选项时，如果在添加原子相或图谱时，程序探测到错误时，“EXPTOOL”程序窗口会输出错误信息。

⑪ Save Options：保存路径。

⑫ Save Position：保存当前的 EXPGUI 窗口位置。

⑬ Liveplot _ options：设置实时图示窗口选项。

(3) Powder 菜单　该菜单为多晶衍射分析用 GSAS 程序。菜单项如图 9-9 所示。

① expedt：运行 EXP 文件编辑程序，快捷键为 Alt+E。

② powpref：将多晶数据准备用于最小二乘法计算，快捷键为 Alt+P。

③ genles：运行后进行最小二乘法计算，快捷键为 Alt+G。

④ powplot：显示多晶衍射图谱，需选择显示选项。

⑤ rawplot：绘制多晶衍射数据。

⑥ fitspec：拟合 TOF 散射谱。

⑦ bkgedit：调用“bkgedit”程序对背底进行拟合。

⑧ excledt：调用“excledt”程序来设置衍射数据拟合的角度范围上、下限。

⑨ seqgsas：对一系列相似数据连续调用 GSAS 程序来运行“genles”程序。

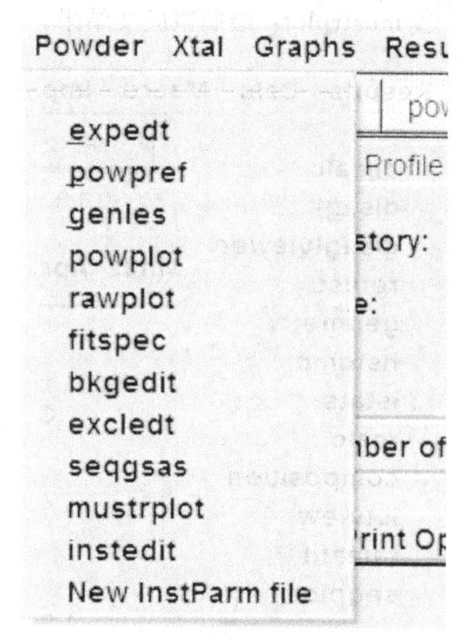

图 9-9 Powder 菜单栏

⑩ mustrplot：绘制微应变结果。

⑪ instedit：调用“instedit”程序来编辑仪器参数文件。

⑫ New InstParm file：使用“instedit”程序生成一个新的仪器参数文件。

(4) Xtal 菜单　为单晶衍射分析用 GSAS 程序，这里不做介绍。

(5) Graphs 菜单　用于数据和分析结果的图形显示。菜单项如图 9-10 所示。

① Fourier：计算傅里叶图程序设置，只能逐相设置。

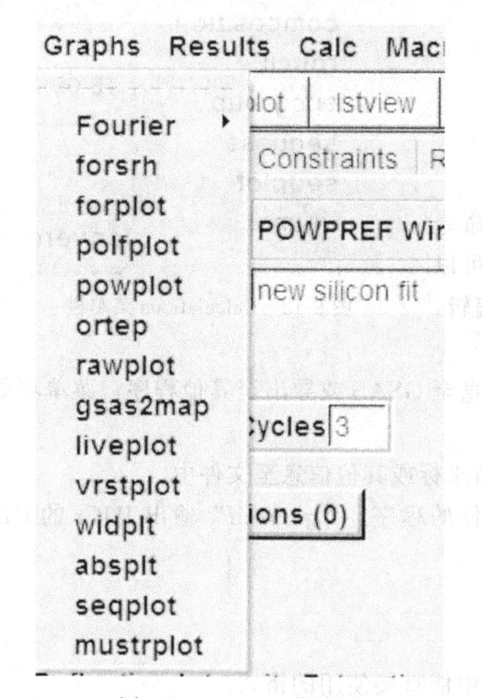

图 9-10 Graphs 菜单栏

② forsrh：为峰查找傅里叶图。

③ forplot：显示傅里叶图。

④ polfplot：显示极图。

⑤ powplot：显示多晶衍射谱。

⑥ ortep：画单晶结构。

⑦ rawplot：绘制多晶衍射数据。

⑧ gsas2map：导出其他程序（例加“FOX”和“DRAWxtl”）使用的傅里叶图格式。

⑨ liveplot：调用“liveplot”程序来绘制实时更新的多晶衍射数据图。在精修过程中，可以在“liveplot”窗口中查看峰形判断参数修正的正确性。

⑩ vrstplot：生成 VRML 3-D 文件。

⑪ widplt：用于显示 FWHM 与 Q、2θ 关系图。

⑫ absplt：该程序用于显示衍射谱使用的吸收/反射校正曲线。

⑬ seqplot：绘制“seqgsas”程序的结果。

⑭ mustrplot：绘制微应变结果。

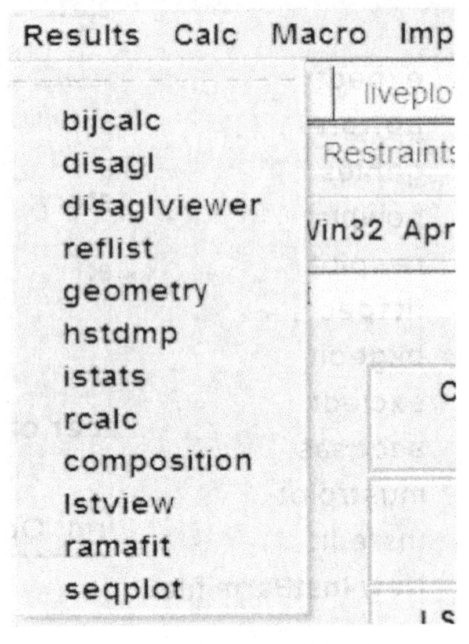

图 9-11 Results 菜单栏

(6) Results 菜单　显示部分结构，主要菜单项如图 9-11 所示。

① bijcalc：热参数分析。

② disagl：键长/键角计算结果。

③ disaglviewer：图形化显示键长/键角计算值。

④ reflist：列出衍射线数据。

⑤ geometry：分子构型计算。

⑥ hstdmp：列出多晶衍射谱数据。

⑦ istats：HKL 强度统计。

⑧ rcalc：计算衍射残差。

⑨ composition：根据多重性因子和占位分数计算单胞的化学成分。

⑩ lstview：生成含有当前 .LST 文件的显示窗口。

⑪ ramafit：拟合扭转角分布，如肽链中使用限制时。

⑫ seqplot：绘制“seqgsas”程序的结果。

(7) Calculations 菜单　含有晶体学计算程序。菜单项如图 9-12 所示。

① cllchg：单胞变换。

② composition：根据多重性因子和占位计算单胞的化学成分。

③ rducll：减小单胞。

④ spcgroup：空间群符号解释。

⑤ seqgsas：开启 seqgsas 程序模式。

⑥ seqplot：绘制“seqgsas”的结果。

⑦ unimol：单分子组装。

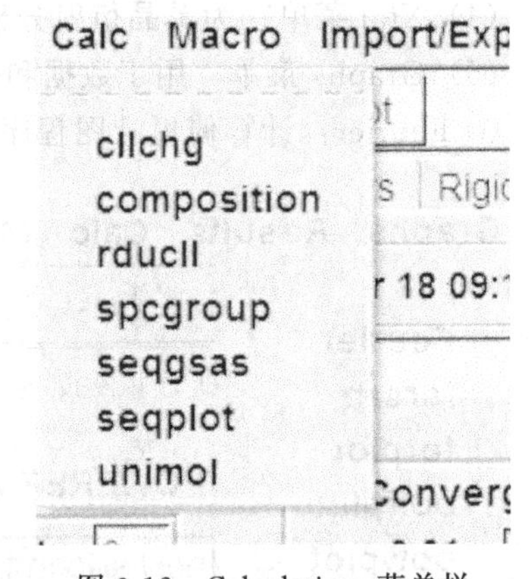

图 9-12 Calculations 菜单栏

(8) Macro 菜单　宏功能采用一系列的 Tcl 命令将 EXPGUI 中执行的操作捕捉至文件中。这样就可以通过宏文件来重复执行一些操作。宏文件可以被编辑，Tcl/Tk 命令能被写入至宏文件中来扩展功能。

(9) Import/Export 菜单　该菜单用于输入信息至 GSAS 或导出至其他程序，菜单项如图 9-13 所示。

① Coord Export：提供了一系列的程序用于写坐标或其他信息至文件中。

② CIF Export：含有一系列用于输出 CIF 文件的程序。“gsas2cif”输出 IUCr 的 CIF 文件。

③ hklsort：制作 HKL 表。

④ pubtable：制作原子参数表。

⑤ convert：将标准 ASCII 文件转换为 GSAS 中能直接使用的格式。

⑥ cad4rd：制作 CAD4 单晶数据。

⑦ dbwscnv：转换 DBWS 格式多晶衍射数据。

⑧ x17bcnv：转换 NSLS X17 能量色散衍射数据文件。

⑨ p3r3data：制作 Siemens/Brucker 的 P3R3 单晶数据文件。

⑩ sxtldata：制作通用单晶数据文件。

⑪ gsas2pdb：从蛋白质数据文件输入（使用“gsas2pdb”和“expedt”两个程序）或输出（大分子相）的坐标。

⑫ ref2asc：用于输出 GSAS 衍射文件为其他程序可用的 ASCII 格式。

⑬ ref2bin：导入 ASCII 衍射文件为 GSAS 二进制格式。

⑭ gsas2map：输出其他程序（如 Fox 和 DRAWxtl）可用的傅里叶图格式。

Import/Export
Coord Export
CIF Export
hklsort
pubtable
convert
cad4rd
dbwscnv
x17bcnv
p3r3data
sxtldata
gsas2pdb
ref2asc
ref2bin
gsas2map

图 9-13 Import/Export 菜单栏

9.2.2 软件选项栏界面介绍

GSAS 软件选项栏共有“LS Controlts”“Phase”“Powder”“Scaling”“Porfile”“Constraints”“Restraints”“Rigid Body”“MD Pref Orient”和“SH Pref Orient”等分类，下面将 Rietveld 定量精修相关的重要选项进行介绍。

（1）LS Controls 界面　该界面提供了最小二乘法计算相关的控制参数，如图 9-14 所示。

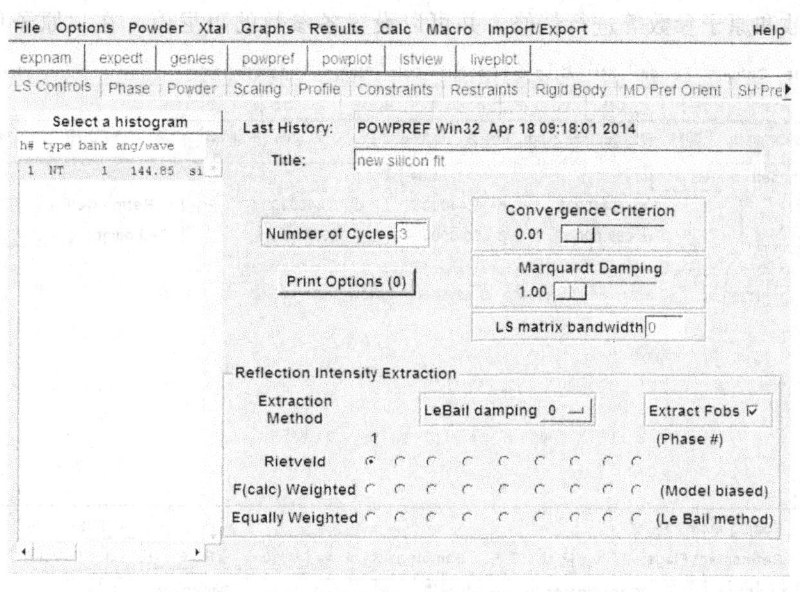

图 9-14 LS Controls 界面

① Number of Cycles：精修计算时的循环次数，一般设置为 5～8 左右。如果设置为 0，会估算多晶衍射的强度，但不进行参数修正。这样可以手动改变一些参数值，从而选择合适

的初始值，使精修计算时能更好地收敛。当采用 LeBail 法时，即便“Number of Cycles”设置为零，精修不循环，但衍射强度也会被优化。

② Print Options：控制“genles”窗口的输出信息，推荐“Print summary shift/esd data after last cycle（256）”。

③ Convergence Criterion：当各个参数偏离值平方和除以标准误差小于“Convergence Criterion”设定值时，“genles”程序停止精修计算，进行大规模参数修正时要相应地增大该值。

④ Marquardt Damping：Marquardt 阻尼增加 Hessian 矩阵对角元的权重，减小参数对精修的影响，虽然需要额外的精修循环，但会增加精修的稳定性。

⑤ Reflection Intensity Extraction：衍射数据中的衍射强度值的提取方式。

⑥ Extract Fobs：当该项勾选时，衍射强度根据 Hugo Rietveld 提出的方法计算。在该方法中，各个衍射的强度值根据合适的数据点求和，再由衍射计算强度与总计算强度的比值加权后确定。衍射强度的确定方法有两种：Rietveld 法和 Le Bail 法。在传统的 Rietveld 法中，当“Extract Fobs”勾选时，衍射强度确定过程被当做 Rietveld 的一部分，会计算出 R 因子，衍射强度会被存在硬盘文件中，以便于傅里叶计算或其他计算。在 Le Beil 法中，可以不知道晶体的结构，各级衍射的 F_{calc}（计算强度）由前一个计算循环提取的 F_{obs}（试验强度）优化后得到。在迭代过程中，F_{calc}慢慢趋于一系列衍射峰实测强度，从而很好地拟合整个图谱。F_{calc}在每次“genles”程序运行后或一个最小二乘法精修循环后都会被确定。即便在“Number of cycles”设置为零的时候，运行“genles”也会改善 Le Bail 法的拟合效果。

⑦ LeBail Damping：该参数可以对衍射强度偏离值进行阻尼。设置阻尼可以改善衍射强度剧烈变化（如修正晶胞参数、热振动参数等）造成的精修发散。

（2）Phase 界面　Phase 界面用于编辑结构模型，界面内容如图 9-15 所示。该界面可以勾选晶胞参数和原子参数等进行精修，并可以设置各参数的阻尼值。在“原子信息显示区”

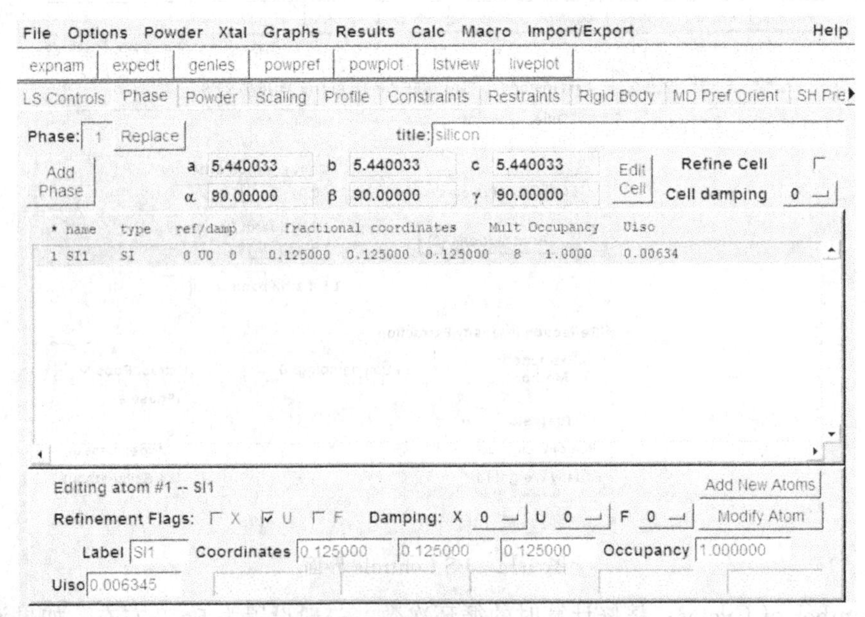

图 9-15　Phase 界面

中，如果对单个原子采用鼠标点击，可以对其参数进行修改或设置精修的标识（勾选则对参数进行修正）。

① Add Phase：按下“Add Phase”可分别输入相标题、空间群和晶胞参数等。在“Import phase from”中单击可选择CIF、CEL等文件格式导入相结构。如果想通过CIF文件导入，点击后选择准备好的CIF文件，然后击“Continue”。仔细检查后，点击“Continue”，进入添加原子界面，点击“Add Atoms”后，就可以完成相添加。

② Replace：如果需要更改已输入相的晶体结构，可以使用“Replace”按钮，可以更改空间群和晶胞参数等，也可以通过CIF文件导入新的晶体结构。

③ Edit Cell：点击后可以对晶胞参数进行修改，输入数值后，点“continue”即可。

④ Modify Atom：可以选择一个原子或多个原子进行原子参数的修改，打开的窗口如图9-16所示。在“Modify coordinates”选项中可以对原子坐标进行变换。当EXPGUI界面中编辑了原子信息，某些原子可能被移除或者位置改变，相应多重性因子也会发生改变，需要在“Reset Multiplicities”中重设多重性因子。“Modify occupancy”用于更改所选原子的占位系数。“Erase Atom”可以移除所选的原子，也可以设置原子的占位为零替代该设置。

（3）Powder界面　Powder界面主要用于编辑背底和衍射仪常数等，如图9-17所示。

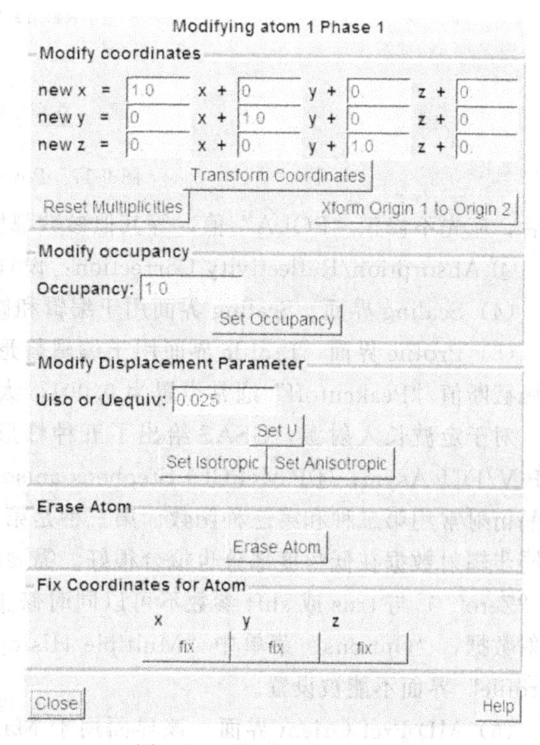

图9-16　Modify Atom界面

① Add New Histogram：添加多晶衍射数据和仪器参数。通过“Select File”分别导入数据文件和仪器参数文件。导入后，需要确认或修改“Usable data limit”输入框的数值。该值为生成衍射峰位置的最大角度值。

② Edit Background：设置背底拟合参数、拟合方程类型和多项式项数。GSAS程序有八种背底方程，常规精修选择方程1，“Number of terms”选择8左右。如果拟合不好，可以尝试其他方程和“Number of terms”，直至较好地将背底拟合。

③ Diffractometer Constants：用于设置衍射仪常数。波长及其比值一般不修正。如果仪器采用标样仔细校正过零点，则“Zero”值也不需要修正。极化因子“POLA”和极化校正类型“IPOLA”两个值与仪器类型和配置具有很大的关系。对于同步辐射，“POLA”值可以略小于1（如0.95～0.99），而“IPO-LA”可以设置为零。对于常规密封管X射线衍射仪，如果没有配备单色器，“POLA”和“IPOLA”可分别设为0.5和0。当常规衍射仪配备了单色器，可以将“IPOLA”设置为1，“POLA”值根据单色器的衍射角$2\theta_m$计算。如Cu靶衍射仪对应的石墨弯晶单色器衍射角为26.6°，计算的“POLA”值为0.81。设定“POLA”和“IPOLA”

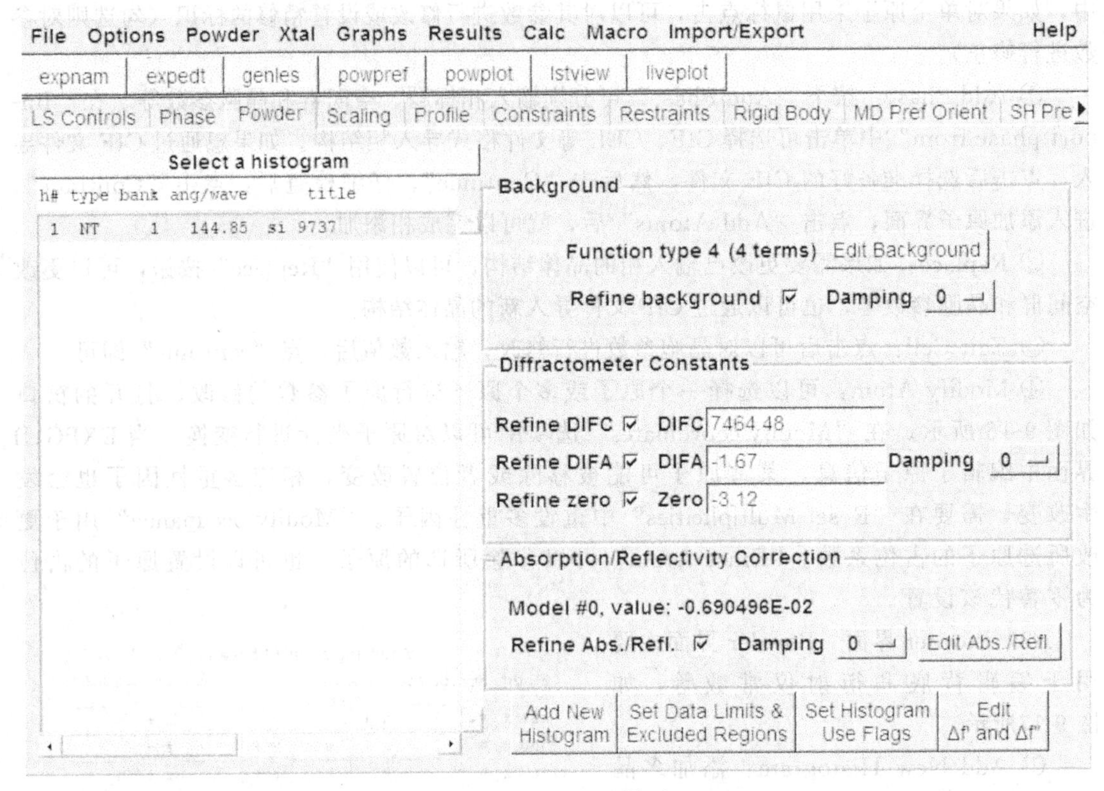

图 9-17 Powder 界面

值后，应先不修正“POLA”值，等其他参数都修正稳定后再修正。

④ Absorption/Reflectivity Correction：设置吸收校正（平板试样为反射校正）。

（4）Scaling 界面 Scaling 界面用于编辑和修正标度因子以及相含量。

（5）Profile 界面 Profile 界面用于编辑峰形参数等，可对每个物相单独设置。其中衍射峰截断值“Peakcutoff”通常设置为 0.001，太大的截断值会造成峰形拟合不良。

对于定波长入射源，GSAS 给出了五种峰形函数：①Gaussian only；②Pseudo-Voigt；③P-V/FCJ Asym；④P-V/FCJ＋Stephens aniso strain；⑤P-V/FCJ＋macros train。X 射线多晶衍射常用第二种和第三种函数。第三种是第二种的改进，在不对称峰形上拟合更好，对于同步辐射数据在低角度部分也拟合很好。需要注意，仪器零点校正参数（“Powder”界面中“Zero”）与 trns 或 shft 参数不可以同时修正，容易使修正计算发散。如果导入了多个衍射数据，“Options”菜单中“Multiple Histogram Selection”模式设置为“All”时，则“Profile”界面不能被设置。

（6）MD Pref Orient 界面 该界面用于 March-Dollase 方程择优取向校正相关的参数。界面中可以指定一个或多个轴（以 *hkl* 表示）某个方向的晶粒过多（Ratio＞1）或不足（Ratio＜1），小方框用于选择是否进行精修。通过“Add plane”新增一个择优取向方向。如果有多个相，则可以分别设置每个相的择优校正。

（7）SH Pref Orient 界面 GSAS 中提供了另一种择优取向校正——球谐函数法（spherical harmonic formulation），将择优取向处理为样品对称性和球谐级数的函数。“Setting angles”定义了相对于探测器的样品角度，通常用于 TOF 数据织构分析。

9.3 Rietveld 定量精修在材料科学与工程中的应用

9.3.1 基于标样 SiO_2-ZnO 二元体系的精修策略和准确性验证

9.3.1.1 原材料及样品制备

分别称取 SiO_2 和 ZnO 粉末标样各 1g 左右（$m_{SiO_2}=0.974g$，$m_{ZnO}=1.034g$），在玛瑙研钵内手工混匀约 20min。取适量混合样品完成制样后，置于 X 射线衍射仪采集 XRD 图谱。

9.3.1.2 XRD 图谱参数设定

通过荷兰帕纳科 X 射线衍射仪（X′Pert PRO MPD，PANalytical International Corporation，Netherland）用背压法制样后采集 XRD 图谱（仪器参数设定如表 9-3 所示），结合 GSAS-EXPGUI 软件通过 Rietveld 精修法进行物相的定量计算。

表 9-3 X 射线衍射参数设置

参数	连续扫描
X-ray radiation	45 kV/40 mA
Intended wavelength type:CuK $_{\alpha1}$	$K_{\alpha1}=1.540598$Å
Detector	X′Celerator detector
Monochromator	Curved Ge(111)
Divergence slit(°)	0.5
Soller slit(rad)	0.04
Anti-scatter slit(°)	0.5
Step width(°)	0.0167
Measure time(h)	2
Sample spinning speed(r. p. m)	15
Scan range(°)	5～70

9.3.1.3 GSAS 精修策略与参数讨论

利用 GSAS-EXPGUI 软件进行 Rietveld 精修定量前，首要调用正确的晶体结构模型(.cif)，文中所用 SiO_2 和 ZnO 的晶体结构信息如表 9-4 所列。完成 GSAS-EXPGUI 软件输入后，仔细检查晶体结构的空间群、等效点位等基本信息是否有误，在此过程中值得注意的是晶体结构文件中各原子的温度因子参数（U_{iso}）不宜过高或过低，若此参数的初始值不在(0.001，0.1）范围内，建议重新设定初始值为 $U_{iso}=0.01$。接下来，依次调用待精修的原始粉末衍射数据文件（.RAW）和仪器参数文件（.PRM）。绝大多数衍射仪的数据文件不能直接被 GSAS 软件识别，在此之前使用 ConvX 等数据转化软件进行格式变更。调用的仪器参数文件中，必须确保波长参数（Wavelength）和极化因子（POLA）两参数的正确。波长参数跟所用衍射仪的靶材直接相关，常规 X 射线衍射仪所用的 Cu 靶，若仪器中含有前置单色器，选用“Monochromatic”模式，Wavelength 的初始设定值为 1.54056；若非前置单色器，选用“Dual”模式，Wavelength 的初始设定值“primary”参数为 1.5406，“Secondary”参数为 1.5444。极化因子参数的设定跟靶材、单色器材料和探测器类型等因素相关，常规 Cu 靶、石墨单色器、普通点探测器组合 POLA 的初始设定值设为 0.800；常规 Cu 靶、石墨晶体单色器、高能探测器组合 POLA 的初始设定值设为 1.25；常规 Cu 靶、锗晶体单色器、高能探测器组合 POLA 的初始设定值设为 0.79。

表 9-4 SiO_2 和 ZnO 的晶体结构信息

物相	分子式	晶形	a/Å	b/Å	c/Å	α	β	γ
Silicon oxide	SiO_2	Trigonal	4.912	4.912	5.404	90.0	90.0	120.0
zinc oxide	ZnO	Trigonal	3.250	3.250	5.207	90.0	90.0	120.0

完成上述文件的调用和相关参数的确定后，就可以进行精修各参数的操作过程。所精修的参数可分为两大类型：结构参数和峰形函数。结构参数包括比例因子、原子坐标、原子位置占有率、温度因子等（在定量精修过程中由于精修对象并非单一物相且常规试验室衍射数据的图谱质量可能并不满足结构精修的条件，涉及晶体结构模型文件的原子坐标、位置占有率和温度因子尽量不要精修）。峰形参数包括背底参数、零位校正参数、晶格点阵参数、衍射峰非对称参数、峰宽参数、X 射线透射参数、择优取向因子参数等。精修上述参数过程中，每轮精修的参数不宜过多，综合考虑精修过程中参数的波动程度和衍射谱的拟合程度等方面依次精修。一般而言，首先精修较为稳定的结构参数如比例因子，然后依次精修峰形函数。首轮精修比例因子时，取消 Scale 参数，取而代之的将每种矿物的 Phase fraction 参数进行精修。峰形参数的精修顺序按照稳定性由高到低依次进行精修，第二轮精修可进行零位校正参数“Zero”和背底参数“Backgroud”同时进行精修。对于简单背底，背底参数宜选用“Shift Chebyschev”函数。完成此轮精修，精修图谱如图 9-18 所示，发现背底在低角度的拟合很差［图 9-19（a）］，主要是因为 X 射线在低角度的空气散射引起的“上翘”现象，此时将背底函数的多项式因子函数调高至“8～16”，再次精修后发现背底拟合完好［图 9-19（b）］。

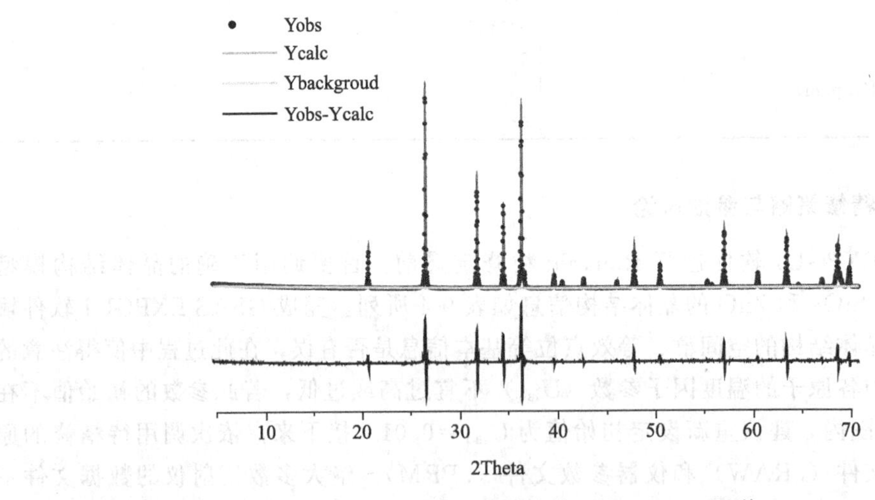

图 9-18 第二轮参数精修后的 Rietveld 图谱

第三轮精修可进行各矿相晶格点阵参数“Cell”的精修，完成此轮精修通过精修结果发现表示拟合程度的“Reduced CHI＊＊2”和相关 R 因子都有大幅度降低，这说明上述参数有着有意义的收敛过程。观察拟合图谱发现，此时计算衍射谱与试验衍射图的最大差别在于两者峰形，特别是半高宽的差异［图 9-20（a）］。第四轮精修的对象选择峰宽参数，鉴于 pseudo-Voigt 函数在描述常规试验室 X 射线衍射峰形具有较高的适用性，于 GSAS 软件建议选择“type 3”。pseudo-Voigt 函数在描述峰宽时同时包含高斯函数中的 GU、GV、GW

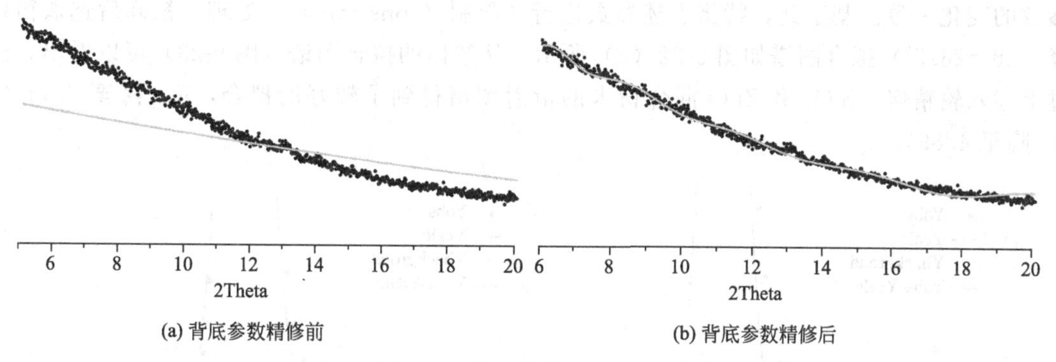

图 9-19 背底参数精修对比图

等参数和洛伦兹函数中的 LX 和 LY 等参数。从数学意义角度分析，高斯峰宽参数 GU、GV 和 GW 是紧密相关的，这就意味着即使不同的 GU、GV 和 GW 组合也可以得到相似的最小二乘法运算结果。洛伦兹峰宽函数中的 LX 和 LY 两参数也具有类似的特点。因此就常规试验室衍射数据而言，在不影响拟合优度前提下本着精修参数精简的原则，高斯峰宽函数和洛伦兹峰宽函数中不同参数不宜精修太多。进一步分析发现，图谱中计算衍射谱较试验衍射谱都具有半高宽较低、衍射峰较高的特点，而高斯峰宽函数和洛伦兹峰宽函数在描述峰形的不同点在于在含有同样半高宽和面积时，高斯函数较洛伦兹函数尖锐，因此根据图谱判断适于先精修洛伦兹函数后精修高斯函数。分别精修 SiO_2 和 ZnO 的 LY 函数后再精修两者的 GW 函数，在精修过程中峰宽参数有规律的收敛，相较上一轮精修"Reduced CHI * * 2"从 42.53 降至 12.44，R_{wp}从 19.35%降至 10.46%，R_p 从 13.57%降至 7.49%，说明拟合程度得到大幅度提高［图 9-20（b）］。

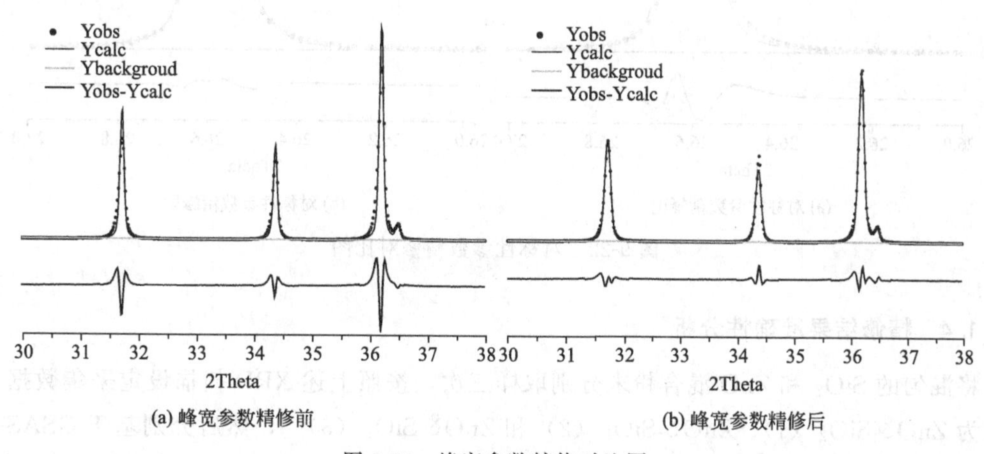

图 9-20 峰宽参数精修对比图

进一步分析发现，精修图谱中衍射峰尾部都有不同程度的"切断"现象［图 9-21 (a)］，其主要原因为衍射峰"peak cutoff"参数默认设定值（0.01）过大，在第五轮精修中将 SiO_2 和 ZnO 的此参数均设置为 0.001，精修发现衍射峰尾部精修得到明显改善［图 9-21 (b)］。至此，衍射谱图已基本完成精修拟合，R_{wp}因子已降至 10%以下。从图 9-22 (a) 可以看出，选取的拟合程度较差的衍射峰（$2\theta=26.5°$）存在左右非对称现象，在第六轮精修操作中，选取对称性参数（S/L 和 H/L）进行精修。因为对称性参数只与仪器参数相关，并不因矿物而发生变化，因此在进行该参数精修过程中，必须保证体系中所有矿相该参数的变化一致。基于此，特将上述参数进行“限制（constrain）”处理，精修后选取衍射峰（2θ=26.5°）拟合图谱如图9-22（b）所示。从整体的拟合图谱（图9-23）可以看出，经过上述六轮精修，SiO_2和ZnO混合粉末的衍射图谱得到了较好的拟合，R_{wp}降至7.14%，R_p降至4.89%。

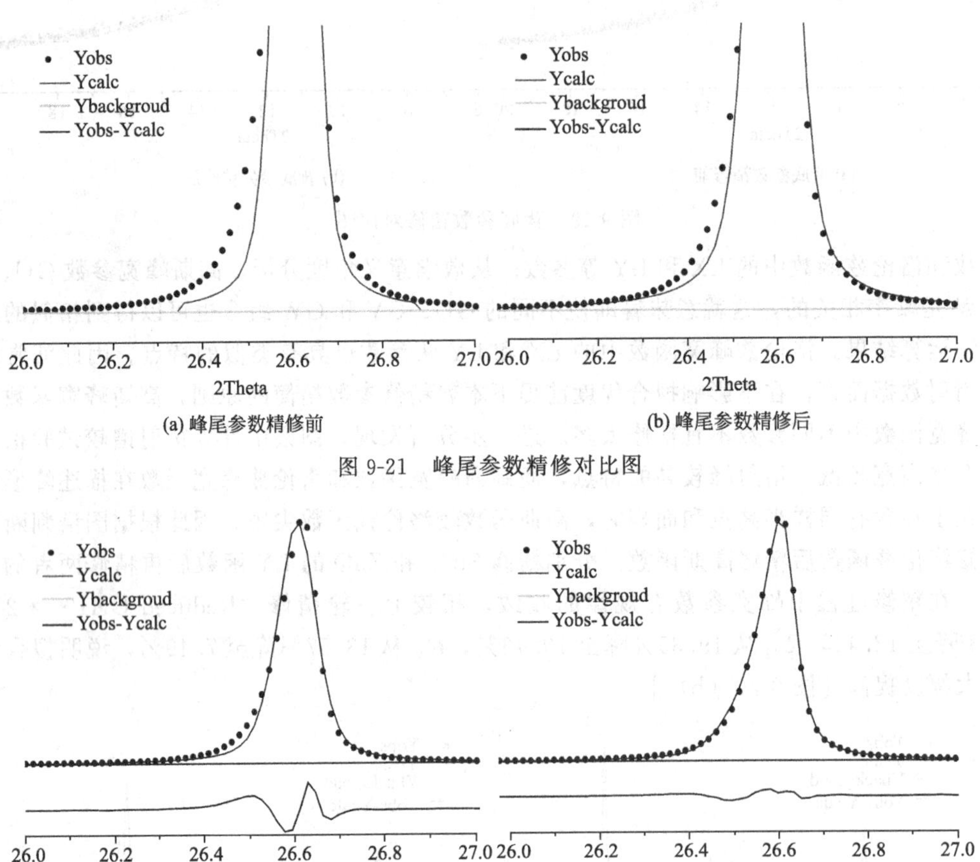

(a) 峰尾参数精修前　(b) 峰尾参数精修后

图 9-21　峰尾参数精修对比图

(a) 对称性参数精修前　(b) 对称性参数精修后

图 9-22　对称性参数精修对比图

9.3.1.4　精修结果准确性分析

将混匀的SiO_2和ZnO混合粉末分别取样三次，按照上述XRD扫描设定采集数据［分别记为ZnO&SiO_2（1）、ZnO&SiO_2（2）和ZnO&SiO_2（3）］，然后分别基于GSAS-EXPGUI和TOPAS软件依据精修策略和参数调整进行Rietveld定量精修。定量结果同两物相的实际掺入比例对比分析如图9-24所示。上述三次Rietveld定量分析显示，各矿相定量结果的绝对误差均≤1.2%，相对误差≤2.5%，说明基于GSAS-EXPGUI软件选择合适精修参数和使用正确精修策略可以获得较为准确的定量结果。

9.3.2　水泥基材料的Rietveld精修定量策略

基于Rietveld法，正确的样品制备、恰当的仪器参数设定和合适的精修拟合策略使用是获得水泥基材料物相准确定量结果的前提条件。

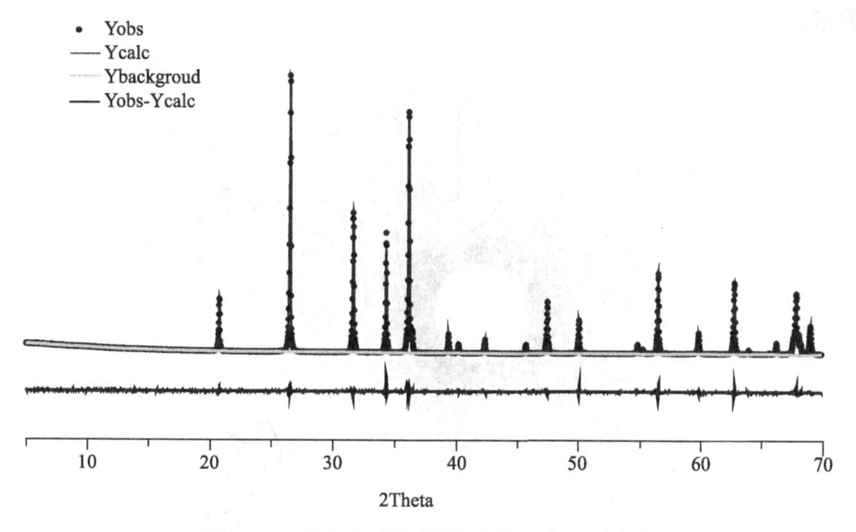

图 9-23 第六轮参数精修后的 Rietveld 图谱

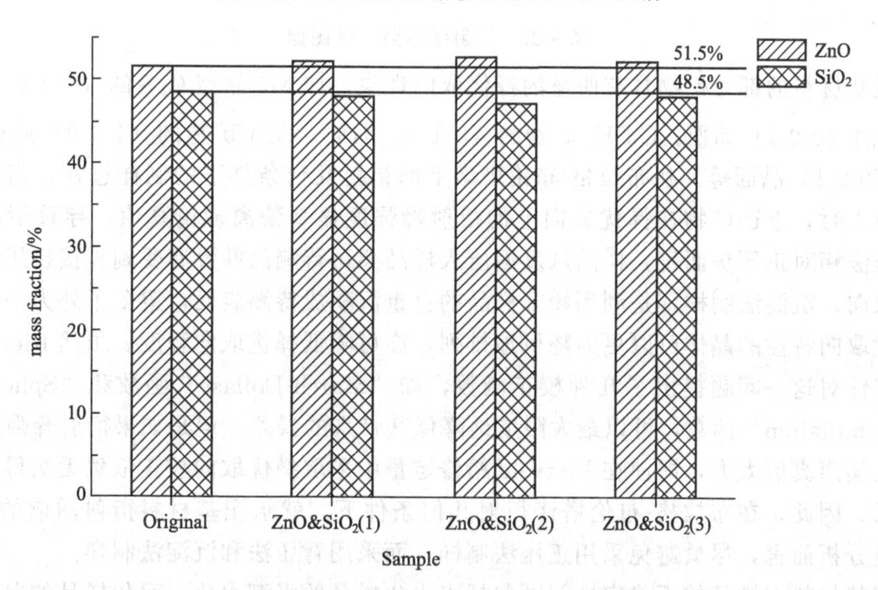

图 9-24 ZnO 和 SiO_2 样品的 Rietveld 定量结果的准确性分析

9.3.2.1 样品的制备

在水泥基材料 X 射线衍射图谱的 Rietveld 精修定量分析过程，样品的制备作为起始环节，是保证获取高质量衍射图谱的重要前提条件，对于定量结果的准确性有着根本的影响。常见的样品制备问题主要有粉末粒度问题、择优取向问题、样品不稳定问题。

样品粒度过大将直接导致 X 射线衍射图谱可重复性（强度重现性）下降，在面探图谱中表现为同一晶面衍射环上不同衍射方向相对强度波动性较大（图 9-25），这种强度波动带来的误差会导致定量结果的稳定性和准确性大为下降。为了改善这一问题，也就是使样品颗粒能够满足每一个衍射方向都需足量且随机分布，在常规 CuKα 布拉格-布伦塔诺衍射几何条件下，样品颗粒尺度应小于 5μm，同时当样品中超过 10μm 颗粒数量逐渐变大，相对标准偏差迅速增加。试验中，常采取在无水乙醇试剂作为湿磨溶剂基础上进行球磨处理用以满足颗粒尺度要求。

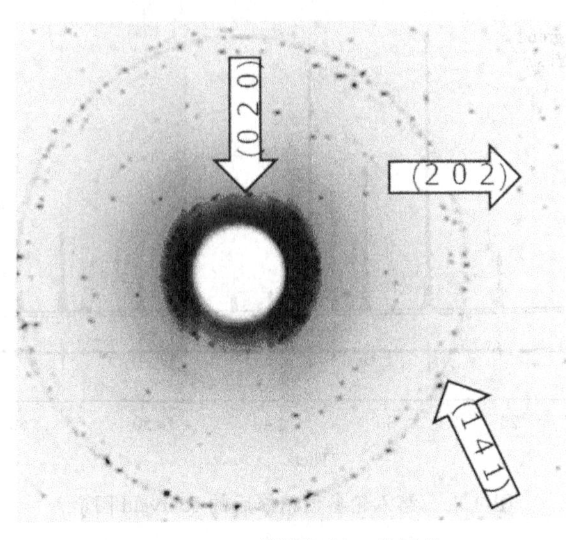

图 9-25　X 射线衍射二维图像

水泥基材料的部分矿物具有明显的择优取向现象，如 M3 晶型 C_3S 的（－1 0 1）晶面，CH 矿物的（0 0 1）晶面，$C\overline{S}H_2$ 矿物的（0 1 0）晶面，AFt 矿物的（1 0 0）晶面，AFm 矿物的（0 0 1）晶面等。在布拉格-布伦塔诺平面衍射几何条件下的制样过程，当外力不可避免被引入时，上述矿物在择优方向上的衍射峰强度显著偏离理论真值，导致衍射图谱异常。背压法相对正压法而言，样品从反面压入样品架，待测面并没有受到直接挤压，可以减弱择优取向。沉淀法制样则是利用粉末样品的自重沉积成待测表面，避免了外力的引入，使具有择优取向特性的晶体可以更为随机地排列，亦可降低择优取向程度。虽然 Rietveld 精修软件中有针对这一问题提出了几种校正函数，如“March-Dollase”函数和“Spherical harmonic formulation”函数，可以最大限度地降低其带来的误差，但是如果衍射峰强度在择优的方向上偏离真值太大，即使在 Rietveld 精修定量中采取择优取向校正依然无法得到正确的定量结果。因此，在布拉格-布伦塔诺衍射几何条件下，就水泥基材料衍射图谱的 Rietveld 精修定量分析而言，尽量避免采用正压法制样，而采用背压法和沉淀法制样。

水泥基材料中样品的不稳定性问题包括未水化样品的吸潮水化、水化样品的空气碳化以及含结晶水矿物的失水等。吸潮水化现象较为显著的矿物为水泥熟料中的 f-CaO，因此在单矿物样品或者熟料样品的衍射图谱分析中，应该及时采集衍射数据，并监控衍射仪腔内的湿度范围。既定龄期水化样品无论在样品制备过程中（特别是样品的粉磨和干燥过程）或是图谱扫描过程中（特别是步进扫描条件下），水化产物 CH、AFt 等都可能在此过程中发生碳化反应。因此，样品研磨过程中加入足量的无水乙醇溶液，干燥过程中采取真空干燥，图谱扫描过程中覆盖一层透 X 射线的 Kapton 薄膜，都可阻止样品与空气中 CO_2 的接触，从而降低碳化的可能性。含结晶水矿物的失水现象主要发生在粉磨样品过程中和烘干样品的过程中。在粉磨过程中，加入的无水乙醇溶液除了能够隔绝空气中 CO_2，还能防止粉磨过程中温度过高造成失掉矿物结晶水现象。在烘干过程中，使烘干温度≤40℃并尽量加快干燥速度。所采取的措施为完成水化样品粉磨后，更换足量的酒精溶液并浸泡 6h，一方面起到终止样品水化的作用，另一方面使水化样品中自由水最大限度地置换和析出，完成试样的浸泡后，粉末样品连同浸泡溶液共同置于带有滤纸的布式漏斗中进行持续的抽滤操作，抽滤后的样品置于烘箱中使干燥速度加快。

9.3.2.2 仪器参数的设定

完成样品的制备，即可进入衍射数据收集的阶段。合适的仪器参数设定可以兼备较高图谱质量和图谱扫描效率。

一张高质量的图谱除了具备强度可再现性外，还需具有较高的信噪比和分辨率。首先，提高信号强度可以通过以下途径实现：提高衍射仪功率、调大的狭缝设置、延长扫描时间(降低扫描速度)、提高探测器效率。一般而言，满足 Rietveld 精修定量分析条件的衍射图谱，其最高强度衍射峰的计数值（counts）应≥10000。以 Riguku D/max2550 衍射仪而言，探测器为常规点探测器是固定不变的。在衍射仪功率上，由于其配置为旋转 Cu 靶，因此可以具有较高的 X 射线发射功率［Max＝18kW（60kV，450mA）］，考虑水泥基样品（未水化样品或水化样品）晶体的结晶状态，一般情况下功率设为 10kW（40kV，250mA）即可满足条件。在狭缝的设置上，可通过调高发散狭缝（Divergence Slit）、防散射狭缝（Anti-Scatted Slit）、接收狭缝（Receiving Slit）等提高信号的强度。但狭缝的调节又严重影响到衍射峰的分辨率和峰形，比如我们常用平板样品不能严格满足聚焦圆几何从而产生峰位的偏差和峰形的非对称，其中发散狭缝和防散射狭缝越大，上述误差就越大。因此本书中即使采用大狭缝设置，通常使发散狭缝≤1°，防散射狭缝≤1°，对应的接受狭缝设为 0.3mm。延长扫描时间（降低扫描速度）所起的作用和提高光源功率是等效的，这就意味着如果光源功率足够高，可以提高扫描速度进而提高工作效率这就意味着如果光源功率足够高，可以提高扫描速度进而提高工作效率，图 9-26 为水泥熟料不同扫描速度下的衍射图谱对比。衍射图谱的背底噪声往往是由空气散射、探测器以及样品架等因素造成的，在仪器设计上往往加入防空气散射、单色器等固有插件进行降低。除了仪器自身插件的改进外，在水泥基材料的衍射图谱扫描过程无需对衍射仪设置另加改变，相对于衍射峰强度对于 Rietveld 精修定量的影响，背底噪声所产生的影响较小。

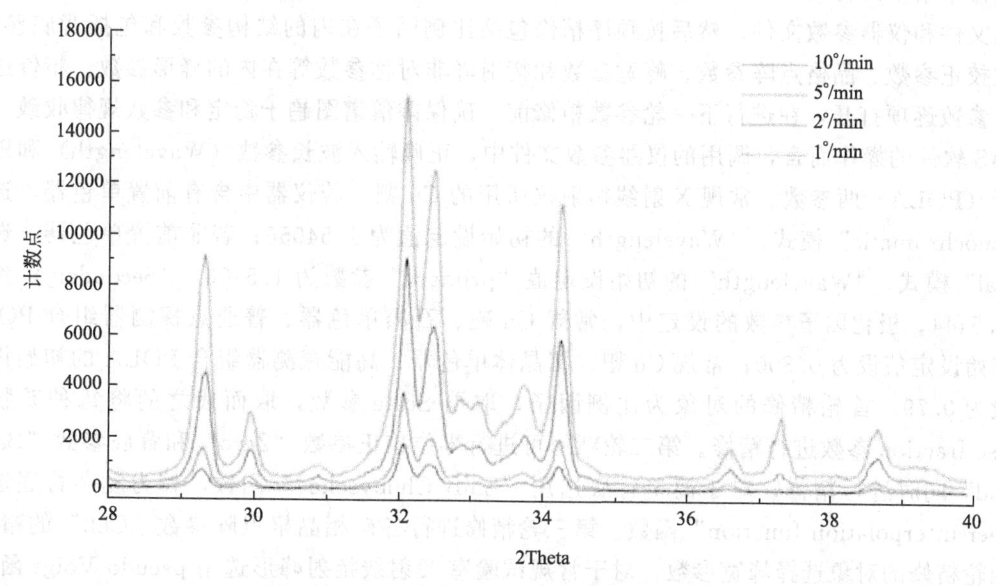

图 9-26 水泥熟料不同扫描速度衍射图谱对比

衍射图谱的分辨率除了前面提到的狭缝设置外，跟扫描步长也有一定的关系。步长的设定跟衍射峰的尖锐程度有关，保证衍射峰峰形的准确性，较为尖锐衍射峰半高宽以上至少存在7～10个数据点。当结晶程度非常好的矿物衍射峰十分尖锐，合适的步长设定为0.008°～0.015°；中等宽度衍射峰，合适的步长设定为0.02°～0.03°；矿物衍射峰较为平缓，合适的步长设定为0.05°～0.1°。对于水泥基材料，步长设定为0.02°即可满足上述条件［如未水化样品中较为尖锐的 C_3S 衍射峰［图 9-27（a）］和水化样品中 CH 的衍射峰［图 9-27（b）］。

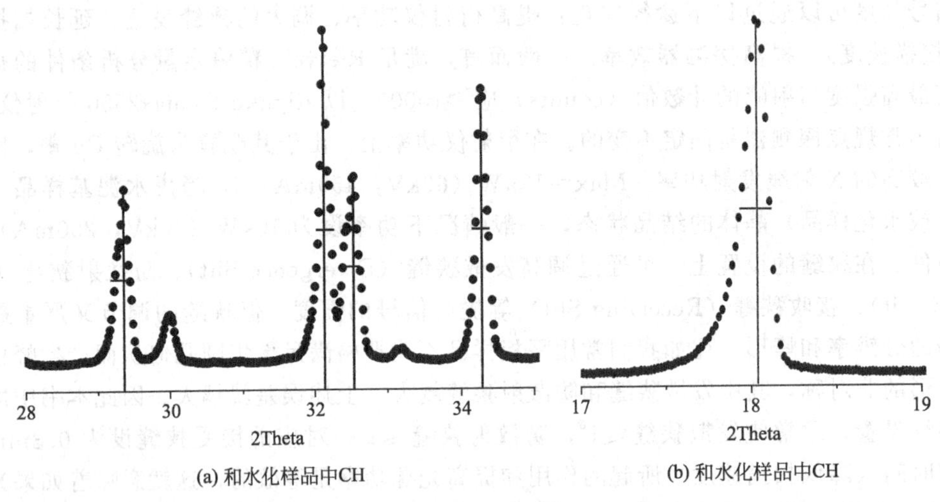

(a) 和水化样品中CH　　(b) 和水化样品中CH

图 9-27　未水化样品中 C_3S

9.3.2.3　衍射图谱的 Rietveld 精修拟合

通过上述正确的样品制备和恰当的仪器参数设定可以获得一张能够正确反映水泥基材料样品中矿物组成信息的 X 射线衍射图谱。接下来就可以进行 Rietveld 精修拟合过程。其基本精修策略不因材料的不同而改变，首先调用正确的且符合实际情况的晶体结构文件、原始数据文件和仪器参数文件，然后按顺序精修包括比例因子在内的结构参数和包括背底参数、零位校正参数、晶格点阵参数、峰宽参数和衍射峰非对称参数等在内的峰形参数。精修过程中，参数逐项打开，在进行下一轮参数精修前，确保差值谱图趋于稳定和参数规律收敛。就 GSAS 软件的操作而言，调用的仪器参数文件中，正确输入波长参数（Wavelength）和极化因子（POLA）两参数。常规 X 射线衍射仪所用的 Cu 靶，若仪器中含有前置单色器，选用“Monochromatic”模式，“Wavelength”的初始设定值为 1.54056；若非前置单色器，选用“Dual”模式，“Wavelength”的初始设定值“primary”参数为 1.5406，“Secondary”参数为 1.5444。极化因子参数的设定中，常规 Cu 靶、石墨单色器、普通点探测器组合 POLA 的初始设定值设为 0.800；常规 Cu 靶、锗晶体单色器、高能探测器组合 POLA 的初始设定值设为 0.79。首轮精修的对象为比例因子，取消 Scale 参数，取而代之的将每种矿物的 Phase fraction 参数进行精修。第二轮精修可进行零位校正参数“Zero”和背底参数“Backgroud”同时进行精修，对于简单背底选用“Shift Chebyschev”函数，较为复杂背底选用“Liner interpolation function”函数。第三轮精修进行各矿相晶格点阵参数“Cell”的精修。第四轮精修的对象选择峰宽参数，对于常规试验室 X 射线衍射峰形选用 pseudo-Voigt 函数，其中包含高斯函数中的 GU、GV、GW 等参数和洛伦兹函数中的 LX 和 LY 等参数。第五轮精修操作中，选取对称性参数（S/L 和 H/L）进行精修，但上述两函数不能同时进行精修。

对于水泥衍射图谱的 Rietveld 精修，背底函数选定“Liner interpolation function”函数，多项式的精修项数随着精修次数的增加逐渐增加；晶胞参数的精修时，优先精修衍射峰较高和较为独立的矿物，对于微量组分矿物应根据衍射图谱相对于背底的区别度和与其他衍射峰的重叠程度，考虑是否选择精修。主要矿物的精修顺序特别是对于峰宽参数的精修，依次为 C_3S、C_2S、$C\overline{S}H_2$、C_4AF 和 C_3A，每个矿物不同时精修多个峰宽参数，仅精修高斯峰宽的 GW 参数和洛伦兹峰宽的 LY 参数。对于 C_3S 和 C_2S，LY 参数精修优先级大于 GW。当 C_4AF 和 C_3A 的含量小于 5%时，不进行 GW 参数的精修。对于 M3 型 C_3S 矿物，对其（−1 0 1）晶面的择优取向参数进行精修。对于 $C\overline{S}H_2$ 矿物，对其（0 1 0）晶面的择优取向参数进行精修。水泥中存在的个别微量矿物如 $CaCO_3$，不精修任何峰宽参数，GW 设为 5～10，LY 设为 12～20。

参考文献

[1] 曾令可．计算机在材料科学与工程中的应用［M］．武汉：武汉理工大学出版社，2004.
[2] 杨明波，胡红军，唐丽文．计算机在材料科学与工程中的应用［M］．北京：化学工业出版社，2008.
[3] 刘兴江．计算机在材料科学与工程中的应用［M］．沈阳：东北大学出版社，2007.
[4] 张立文．计算机在材料科学与工程中的应用［M］．大连：大连理工大学出版社，2016.
[5] 汤爱涛，胡红军，杨明波．计算机在材料工程中的应用［M］．重庆：重庆大学出版社，2008.
[6] 许鑫华．计算机在材料科学中的应用［M］．北京：机械工业出版社，2003.
[7] 李琼．计算机在材料科学中的应用［M］．成都：电子科技大学出版社，2007.
[8] 乔宁．材料科学中的计算机应用［M］．北京：中国纺织出版社，2006.
[9] 叶卫平．计算机在材料科学与工程中的应用试验设计与指导［M］．北京：机械工业出版社，2014.
[10] 胡红军，黄伟九，杨明波．ANSYS在材料工程中的应用［M］．北京：机械工业出版社，2013.
[11] 陈正隆，徐为人，汤立达．分子模拟的理论与实践［M］．北京：化学工业出版社，2007.
[12] 江见鲸，陆新征，叶列平．混凝土结构有限元分析［M］．北京：清华大学出版社有限公司，2005.
[13] 曾攀．有限元分析及应用［M］．北京：清华大学出版社，2004.
[14] 赵品．材料科学基础［M］．哈尔滨：哈尔滨工业大学出版社，1999.
[15] 方利国，陈砺．计算机在化学化工中的应用［M］．北京：化学工业出版社，2003.
[16] 周勇．专家系统在工频热处理中的应用［J］．兵工自动化，1995(3)：48-51.
[17] 李霞，苏航，陈晓玲等．材料数据库的现状与发展趋势［J］．中国冶金，2007，17(6)：4-8.
[18] 周洪范，张朝纲．材料数据库的进展与应用［J］．机械工程材料，1993(1)：1-4.
[19] 阎平凡，张长水．人工神经网络与模拟进化计算［M］．北京：清华大学出版社，2005.
[20] 田景文，高美娟．人工神经网络算法研究及应用［M］．北京：北京理工大学出版社，2006.
[21] 吴兴惠．现代材料计算与设计教程［M］．北京：电子工业出版社，2002.
[22] 熊家炯．材料设计［M］．天津：天津大学出版社，2000.
[23] 李黎明．ANSYS有限元分析实用教程［M］．北京：清华大学出版社，2005.
[24] Fluent A. 12.0 User's guide [J]. Ansys Inc, 2009.
[25] Maple J R, Thacher T S, Dinur U, et al. Biosym force field research results in new techniques for the extraction of inter-and intramolecular forces [J]. Chem. Design Automat. News, 1990, 5(9): 5-10.
[26] Sun H, Mumby S J, Maple J R, et al. An ab initio CFF93 all-atom force field for polycarbonates [J]. Journal of the American Chemical Society, 1994, 116(7): 2978-2987.
[27] Kao J, Allinger N L. Conformational analysis. 122. Heats of formation of conjugated hydrocarbons by the force field method [J]. Journal of the American Chemical Society, 1977, 99(4): 975-986.
[28] Gill P E, Murray W, Wright M H. Practical Optimization [M]. London: Academic Press, 1981.
[29] Brooks B R, Bruccoleri R E, Olafson B D, et al. CHARMM: A Program for Macromolecular Energy, Minimization, and Dynamics Calculations [J]. Journal of Computational Chemistry, 1983, 4(2): 187-217.
[30] DeMarco M L, Alonso D O V, Daggett V. Diffusing and colliding: the atomic level folding/unfolding pathway of a small helical protein [J]. Journal of molecular biology, 2004, 341(4): 1109-1124.
[31] Allinger N L, Yuh Y H, Lii J H. Molecular mechanics. The MM3 force field for hydrocarbons. 1 [J]. Journal of the American Chemical Society, 1989, 111(23): 8551-8566.
[32] Hockney R W. Methods Comput. Phys. 9, 136 (1970) [J]. Google Scholar, 1979.
[33] 马礼敦．X射线粉末衍射的新起点-Rietveld全谱拟合．物理学进展，1996，16(2)：251-265.
[34] 梁敬魁．粉末衍射法测定晶体结构：X射线衍射结构晶体学基础［M］．北京：科学出版社，2011.
[35] De La Torre A G, Bruque S, Aranda M A G. Rietveld quantitative amorphous content analysis [J]. Journal of applied crystallography, 2001, 34(2): 196-202.
[36] Le Saoût G, Kocaba V, Scrivener K. Application of the Rietveld method to the analysis of anhydrous cement [J]. Cement and Concrete Research, 2011, 41(2): 133-148.
[37] Young R A. The Rietveld Method [J]. Crystal Research & Technology, 1993, 210(8): 710-712.